Meßtechnik an Maschinen und Anlagen

Herausgegeben von Dr.-Ing. Heinz Stetter,
Professor an der Universität Stuttgart

Verfasser: Dr.-Ing. Manfred Busch M.A.
Dr.-Ing. Gerhard Eyb
Dr.-Ing. Joachim Messner

B. G. Teubner Stuttgart 1992

Die Deutsche Bibliothek – CIP-Einheitsaufnahme

Busch, Manfred:
Messtechnik an Maschinen und Anlagen / Verf.: Manfred Busch ; Gerhard Eyb ; Joachim Messner. Hrsg. von Heinz Stetter. – Stuttgart : Teubner, 1992
ISBN 978-3-519-06326-1 ISBN 978-3-322-92770-5 (eBook)
DOI 10.1007/978-3-322-92770-5

NE: Eyb, Gerhard:; Messner, Joachim

Umschlaggestaltung: P. P. K, S-Konzepte, T. Koch, Ostfildern/Stuttgart

Vorwort des Herausgebers

Die Meßtechnik ist für Qualitätskontrolle, Überwachung, Steuerung und Automation beim Bau und Betrieb von Maschinen und Anlagen eine Basisdisziplin, die die Daten für wirtschaftliche, zuverlässige und qualitätsgesicherte Anwendung, für Zustandsdiagnosen und Lebensdaueranalysen liefert.

Gerade im Zusammenhang mit der EDV-gestützten Überwachung und Automatisierung von Prozessen wird die Meßtechnik in zunehmendem Umfang eingesetzt. Um die dem Einzelfall angemessene Meßmethode planen und festlegen sowie die Ergebnisse korrekt werten zu können, muß der Ingenieur die Grundlagen des Messens beherrschen, auch wenn heute die vielfältigen Meßaufgaben häufig schon mit vollständig konfigurierten Systemen durchgeführt werden können.

Das Buch vermittelt einen umfassenden Überblick über die allgemeinen Grundlagen des Messens sowie über die gebräuchlichen Meßtechniken für Betriebsführung und für experimentelle Untersuchungen von Maschinen und Anlagen. Es soll zum einen die Vorlesungen und Praktika im Fach Meßtechnik der Studiengänge für Maschinenbau und Verfahrenstechnik begleiten, in denen heute nur noch ausgewählte Meßtechniken exemplarisch vertieft behandelt werden können. Zum anderen bietet es die Breite des Wissens für viele Anwendungsfälle in Studium und Beruf und soll die aufgabenorientiert korrekte Auswahl und Anwendung von Meßtechniken sowie ihre Einbindung in leittechnische Gesamtsysteme unterstützen.

Einleitend wird die geschichtliche Entwicklung der Meßtechnik bis hin zur Einführung des SI-Systems erläutert. Ausführlich werden die mathematischen Methoden behandelt, die zur Bildung und Bewertung von Meßwerten anzuwenden sind. Im Einzelnen werden dann die Meßmethoden und ihre Anwendungsbereiche für die in der Maschinen- und Anlagentechnik gebräuchlichen Größen beschrieben. Dabei wird insbesondere auf elektrisch/elektronisch arbeitende Verfahren Wert gelegt, da sie am besten in moderne Meßsysteme integriert werden können. Im Hinblick auf die zunehmend große Bedeutung, die dem Begrenzen und Bewerten von Emissionen aller Art zukommt, sind auch den Meßmethoden der Akustik, der Gasanalyse und der Strahlungen besondere Kapitel gewidmet.

Den Autoren sei für ihre sorgfältige redaktionelle Arbeit bestens gedankt, ebenso dem Teubner Verlag für die Anregung zur Herausgabe dieses Buches, dem ich eine gute Aufnahme bei den Studierenden des Maschinenwesens und bei meßtechnisch engagierten Ingenieuren wünschen möchte.

Stuttgart, im November 1991 H. Stetter

Inhaltsverzeichnis

Kapitel 1

Zur Entwicklung der Meßtechnik

In dem vorliegenden Buch „Messen an Maschinen und Anlagen" werden Meßverfahren vorgestellt, welche zur Erfassung der vorzugsweise beim Bau und dem Betrieb von Maschinen verwendeten Größen Anwendung finden. Die Anfänge der Meßtechnik deshalb aber am Beginn der Neuzeit, des Maschinenzeitalters oder gar erst am Beginn der Industrialisierung zu vermuten, ist jedoch unzutreffend. Vielmehr hat man in der Entwicklung einer jeden Hochkultur, auch der frühgeschichtlichen, das Aufkommen von Meßsystemen und Meßgeräten vorfinden können, sobald das Zusammenleben der Menschen zum Geschäfts- und Verwaltungsverkehr führte. Der Kontakt verschiedener Kulturen miteinander führte dazu, daß auch auf dem Gebiet des Messens bewährte, erprobte Techniken weitergegeben oder übernommen wurden.

In DIN 1319, Teil 1 (Juni 1985) wird das Messen als experimenteller Vorgang bezeichnet, durch den ein spezieller Wert einer physikalischen Größe als Vielfaches einer Einheit oder eines Bezugswertes ermittelt wird. Die physikalische Größe, der die Messung gilt, wird Meßgröße genannt, z.B. Länge, Fläche, Kraft, Zeit usw. Bei indirekten Meßverfahren erfolgt die Aussage in den Größenwerten anderer, direkt gemessener Meßgrößen, aus denen der gesuchte Meßwert unter Verwendung bekannter physikalischer Zusammenhänge ermittelt werden muß. So nüchtern diese moderne Definition der Tätigkeit „Messen" auch anmutet, so zeigt sie doch auf, welche drei Voraussetzungen gegeben sein müssen, um eine Messung durchführen zu können:

- Existenz eines Zahlensystems
- Definition der Meßgröße
- Festlegung der Einheit

Dazu ist es bei der Erfassung der verschiedenen Meßgrößen eine Voraussetzung, Kenntnisse über ihre physikalischen Zusammenhänge zu besitzen, welche aber erst bei der wissenschaftlichen Betrachtung eines Fachgebietes erworben werden. Es liegt deshalb auf der Hand, daß die Wurzeln der Meßtechnik in jeder Kultur zunächst bei jenen Meßgrößen und Maßeinheiten zu suchen sind, welche Bestandteil des täglichen Lebens waren und jedermann zur Verfügung standen, also Stückzahlen, Warenmengen, Entfernungen usw. Die Maßeinheiten lieferte der Mensch und die ihn umgebende Natur, also Schritt und Fuß, Handbreite und Spanne, Armlänge und ausgebreitete Arme (Klafter), Tag, Monat. Der griechische Sophist Protagoras sagte im 5. Jhdt. v. Chr.: „Der Mensch ist das Maß aller Dinge“ .

Es soll hier nicht auf die Entwicklung des Zählens und Rechnens eingegangen werden, wenn auch diese Tätigkeiten Vorbedingung für das Messen sind und erst im Mittelalter mit Einführung der Null und des Stellenwertes im Dezimalsystem auf ein gewisses Niveau gehoben wurden (Abb. 1.1).

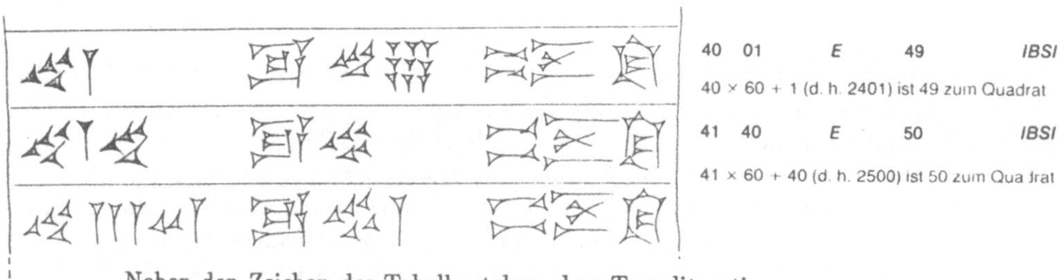

Neben den Zeichen der Tabelle stehen oben Transliterationen
in lateinischer Schrift und arabischen Zahlen.
Darunter ist jeweils eine freie Übersetzung angegeben.
Das Zeichen 𒁹 steht dabei sowohl für 1 ($=60^0$) als auch für 60^1 und 60^2.

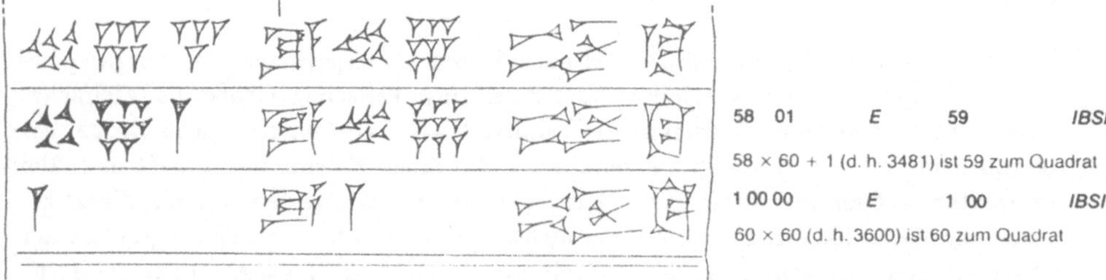

Abbildung 1.1: Ausschnitt aus einer babylonischen Quadratwurzeltabelle im Sexagesimalsystem, ca. 2000 v.Chr.

Als erste Meßgrößen sind in allen Kulturen Längen-, Flächen-, Raum- und Gewichtsmaße überliefert. Oft wurden die Vergleichseinheiten für die Längenmaße nach den Körpermaßen des Herrschers festgelegt. 4000 v. Chr. wurde so am Nil in Chaldäa eine „Königliche Elle“ eingeführt mit 463,3 mm nach heutiger Bezeichnung. Da der Geltungsbereich dieser Maßeinheiten begrenzt war, existierten in den verschiedenen Regionen jeweils andere, zum Teil nur gering voneinander abweichende Einheiten. In Abb. 1.2 sind einige dieser Längeneinheiten gegenübergestellt.

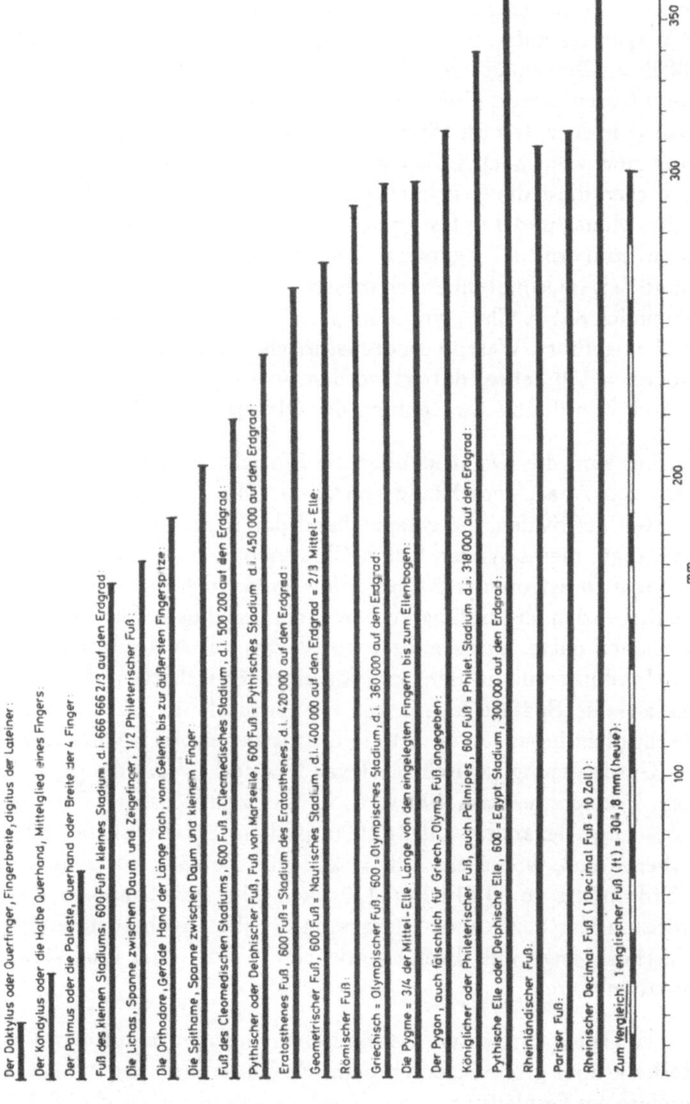

Abbildung 1.2: Nach Romé de l'Isle: „Die vornehmsten Fußmaße der Alten und einige neuere“, 1792

In Babylon ist wohl auch der Ursprung des Maßsystems zu suchen, in welchem die Einheiten für verschiedene Größen nach einem übergeordneten Gesichtspunkt miteinander verknüpft waren. Ein Würfel, dessen Kantenlänge eine Babylonische Elle betrug, verkörperte so die Einheiten für die Größen Länge, Fläche, Volumen und Gewicht. Das Wägen ist aufgrund von Funden (Waagebalken, Standardgewichte) schon ab ca. 5000 v. Chr. anzusetzen. Die Zahl Pi als das Verhältnis des Kreisumfanges zu seinem Durchmesser, eine der am häufigsten gebrauchten geometrischen Konstanten, wurde in Ägypten ca. 1600 v. Chr. zu 3,1605 berechnet. Die Ursprünge der Zeitmessung sind wohl noch früher anzusetzen, als nämlich mit dem Seßhaftwerden der Menschen diese die Regelmäßigkeiten im Gang der Gestirne bemerkten, wonach sich Jahr, Monat und Tag festlegen ließen. Zur Einteilung des Tages dienten bei den Griechen, Römern und Ägyptern Sonnen- und Wasseruhren. Mit letzteren ließ sich auch eine Zeit im Minutenbereich messen. Mit dem Beginn der Olympischen Spiele (wahrscheinlich 884 v. Chr.) wurde im griechischen Kulturbereich gleichzeitig ein Langzeitmaß eingeführt. Waren vorher historische Ereignisse nach Generationen (drei Generationen = 100 Jahre) datiert worden, so wurde nun die genaue zeitliche Bestimmung durch Zuordnung zur Zählung der Olympiaden möglich.

Von Kleinasien her kam die Kenntnis über die Einrichtung öffentlicher Sonnenuhren. So warf ein von Ahas, dem König von Juda, 730 v. Chr. aufgestellter Obelisk seinen Schatten auf Stufen, die entsprechend der Tageszeit geteilt waren. Über Griechenland gelangte dieses Wissen 300 v. Chr. nach Rom. Die antike Meßtechnik erstreckte sich sogar in astronomische Bereiche. So versuchte Archytas von Tarent 390 v. Chr. als Erster den Erdumfang zu berechnen, nachdem Pythagoras die Erde als Kugel beschrieben hatte. Untermauert wurde dies durch Aristoteles, der 357 v. Chr. bei einer Mondfinsternis in dem kreisförmigen Erdschatten einen Beweis für deren Kugelgestalt sah. Spätere Messungen des Erdumfangs kamen an den heute gültigen Wert sehr dicht heran. So ermittelte Eratosthenes 220 v. Chr. bei der ersten durchgeführten Gradmessung (zwischen Alexandria und Syene) den Erdumfang zu 252.000 Stadien, Poseidonius kam 100 v. Chr. über eine Messung der Entfernung zwischen Rhodos und Alexandria auf 240.000 Stadien. Setzt man für ein Stadium = 600 Eratosthenes-Fuß, wobei ein Fuß = 262 mm beträgt, so ermittelte dieser Gelehrte den Erdumfang zu 39.614 km! 150 nach Chr. gab Claudius Ptolomaeus eine „Anleitung zum Kartenzeichnen“ heraus, in der die Lagebestimmung der Orte nach geographischer Länge und Breite sowie eine Sehnentafel (als Vorläufer der Sinustafel) enthalten waren.

Eine besondere Fertigkeit erreichten die römischen Ingenieure auf dem Gebiet der Vermessungstechnik über große Strecken beim Errichten ihrer monumentalen Bauwerke, insbesondere der Fernleitungen zur Wasserversorgung römischer Städte. Quellen mit ausreichender Schüttung und Wasserqualität lagen nicht immer in der Nähe der Städte. Meist mußte das Wasser aus großer Entfernung in die Städte geleitet werden. Als Beispiele seien genannt die Marcia-Leitung nach Rom mit 91 km oder die Gier-Leitung nach Lyon mit 75 km. Da die Leitungen fast ausschließlich als Gerinne mit natürlichem Gefälle ausgeführt wurden, mußten einerseits der Höhenunterschied zwischen Quelle und Verbraucher und andererseits entsprechend der Leitungsführung das Gefälle ermittelt werden. So stand für die Leitung nach Nîmes nur ein Gefälle von 17 m zur Verfügung bei einer Leitungslänge von 50 km. Es gelang, dieses Gefälle von 1/3 mm pro Meter Leitungslänge nicht nur über die gesamte Strecke einzuhalten, sondern es den Umständen entsprechend zu variieren, d.h. auf Geraden etwas zu erhöhen, in Kurven etwas zu verringern. Als Meßgerät

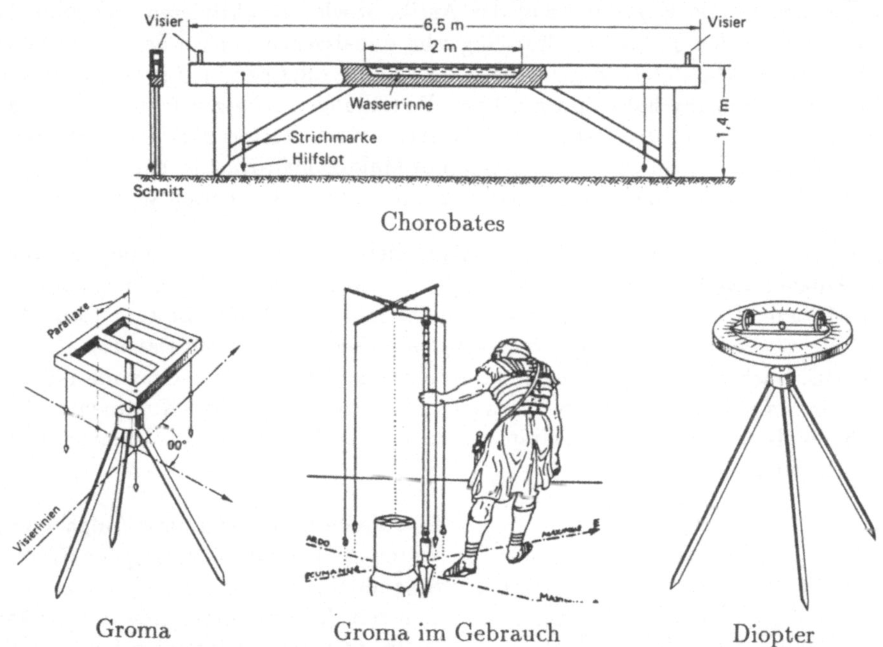

Abbildung 1.3: Römische Geräte zur Landvermessung

dienten dazu die Groma, das Diopter und besonders der Chorobates (Abb. 1.3), bei dem unter Ausnutzung des (empirisch bekannten) Gesetzes der kommunizierenden Gefäße der Spiegel einer ruhenden Wasserfläche als Darstellung der Waagrechten diente.

Auch bei der Überprüfung der Maßhaltigkeit und Ebenheit der behauenen Steinflächen wurde eine hohe Fertigkeit erzielt. Die Steine des Pont du Gard, z. T. bis zu 6 t schwer, sind ohne Mörtel mit ihren ebenen Flächen nur lose aufeinander geschichtet. Seit 2000 Jahren übersteht dieses Bauwerk eine jegliche Nutzungsänderung ohne Schaden zu nehmen und hält auch heute den Belastungen stand, welche der Kfz-Verkehr auf der angebauten Straßenbrücke mit sich bringt. Der römische Baumeister Marcus Vitruvius Pollio faßte 25 v. Chr. das Wissen seiner Zeit über Baukunst, Wasser- und Maschinentechnik mit den dazugehörigen Meßmethoden zusammen in seinem Werk „De architectura libri decem“.

In Europa ging mit dem Untergang des römischen Weltreiches auch die Ausübung der Fertigkeiten der Techniker und Ingenieure unter. Die aufkommende mitteleuropäische Kultur des Frankenreichs besaß keinen vergleichbaren Berufsstand, der an dem Erkenntnisstand der Römer hätte partizipieren und ihn kontinuierlich fortführen können. Nur auf dem Gebiet des Sakralbaues (Klöster, Abteien, Kirchen) waren die Möglichkeiten gegeben, die römische Tradition fortzuführen. Es fehlte nicht an Versuchen, den Kenntnisstand der Antike wieder zu aktivieren und zum Allgemeingut werden zu lassen („Karolingische Renaissance"). Karl der Große führte 807 ein neues Maß- und Gewichtssystem ein und ordnete an, daß jeder Beamte die Maße zur Verfügung haben müsse. Diese Bemühungen schlugen fehl, wie auch andere große Pläne an der technischen Umsetzung scheiterten z.B. der Karlsgraben („fossa carolina"), ein früher Vorgänger des Main-Donau-Kanals, dessen Überreste bei Weißenburg auf einer Länge von ca. 2 km heute noch erhalten sind.

Erst mit dem Ende des Mittelalters bahnte sich eine neue Entwicklung an. Durch das Aufkommen der Wind- und Wasserkraftnutzung erhielt die Technik einen neuen Aufschwung. Die Erfindung der Druckkunst mit beweglichen Lettern (um 1440) förderte die Verbreitung und Erweiterung technischen und naturwissenschaftlichen Wissens. Nach dem Zurückdrängen der Araber und dem Sieg über Granada 1492, die letzte der von ihnen gehaltenen Bastionen auf dem europäischen Kontinent, erhielt auch der Handel und der Wissensaustausch mit den Mittelmeerländern einen neuen Aufschwung.

Abbildung 1.4: Vorschlag Galileis zur Messung des „horror vacui"

Der Meßtechnik fielen neue Aufgaben zu. Waren es bisher der Umgang der Bevölkerung miteinander im Handel und Gewerbe oder mit der Verwaltung gewesen, so kam ihr im technisch-wissenschaftlichenen Bereich außer der Überwachung der Fertigungsqualität nun die bedeutende Rolle zu, im Experiment Antwort auf naturwissenschaftliche Fragestellungen zu geben. Dies erforderte ein weitaus höheres Maß an Genauigkeit und Reproduzierbarkeit und, mit wachsendem naturwissenschaftlichen Erkenntnisstand, die Ausweitung auf Meßgrößen, die bisher noch nicht definiert waren.

Die Wissenschaftler der beginnenden Neuzeit führten Begriffe ein wie Kraft, Wucht, Reibung, Druck usw. Man versuchte, die Gesetze der Mechanik, Akustik, Wärmelehre usw. zu erkennen. Galileo Galilei erkannte den Isochronismus der Pendelschwingungen und damit ihre Eignung zur Zeitmessung. Von ihm stammt auch die Formulierung, man solle alles Meßbare messen, und das Unmeßbare meßbar machen (Abb. 1.4).

Abbildung 1.5: Wasserbarometer von Berti 1640

Evangelista Torricelli fand die Eignung von Flüssigkeitssäulen zur Druckmessung und stellte 1643 ein Quecksilberbarometer her. Blaise Pascal erkannte 1648 den Luftdruck und maß Höhenunterschiede mit dem Barometer infolge der Abhängigkeit des Luftdruckes von der Höhe. G. Berti versuchte um 1640 in Rom, die Schalleitung des Vakuums in einem Wasserbarometer zu messen (Abb. 1.5). Otto v. Guericke führte öffentlich die Kraftwirkung evakuierter Behälter vor (Abb. 1.6 und die „Magdeburger Halbkugeln“).

In Florenz an der Accademia del Cimento wurde 1660 ein geschlossenes Glas-Flüssigkeitsthermometer mit Alkoholfüllung benutzt und erstmals die Temperatur in tiefen Kellern zur Abgrenzung von „Kälte“ und „Wärme“ eingeführt. Christian Huygens schlug 1664 Eispunkt und Siedepunkt des Wassers als Fixpunkte zur Temperaturmessung vor.

Genauere Untersuchungen mit Federuhren und Pendeln führten über die Erkenntnis der Ortsabhängigkeit der Schwingungsdauer zu Zweifeln an der Kugelgestalt der Erde, d.h. zur Erkenntnis, daß die Erdbeschleunigung g ortsabhängig ist. Isaac New-

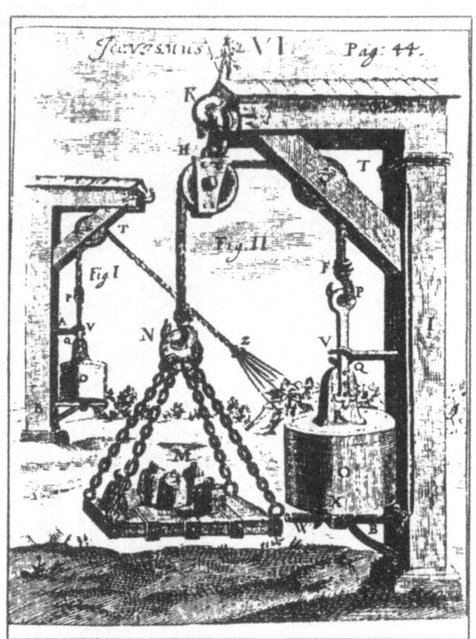

Abbildung 1.6: Messung des Arbeitsvermögens des Luftdruckes durch Guericke 1661

Phyſiology. Meteorology. Pneumatics.

0		I. THE Heat of Winter Air, when Water begins to freeze. This Heat is known by rightly placing the Thermometer in Snow preſſed together, at what Time it begins to thaw. *A Scale of the Degrees of Heat, by . . . n. 270. p. 824.*
0, 1, 2.		The Heat of Winter Air.
2, 3, 4.		The Heat of the Air in Spring and Autumn.
4, 5, 6.		The Heat of the Air in Summer.
6.		The Heat of the Air at Noon, about the Month of *July*.
12.	1	The greateſt Heat that the Thermometer receives by the Contact of a Human Body. This Heat is much the ſame as that of a Bird ſitting upon her Eggs.
$14\frac{3}{11}$	$1\frac{1}{4}$	The Heat of a Bath, which is almoſt the greateſt that any one can endure long, with his Hand agitated and immerſed in it. The ſame almoſt is the Heat of Blood juſt let out.
17	$1\frac{1}{2}$	The greateſt Heat of a Bath that any one can endure long, his Hand being immerſed and at reſt in it.
$20\frac{2}{11}$	$1\frac{3}{4}$	The Heat of a Bath in which Wax ſwimming and melting, by moving about grows hard and loſes its Tranſparency.
24	2	The Heat of a Bath in which Wax ſwimming grows liquid by the Heat, and is preſerved in continual Flux without Ebullition.
$28\frac{6}{11}$	$2\frac{1}{4}$	The intermediate Heat between the Degrees in which the Wax melts and the Water boils.
34	$2\frac{1}{2}$	The Heat by which Water boils violently, and a Mixture of two Parts of Lead, of three Parts of Pewter,

Abbildung 1.7: Newtons Vorschlag für eine Temperaturskala 1701

ton (1701), Gabriel Daniel Fahrenheit (1714), F. de Reaumur (1730) und Andreas Celsius (1742) schlugen die noch heute bekannten Temperaturskalen und -grade vor (Abb. 1.7 und 1.8).

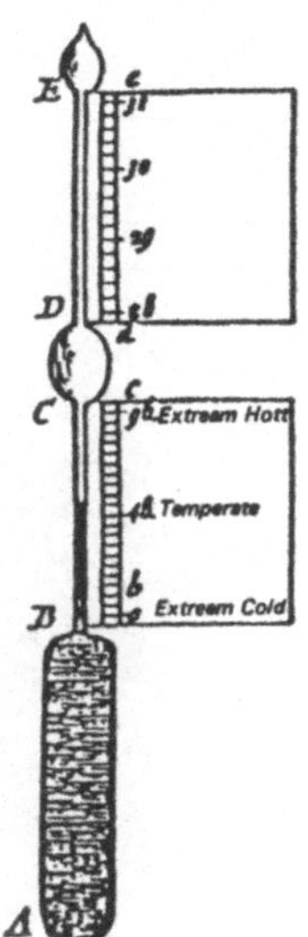

Abbildung 1.8: Hypsobarometer nach Fahrenheit, 1724. Thermometer, gleichzeitig Barometer beim Eintauchen in siedendes Wasser

Die Definition der Einheit für die Wärmemenge erfolgte viel später, da der Erkenntnisstand über die Natur der Wärme lange Zeit im Wandel begriffen war. So erklärte zwar schon Robert Hooke 1664 die Wärme als Bewegung der Moleküle, aber die Vorstellung von einem „Wärmestoff" überwog (G.E. Stahl 1702, Phlogistontheorie). Durch A.L. Lavoisier (1775) und John Dalton (1802) kam man zur heutigen Auffassung. Erst unter Zugrundelegung des Energieerhaltungssatzes wurde zur Festlegung der Einheit der Wärmemenge eine bestimmte mechanische Arbeit angesetzt (Robert Julius Mayer 1842, James Prescott Joule 1843). Später folgte dann die Definition über die Erwärmung einer bestimmten Stoffmenge (1857).

Die Einheit zur Messung der mechanischen Leistung geht auf James Watt (1770) zurück. Er führte die „Maschinen-Pferdestärke" ein als die Leistung, mit der in 1 Sekunde 180 englische Pfund 3 Fuß hochgehoben werden. In dieser Zeit wurden Arbeit und Leistung durch Heben von Gewichtsstücken oder Wassermengen gemessen (Abb. 1.9).

In jeder Disziplin der Naturwissenschaft hatten sich eigene Einheiten entwickelt, oft unterschiedlich in den einzelnen Ländern. Insbesondere galt dies für Längen- und Gewichtsmaße. In der Geschichte der Meßtechnik gab es zwar immer wieder Ansätze zu einer Vereinheitlichung, welche auf *nationaler* Ebene auch oft verwirklicht wurde. Im Zeitalter des Rationalismus, mit dem immer größeren Anwachsen des internationalen Handels und Wissensstandes, wurde die *internationale* Vereinheitlichung der Maßsysteme aber immer dringender erforderlich.

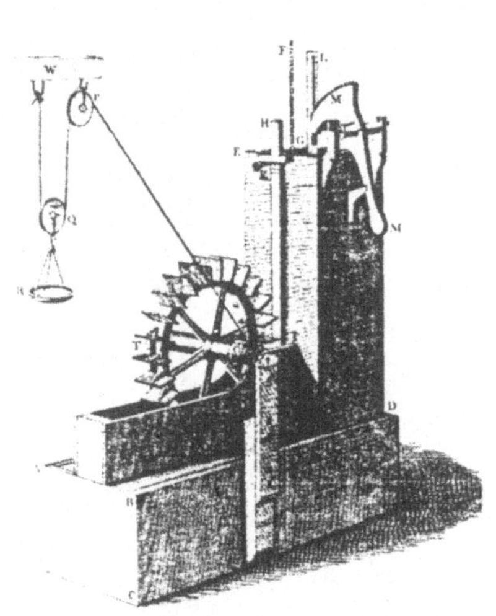

Abbildung 1.9: J. Smeatons Vorrichtung zur Messung der Leistung von Wasserrädern

Nachdem England kein Interesse an einer Mitarbeit zeigte, ging Frankreich allein zu einer Maßregulierung über. Talleyrand beauftragte 1790 die Nationalversammlung mit dieser Aufgabe. Die hierfür eingesetzte Kommission, bestehend aus de Borda, Lagrange, Laplace, Monge und Concordet, setzte den zehnmillionsten Teil des Erdquadranten als Längeneinheit „mètre" fest, welche am 26. März 1791 durch einen Erlaß in Frankreich als „Naturmaß" eingeführt wurde. Zur genauen Festlegung dieser Einheit wurde in den Jahren 1792 bis 1798 eine genauest mögliche Messung des Erdquadranten zwischen Dünkirchen und Barcelona durchgeführt. Im Vergleich zu dem heute gültigen Wert betrug die Abweichung ca. 2 km. Obwohl die Messungen noch nicht abgeschlossen waren, legte der französische Nationalkonvent am 7. April 1795 die neuen Einheiten gesetzlich fest: Das „mètre" (wie oben angegeben), das „gramme", davon abgeleitet als ein cm^3 reines Wasser von 0 °C (die Temperaturskale nach Celsius wurde dabei zugrundegelegt), womit auch die Dichte definiert war, und die heute noch gebräuchlichen Vorsätze für dezimale Vielfache und Teile. Die ersten Maßverkörperungen, das „Urmeter" und „Urkilogramm", wurden 1799 als ein 1 m-Maßstab und ein zylinderförmiges Kilogrammstück - beides aus Platin - hergestellt und im französischen Staatsarchiv niedergelegt.

Alsbald übernahmen andere Länder diese Einheiten (Italien, Belgien, Holland 1803 bis 1820). 1806 wurden in Württemberg die bereits seit dem Jahre 1557 bestehenden Maßverkörperungen für Länge und Masse durch Meter und Kilogramm ersetzt. Auch Preußen und England folgten dem Trend, allerdings auf nationaler Basis. Preußen legte am 16. Mai 1618 den „Rheinischen Fuß" fest und erklärt ihn 1839 zum „preußischen Urmaß". 1868 ging der Norddeutsche Bund aber auf die Einheiten Meter und Kilogramm über. Das englische Parlament bestimmte 1824 die Einheit der Länge „yard" zu 0,9144 m, wobei 1/3 yard als 1 Londoner Fuß festgelegt war. Die Einheit des Gewichts „pound-troy" betrug 372,998 g. Meter und Kilogramm wurden 1858 als Alternativeinheiten zugelassen. Am 20. Mai 1875 kommt es zwischen 17 europäischen und amerikanischen Staaten zu einem Vertrag zur „Verbreitung und Vervollkommnung des metrischen Systems" (Meterkonvention). Die Vertreter der

Regierungen der 17 Signaturstaaten bildeten zukünftig die „Conférence Générale des Poids et Mesures" (C.G.P.M.), welche noch heute besteht. Erst 14 Jahre später (1889) tritt diese Konferenz erstmalig zusammen. Dabei wurde festgelegt, daß der Kilogrammprototyp in Zukunft nicht mehr als Gewicht, sondern als Einheit der Masse zu betrachten sei. Zwischen Kraft, Gewicht und Masse wurde aber lange Zeit nicht streng unterschieden. In Deutschland wurde noch 1935 die Masse des Kilogrammprototyps als Einheit des Gewichts festgelegt.

Obwohl Giovanni Giorgi schon 1901 vorschlug, ein Maßsystem bestehend aus den Einheiten Meter, Kilogramm, Sekunde, Ampere und Volt einzuführen, waren bis zur Mitte des 20. Jahrhunderts noch überkommene, nicht kohärente Einheiten wie Kalorie, Kilopond usw. zugelassen. Erst 1954 auf der 10. C.G.P.M. legte man mit den sechs Basiseinheiten das heute gültige Maßsystem fest. Ein Jahr später wurde aber noch in der neuen Fassung von DIN 1301 für die Einheit der Kraft das „Pond" eingeführt. Erst 1960 erhielt das neue Einheitensystem den heutigen Namen „Système International d' Unités" (Internationales Einheitensystem, Kurzzeichen SI).

Der Ausgang des 19. Jahrhunderts war in Deutschland von einer Epoche beispiellosen industriellen Wachstums gekennzeichnet. Als Folge einer neuen Art von Technik, basierend nicht mehr auf der bloßen Erfahrung und überkommenem Wissen, sondern auf naturwissenschaftlicher Grundlage, entstanden neue hochtechnisierte Industriezweige wie Stahl- und Eisengewinnung, moderner Eisenbahn- und Schiffsbau, Energietechnik, Kraftfahrzeug- und Flugzeugbau, Feinmechanik. Optische, chemische und elektrotechnische Erzeugnisse wurden im industriellen Maßstab produziert.

Mit diesem unerhörten Aufschwung konnte die konservative Grundlagenforschung nicht mehr Schritt halten. Zwar waren in den 70er und 80er Jahren neue physikalische Institute geschaffen worden, aber deren Mitarbeiter waren hauptamtlich in der Lehre tätig. Forschung fand in der Freizeit statt. Mit dieser Struktur der Grundlagenforschung war es nicht möglich, wissenschaftliche und technische Ziele stetig und langfristig zu verfolgen, erst recht nicht unter gemeinsamer Führung im ständigen Erfahrungsaustausch miteinander.

Nun hatte sich schon 1872 in Preußen eine Gruppe von Wissenschaftlern gebildet, die sich die Verbesserung des Standes der „Präzisionstechnik"(Herstellung von Beobachtungs- und Meßgeräten) zur Aufgabe gemacht hatte. Ihre Bemühungen um staatliche Unterstützung bei der Errichtung eines entsprechenden Instituts verblieben jedoch jahrelang erfolglos. Unter dem Druck der fortschreitenden Entwicklung und der ausländischen Konkurrenz kam aber am Anfang der 80er Jahre ein neugebildeter Ausschuß, dessen treibende Kraft Werner von Siemens war, zu dem Ergebnis, die Schaffung eines physikalisch-mechanischen Instituts zu fordern, dessen Mitarbeiter sich frei von jeder Lehrverpflichtung der wissenschaftlichen und technischen Forschung auf den Gebieten Optik, Elektrizität, Mechanik und Metallkunde widmen konnten sowie der allgemeinen Prüfung und Beglaubigung aller Arten von physikalischen Geräten, Werkstoffen und Erzeugnissen. Den Ausschlag für die Gründung einer solchen physikalisch-technischen Reichsanstalt (gegen die Einwendungen verschiedener Technikerverbände, auch des VDI) und für die Bewilligung von Mitteln in Höhe von 700 000 Mark gab wohl 1887 das großzügige Angebot von Siemens, selbst 500 000 Mark als Baugrund oder Kapital zu spenden. Zu den genau definierten Zielen der technischen Abteilung dieser Anstalt gehörte, „alle Meß- und Regelgeräte zu beglaubigen, für staatliche Stellen Meßgeräte herzustellen, bei Bedarf Geräteteile für die Industrie anzufertigen, wissenschaftliche Geräte und Normale zu konstruieren und zu prüfen".

Im Verlauf von 10 Jahren war der Ausbau über das ursprünglich gesetzte Ziel weit hinausgeschossen. In Berlin-Charlottenburg wurden auf einem Gelände von 2,6 ha zehn einzelne Institutsgebäude erbaut und eingerichtet, wofür insgesamt 3,67 Millionen Mark zur Verfügung gestellt worden waren „...für diese großartige Anlage, die von keiner ähnlichen in der Welt erreicht wird..." (F.W.Kohlrausch, Präsident der PTR 1895 bis 1905). In der Tat war die Physikalisch-Technische Reichsanstalt schon um die Jahrhundertwende zur führenden meßtechnischen Organisation der Welt aufgestiegen.

An den Technischen Hochschulen und Polytechniken empfand man es am Ausgang des 19. Jahrhunderts als Mangel, daß zur Unterrichtung der Maschineningenieure keinerlei Laboratoriumseinrichtungen vorhanden waren, in denen man durch Messungen an Maschinen neue Erkenntnisse erzielen und Antworten auf offene Fragen erhalten konnte. So versuchte zum Beispiel Professor Carl von Bach gleich nach seinem Amtsantritt im Jahre 1878 am Polytechnikum Stuttgart (Lehrgebiet: Hebezeuge, Dampfmaschinen und -kessel, Maschinenelemente und Elastizitätslehre) staatliche Mittel für ein „Maschinenlaboratorium" zu erhalten, aber vergeblich. Aus dem knapp bemessenen Institutsetat wurden dann 1880 bis 1886 Jahr für Jahr die Teile einer Dampfmaschine gekauft und diese mangels geeigneter Versuchsräume im Kesselhaus der Dampfheizungsanlage aufgestellt, um daran mit den Studenten behelfsmäßig maschinentechnische Messungen vorzunehmen. Erst nach jahrelangen Eingaben und Anträgen bewilligte das Ministerium für Kirchen- und Schulwesen 500.000 Mark für die Jahre 1897 bis 1899 für einen Institutsneubau in Stuttgart-Berg, in welchem 1900 der Lehrbetrieb aufgenommen wurde. Inzwischen waren auch an anderen technischen Hochschulen, u.a. in Berlin, München und Darmstadt, Maschinenlaboratorien für die Lehre und Forschung auf dem Gebiet der Maschinenmeßtechnik eröffnet worden. Seit dem gehört die praktische Ausbildung im Messen physikalisch-technischer Größen unverzichtbar zum Ausbildungsplan der Studierenden der Ingenieurwissenschaften.

Mit der steigenden Industrialisierung war im Laufe des 19. Jahrhunderts nicht nur ein international gültiges Maßsystem notwendig geworden. Die Massenproduktion verlangte auch für die Herstellung immer wieder verwendeter Maschinenelemente Vereinbarungen zwischen Herstellern, Lieferanten, Verarbeitern und Betreibern, um die unübersichtliche Vielfalt in der Gestaltung und Bemessung austauschbarer Produkte wie Rohrleitungen, Gewindeteile, gewalztes Profileisen usw. auf ein überschaubares und wirtschaftliches Maß zu begrenzen. Es kam zu einer Vielzahl von

Einzelaktivitäten, z.B. 1841 das erste brauchbare Gewindesystem in England, 1875 die Unterzeichnung der Meterkonvention, 1881 die Erstellung von „Lieferbedingungen für Eisen und Stahl" durch den VDI. Erst 1917 kam es aber zu einer Vereinigung dieser Aktivitäten durch die Gründung einer zentralen Organisation zur Erarbeitung von Normen. Es war der „Normalienausschuß für den allgemeinen Maschinenbau" angesiedelt beim Verein Deutscher Ingenieure. Sehr schnell entwickelte sich daraus ein eigener Verein, der „Normenausschuß der Deutschen Industrie", dessen Normen unter dem Zeichen DIN erschienen. Da die Aufgaben dieses Vereins schon in den ersten Jahren seiner Tätigkeit über den eigentlichen Bereich der deutschen Industrie hinausgingen, wurde der Name 1926 in „Deutscher Normenausschuß e.V." (DNA) geändert. 1975 erfolgte schließlich eine weitere Umbenennung in „DIN Deutsches Institut für Normung e.V.". Im gleichen Jahre wurde dieses Institut von der Bundesrepublik Deutschland als Zentralorgan der Normung und als die einzig zuständige Normenorganisation anerkannt.

Die Arbeit des DIN verläuft heute in gegenseitiger Abstimmung mit der entsprechenden Arbeit der Gremien im VDI, VDE und in anderen Fachverbänden. Das Institut betrachtet „die planmäßige Vereinheitlichung von materiellen und immateriellen Gegenständen zum Nutzen der Allgemeinheit" als seine Aufgabe. Es „fördert so die Rationalisierung und Qualitätssicherung in Wirtschaft, Technik, Wissenschaft und Verwaltung".

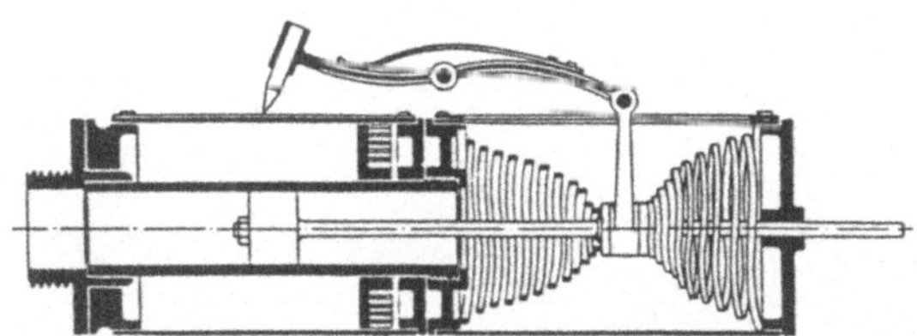

Abbildung 1.10: Mc. Naught-Indikator mit Papiertrommel und konzentrischen Kegelfedern um 1850

Um die Ergebnisse von Messungen wahrnehmen zu können, müssen sie in eine Größe umgeformt werden, die den menschlichen Sinnen zugänglich ist. Üblicherweise geschieht dies durch Umformen in einen Weg, den ein Zeiger entlang einer Skale zurücklegt, oder durch Vergleich mit Normalen der entsprechenden Meßgröße (Strichmaßstäbe, Gewichtsstücke).

Bis ins 19. Jahrhundert hinein erfaßte man außer geometrischen Meßgrößen (Länge, Winkel, Fläche) nur mechanische und thermische Größen (Kraft, Druck, Temperatur, Wärmemenge, Massenstrom, Fließgeschwindigkeit, Abb. 1.10 und 1.11). Die Meßgeräte arbeiteten ausschließlich mechanisch bzw. über die Wärmedehnung der Stoffe, allenfalls unter Ausnutzung von elektrostatischen bzw. -magnetischen Effekten (Abb. 1.12).

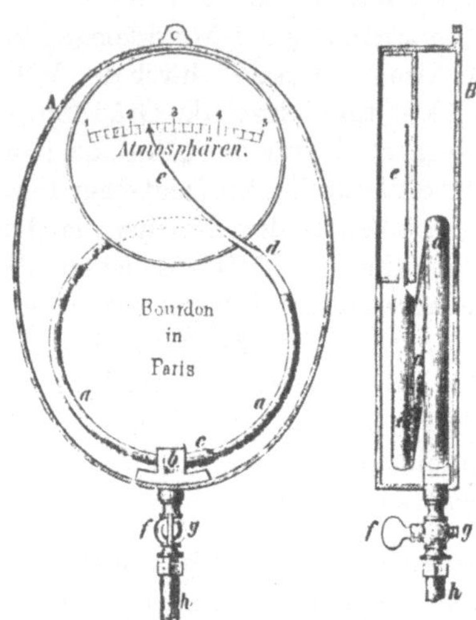

Abbildung 1.11: Federmanometer von Bourdon 1850

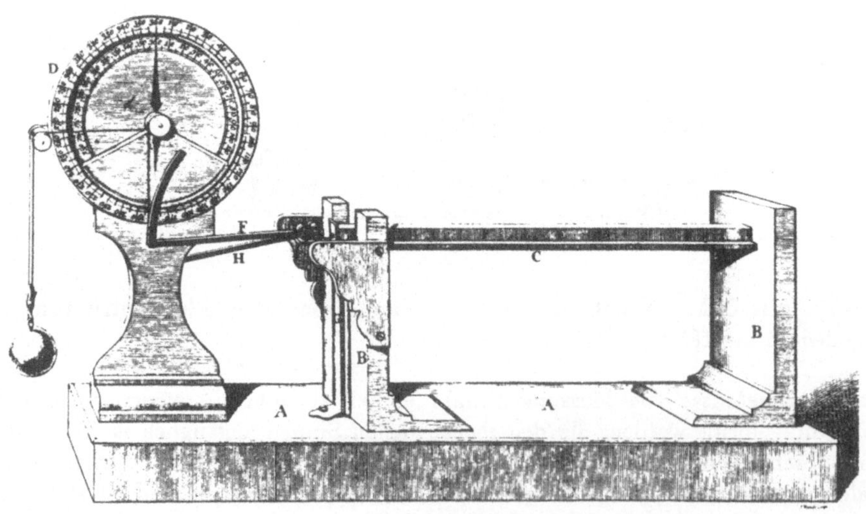

Abbildung 1.12: Vorrichtung zur Bestimmung der thermischen Längenausdehnung von Metallen 1736

An den Geräten mußte ein für das Auge sichtbarer Ausschlag erzielt werden, ggf. unter Benutzung einer Ablesehilfe. Die Energie des gemessenen Vorgangs mußte genügend groß sein, um das Meßgerät ohne Rückwirkung auf den Wert der Meßgröße betreiben zu können. Akustische „Messungen“ konnten deshalb nur mit dem Ohr als „Meßgerät“ durchgeführt werden, da nur dieses in der Lage war, auf die winzigen Energiemengen bei akustischen Vorgängen anzusprechen. Allenfalls Gasflammen, bei denen der Gasdruck akustisch beeinflußt wurde, konnten den rasch wechselnden Werten des Schalldrucks folgen (Abb. 1.13 und 1.14).

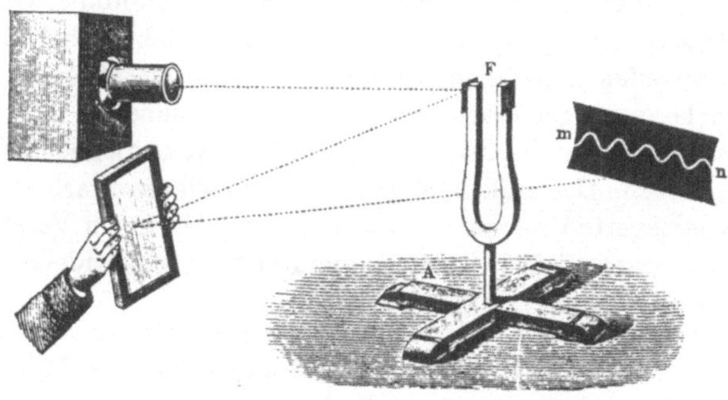

Abbildung 1.13: Sichtbarmachung von Schwingungen einer Stimmgabel 1875

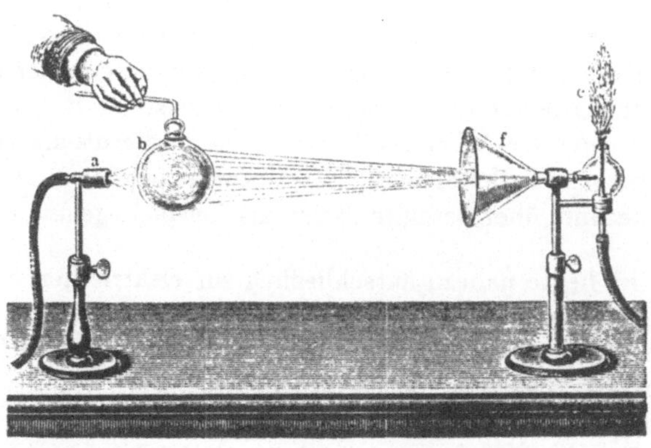

Abbildung 1.14: Messung der Schallintensität mit der Flammenkapsel 1875

Für neu gefundene Meßgrößen (elektromagnetische Wellen, radioaktive Strahlung) gab es zunächst nur Nachweismöglichkeiten, aber keine Meßgeräte. Dies galt auch für den gesamten Bereich der technisch interessierenden Stoffkonzentrationsmessungen (Wasserhärte, pH-Wert, Abgaszusammensetzung). Zu Beginn des 20. Jahrhunderts öffnete sich hierfür durch die Erfindungen auf dem Gebiet der elektrischen

Verstärkungstechnik ein weites Feld, welches zunächst bei der elektroakustischen Nachrichtenübermittlung genutzt wurde (1904 Diode durch Fleming, 1906 Triode durch Forest und von Lieben, 1913 Röhrensender durch Meißner, 1917 Musiksendungen an die Westfront mit Röhrensender und Rückkopplungsempfänger). Mit der Erfindung des Kondensatormikrophons und der elektroakustischen Meßverstärkung begann die eigentliche akustische Meßtechnik, die Bestimmung der Empfindlichkeit des menschlichen Gehörs und die Geräuschbewertung. Das Geiger-Müller-Zählrohr öffnete den Weg zur Messung der Intensität radioaktiver Strahlung. Die ersten Aufnehmer mit elektrischem Ausgang für die Messung nichtelektrischer Größen kamen auf (Dehnungsmeßstreifen, Schwingungsaufnehmer usw.). Instationäre Vorgänge höherer Frequenzen konnten gemessen bzw. mit dem Oszilloskop sichtbar gemacht werden. Durch Radar wurde die Fernortung von Objekten möglich. Nur gelang es nicht, die nun gewonnene Datenfülle entsprechend schnell zu verarbeiten. Selbst die ersten programmgesteuerten Rechner (Zuse Z3, 1941) boten im Vergleich zu ihrer Größe und zur Rechenkapazität heutiger Computer eine bescheidene Leistung.

Hier erfolgte der entscheidende Entwicklungssprung durch die Arbeiten auf dem Gebiet der Halbleiter. Zwar hatte schon K.F. Braun 1874 deren Gleichrichterwirkung entdeckt, aber erst 1947 gelangt es, die Eigenschaft der Halbleitermaterialien zur elektrischen Verstärkung zu nutzen (1947 Spitzentransistor, 1949 Flächentransistor). Wenige Jahre später befand sich die Verstärkerröhre auf dem Rückzug. Ab 1955 verdrängte der Transistor die Röhre zunächst aus Radiogeräten, bald auch aus Meßverstärkern. Durch immer weiter entwickelte Verfeinerung der Fertigung gelang es bereits 1959, eine Vielzahl von Transistorfunktionen zu einem integrierten Schaltkreis zusammenzufassen. 20 Jahre später waren bereits 100 000 Transistorfunktionen auf einem „Chip“ vereint. Über die Anwendung in der Meßtechnik und Rechentechnik hinaus findet diese Entwicklung inzwischen Eingang in alle Bereiche der häuslichen wie der Arbeitswelt. Steuerung und Automatisierung von Fertigungsvorgängen, Verkehrsleittechnik, Kfz-Motormanagement, Raumfahrttechnik und Nachrichtentechnik über Satelliten seien als Beispiele genannt.

Die Meßtechnik ist heute nahezu ausschließlich zur elektrischen Meßwertverarbeitung übergegangen. Dabei fand eine bemerkenswerte Angleichung der Gerätetechnik bei der Messung der verschiedenen Größen statt. Zwar werden für jede Aufgabe wieder neue, speziell angepaßte Sensoren entwickelt, die Weiterverarbeitung des elektrischen Sensorausgangssignals erfolgt aber im wesentlichen gleichartig. Stromversorgung und Signalvorverarbeitung finden dank der Miniaturisierung bereits im Sensor statt. Dessen Ausgangssignal ist, unabhängig von der Art der Meßgröße und ihrem jeweiligen Wert, ein Stromsignal mit einheitlich festgelegtem Maximalwert, so daß der weitere Aufbau der Meßkette sich nur noch durch den Ausgang unterscheidet, d.h. ob das Signal digital oder auf dem Oszilloskop angezeigt, ausgedruckt oder gespeichert und/oder sofort weiterverarbeitet wird.

Die im Laufe von Jahrhunderten entwickelte Vielfalt der Meßverfahren wurde somit reduziert auf wenige universal einsetzbare, elektrische Meßkanäle mit den zum jeweiligen Einsatzzweck passenden Sensoren.

Angesichts der rasanten Entwicklung, die die Meßtechnik in den 80er Jahren genommen hat, fällt es schwer, sich dies weiterhin fortgesetzt zu denken. Vollends unmöglich erscheint es, weitere mögliche Innovationen vorherzusagen, die einen ähnlichen Entwicklungssprung mit sich bringen könnten wie die Einführung der Halbleitertechnik in die Meßtechnik und Meßwertverarbeitung.

Heute stellt das Messen die einzige Methode dar, naturwissenschaftlich Erkenntnisse zu gewinnen. Jede Fachdisziplin, auch die Technik, hat für sich spezielle Geräte, Methoden und Einheiten entwickelt. Für jeden, der auf einem bestimmten wissenschaftlichen Gebiet tätig sein will, stellt die Kenntnis der speziellen Meßtechnik dieses Gebietes ein unbedingtes Rüstzeug dar.

Aber auch bei der Herstellung von Produkten und bei der Anwendung von Verfahren aller, nicht nur technischer Art spielt das Messen eine immer bedeutendere Rolle, wenn es darum geht, die Qualität oder den augenblicklichen Zustand eines Objektes festzustellen, zu prüfen, zu überwachen oder im Sinne einer Optimierung oder einer Gefahrenabwehr zu beeinflussen. Dabei wird durch das Messen als primärer Akt Information über einen Zustand erzielt. Die Meßwertverarbeitung bereitet sodann den Meßwert so auf, damit er in der Informationsverarbeitung durch Verknüpfung oder Vergleich mit anderen Größen beurteilt werden kann. Das Urteil stellt den Wert einer Sache oder Leistung fest, bestätigt die Korrektheit eines untersuchten Zustandes oder es bewirkt Maßnahmen zur Änderung, deren Erfolg dann wieder gemessen werden muß. So ist, wenn auch oft unbemerkt, weil in Automatisierungssystemen implementiert, das Messen ein weitverbreiteter und in großer Vielfalt ablaufender Vorgang, auf den wohl niemals verzichtet werden kann.

Kapitel 2

Grundlegende Begriffe der Meßtechnik

Messungen an Maschinen und Anlagen werden aus drei Gründen durchgeführt:

1. Leistungsbewertung (Garantienachweis, Handel mit Mengen)
2. Betriebsüberwachung (Betriebssicherheit, Wirtschaftlichkeit, Kontrolle von Grenzwerten, Steuerung, Regelung)
3. Forschung und Entwicklung (Bestätigung oder Erarbeitung einer Theorie)

Meßtechnische Regeln und Festlegungen sind in Gesetzen und Normen niedergelegt. So enthält z.B. DIN 1301 die Einheiten und DIN 1319 die Grundbegriffe der Meßtechnik. Das Messen ist danach ein experimenteller Vorgang, bei dem der spezielle Wert einer physikalischen Größe als Vielfaches einer Einheit festgelegt wird. Der festgelegte Wert, bestehend aus der Maßzahl und der Maßeinheit, wird als Meßwert bezeichnet. Der Grad der Annäherung an den tatsächlichen Wert wird als Genauigkeit, die Differenz zwischen tatsächlichem (wahrem) Wert und Meßergebnis als Abweichung bezeichnet.

Messen ist damit zu verstehen als Vergleich zwischen dem Wert einer physikalischen Größe und der für diese Größe definierten Einheit:

$$G = x \cdot E \tag{2.1}$$

mit G als speziellem Wert der Meßgröße (Meßwert), x als Maßzahl und E als Maßeinheit.

Beispiel: Temperaturmessung in einem Behälter mit einem Thermometer

Meßgröße:	Temperatur t
Maßzahl:	28
Maßeinheit:	°C (Grad Celsius)
Spezieller Wert der Meßgröße:	$t = 28$ °C

Wird *nur eine Messung* vorgenommen, dient der abgelesene Meßwert als *Meßergebnis*.

Werden zur Erhöhung der Genauigkeit *mehrere Ablesungen* vorgenommen z.B. an verschiedenen Stellen innerhalb des Flüssigkeitsvolumens oder in bestimmter zeitlicher Folge, so wird *das Meßergebnis* aus den Einzelmeßwerten durch *Mittelwertbildung* errechnet.

2.1 Aufbau einer Meßkette

Die einfachste Meßkette besteht aus drei Bausteinen: Meßfühler, Meßgrößenumformer und Anzeiger (Abb. 2.1).

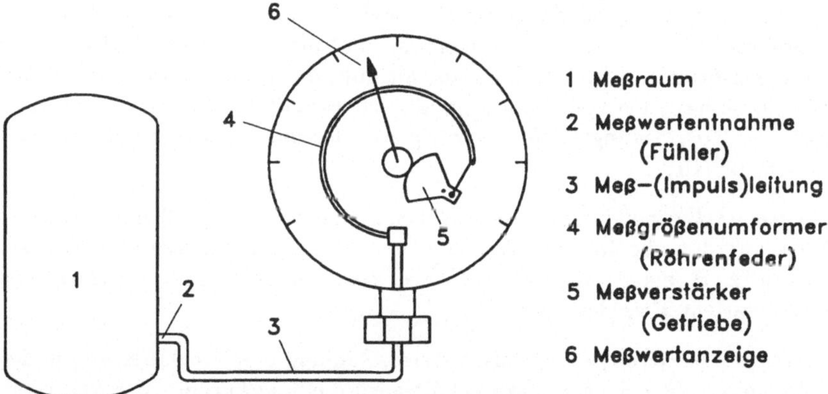

Abbildung 2.1: Meßkette

Zur Fernübertragung können weitere Übertragungsglieder eingeschaltet sein. Beim *elektrischen* Meßkanal sind die einzelnen Bausteine getrennt zu erkennen, bei *mechanischen* Meßgeräten findet man häufig die Verknüpfung von mehreren Funktionen in einem einzigen Teil des Gerätes vereinigt (Quecksilber-Thermometer: Quecksilber ist gleichzeitig Meßgrößenumformer und -verstärker). Der Meßkanal ist ein Signalübertrager mit einer eindeutigen, offenen Wirkungsrichtung (Zusammenhang zwischen Eingangssignal x_e und Ausgangssignal x_a). Er soll keine Rückwirkung auf die Eingangsgröße haben.

Verzweigungen im Meßkanal verknüpfen ihn mit anderen Bauteilen wie Grenzkontakt, Regler oder Stellorgan, deren Funktion über die eigentliche Messung hinausgeht. Zur Erhöhung der Sicherheit (z. B. in Kernkraftwerken) kann man den Meßkanal auch in mehrere parallele Stränge aufteilen, von denen jeder auch allein die Messung durchführen kann.

Der *Meßfühler* ist im Meßraum angeordnet, entnimmt ihm die Meßgröße und liefert sie an den Meßgrößenumformer weiter.

Der *Meßgrößenumformer* wandelt das Signal in eine andere physikalische Größe um, bei mechanischen Meßgeräten in eine Länge oder einen Weg, bei elektrischen Meßgeräten in eine elektrische Spannung, Strom oder Ladung. Er ist oft mit dem Meßfühler zu einer Einheit zusammengefaßt (Meßgrößenaufnehmer).

In der elektrischen Meßtechnik hat innerhalb des letzten Jahrzehnts der Begriff *Sensor* einen festen Platz eingenommen. Die Bedeutung dieses Begriffes ist dabei nicht streng festgelegt, sondern kann sich sowohl auf einen Teil einer Meßkette beziehen, welcher unmittelbar mit der Meßgröße in Verbindung steht, als auch auf das komplette Meßsystem, bestehend aus Aufnehmer, Umformer und angepaßtem Mikrocomputer einschließlich Hard- und Software. Im engeren Sinne nimmt der Sensor (Sensorelement, Basissensor) eine physikalische oder chemische Information auf und wandelt sie in ein elektrisches Signal um. Der Trend geht dabei zu miniaturisierten Konstruktionen hin, bei denen Halbleitereffekte zur Meßgrößenwandlung dienen (z.B. Druckaufnehmer mit Siliziummembran und piezoresistiven DMS), oder man führt die Sensoren in Schichttechnik aus als auf Folien oder Keramikträger aufgebrachte Kombinationen von Wandler und nachgeschalteter Elektronik, welche u.a. die statische Übertragungskennlinie korrigiert oder die Signale von störenden Einflußgrößen freihält.

Der *Meßverstärker* muß bei einem schwachen Signal dem Meßgrößenumformer nachgeschaltet werden. Er hat die Aufgabe, den Wert des umgeformten Signals zu vergrößern (z. B. einen Weg zu verlängern, eine Spannung zu vergrößern), damit es weiterverarbeitet werden kann.

Die *Meßwertverarbeitung* erfolgt als Anzeige, Zählung oder Registrierung und zwar entweder analog oder digital. Dazu gehört auch die Speicherung oder Verarbeitung in einem Rechner, der auch die Aufgabe des Reglers, Grenzwertschalters und der Steuerung übernehmen kann.

Die o.g. Komponenten bilden zusammen mit den ggf. benötigten Hilfsgeräten (Energiequelle, Ablesehilfe, Thermostat etc.) sowie den Signal- und Meßleitungen die *Meßeinrichtung.* Sie ermöglicht als Ganzes die Aufnahme eines Meßwertes, seine Weiterleitung, Umformung und Ausgabe (Anzeige, Registrierung). In dieser Form wird die Meßeinrichtung auch *Meßkette* genannt.

Eine *Meßanlage* besteht aus mehreren voneinander unabhängigen Meßketten, die aber miteinander in funktionalem oder räumlichem Zusammenhang stehen.

2.2 Prinzipielle Meßverfahren und Gerätebauarten

Ein wesentlicher Teil der Meßtechnik benutzt dieselben Verfahren, um mechanische Größen wie Weg, Länge, Dehnung, Winkel, Geschwindigkeit, Beschleunigung, Kraft, Moment, Druck und Drehzahl zu messen. Für viele Aufgaben eignen sich mechanische, elektrische oder elektronische Verfahren gleichermaßen. Elektrische und elektronische Verfahren setzen sich in zunehmendem Maße durch, da sie mit beinahe in beliebiger Weise verarbeitbaren Signalen arbeiten. Dies ist bei Aufgaben der Regelung, Steuerung, Überwachung und der Zustandsanalyse von umfangreichen Systemen wie Maschinen und Anlagen von großer Bedeutung.

2.2.1 Geräte mit Skalenanzeige

Bei der *Ausschlagmethode* wird die zu messende Größe unmittelbar und selbsttätig als Ausschlag (Anzeigewert = Weg, Länge, Winkel) abgebildet. Die Anzeige ist der Augenblickswert der Meßgröße. Die zur Anzeige nötige Arbeit wird von der Meßgröße selbst erbracht. Es handelt sich um eine skalare, analoge Messung (Analog-Wert), bei der eine Längs- oder Drehbewegung im Meßsystem erfolgt, bis Kräftegleichgewicht eintritt. Die innere Richtkraft F_i, erzeugt von der Meßgröße, und die äußere Richtkraft F_a, erzeugt als Gegenkraft (meist eine Feder) im Meßgerät, müssen im Meßpunkt im Gleichgewicht sein. In Abb. 2.2a ist $F_i = g \cdot m_x$ und $F_a = c_f \cdot s$, also:

$$s = \frac{m_x \cdot g}{c_f} \tag{2.2}$$

mit m_x als gesuchter Masse und c_f als Federkonstante.

Für das Drehspul-Instrument (Abb. 2.2b) gilt im Anzeigepunkt (Ausschlag = Anzeige) das Gleichgewicht der Drehmomente

$$M_{el} = M_{mech}. \tag{2.3}$$

Mit

$$M_{el} = \frac{U_x}{R_v + R_g} \cdot K_g \quad \text{und} \quad M_{mech} = c_f \cdot \alpha$$

gilt damit

$$U_x = \underbrace{c_f \cdot \frac{R_v + R_g}{K_g}}_{c} \cdot \alpha \tag{2.4}$$

mit K_g als Gerätekonstante, R_v als Vorschaltwiderstand und R_g als Gerätewiderstand.

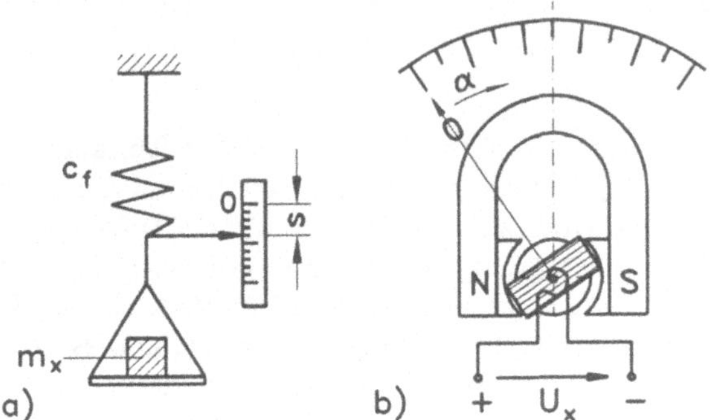

Abbildung 2.2: Beispiel für nach der Ausschlagmethode arbeitende Meßgeräte: a) Federwaage, b) Drehspulinstrument

Die Bewegung im mechanischen Meßgerät (oder im mechanischen Teil eines elektrischen Anzeigegerätes) bringt eine Rückwirkung auf den Meßraum (Meßobjekt) mit sich. So entnimmt die Bewegung der Indiziereinrichtung dem zu untersuchenden Zylinder Energie und vergrößert zugleich den Schadraum. Beide Effekte verändern in unerwünschter Weise die eigentliche Meßgröße (Rückwirkung). Die skalare Anzeige bringt Lageänderungen der einzelnen Glieder des Meßgerätes mit sich, welche zusammen mit Reibungskräften den Einstellvorgang beeinflussen. Außerdem treten Veränderungen nach längerer Betriebszeit, Hystereseerscheinungen und meist eine Temperaturabhängigkeit der Bauteile auf.

Bei der *Ausgleichsmethode* (Null-Verfahren, Kompensations-Verfahren) wird der Wert der zu messenden Größe gegen eine veränderbare oder bekannte gleichartige Größe abgeglichen (kompensiert). Der Abgleich erfolgt von Hand oder automatisch. Es ist Hilfsenergie (potentielle oder elektrische) nötig. Die Richtkräfte werden von außen ins Gleichgewicht gebracht, so daß im Meßpunkt keine Lageänderung des Zeigers im Anzeigegerät auftritt. Das Ausgleichsverfahren arbeitet in der einfachsten Ausführung nicht selbsttätig. Es ist sehr genau, aber umständlich (1. Schritt: Ausgleich zur Null-Lage, 2. Schritt: Bestimmung der dazu nötigen äußeren Richtkräfte). Nur automatisierte Kompensatoren erlauben rasche Meßwerterfassung. In Abb. 2.3 sind zwei nach dem Nullverfahren arbeitende Meßgeräte dargestellt.

Der Kompensator zeigt das Prinzip der Ausgleichsmethode. Bei der Kompensatorschaltung zeigt das Galvanometer G im Meßpunkt Null, und es gilt:

$$U_x = U_N \cdot \frac{R_x}{R} \tag{2.5}$$

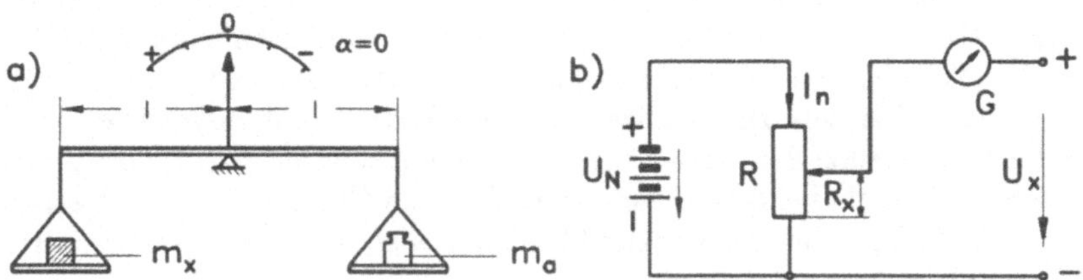

Abbildung 2.3: Beispiel für nach der Ausgleichsmethode arbeitende Meßgeräte: a) Balkenwaage, b) Kompensationsmeßgerät

2.2.2 Geräte mit Ziffernanzeige

Die Darstellung des Meßwertes als Ziffernfolge hat im Gegensatz zu Geräten mit Skalenanzeige den Vorteil, daß subjektive Ablesefehler eingeschränkt werden. Im üblichen Sprachgebrauch werden diese Geräte als „digital anzeigend" bezeichnet. Nun nennt man zwar ein Meßverfahren „digital", ein Meßgerät „digital arbeitend", wenn der Meßgröße durch das Meßgerät eine Anzeige zugeordnet wird, die eine mit festen Ziffernschritten quantisierte Abbildung der Meßgröße ist. Die Bezeichnung „digital" soll aber für die Kennzeichnung des Meßverfahrens vorbehalten bleiben. Für die Anzeige in Ziffern soll deshalb der Begriff „Ziffernanzeige" Verwendung finden (DIN 1319, T.2).

Man unterscheidet zwischen mechanisch, optisch und elektronisch arbeitenden Anzeigegeräten. Bei den Geräten auf *mechanischer Basis*, am häufigsten als Zahlenrollenanzeiger eingesetzt, sind die zehn Ziffern einer jeden Dekade der Anzeige auf dem Umfang einer kreisförmigen Rolle angeordnet. Die notwendige Anzahl der Rollen ergibt sich aus der durch die Anzeige gegebenen Stellenzahl. Die Rollen sind derart miteinander gekoppelt, daß nach einem Umlauf einer Rolle diejenige mit dem nächsthöheren Stellenwert um einen Zifferschritt weitergeschaltet wird. Möglich ist auch eine Einstellung der Zahlenrollen auf elektromagnetischem Wege. Durch ein Sichtfenster im Gehäuse des Anzeigegerätes ist jeweils immer nur *eine* Ziffer einer jeden Rolle sichtbar. Am häufigsten wird diese mechanische Ziffernanzeige beim Kilometerzähler angewendet.

Bei Geräten auf *optischer Basis* befinden sich die Ziffern auf einem durchsichtigen Trägermaterial und werden mit Hilfe einer Lampe und Projektionsoptik auf den Anzeigebildschirm projiziert (Beispiel Betz-Manometer). Eine weitere Möglichkeit bietet das Flutlichtverfahren. Die einzelnen Ziffern sind dabei in Plexiglas eingraviert. Beim Durchleuchten des Plexiglasträgers von der Seite her kann nur an den gravierten Stellen Licht austreten und so die Ziffern sichtbar werden lassen. Für jede Dekade sind dabei 10 hintereinanterliegende Trägerscheiben und zehn getrennt ansteuerbare Lämpchen erforderlich.

Die Ziffernanzeige der *Meßgeräte* arbeitet heute nahezu ausschließlich auf *elektronischer Basis*. Eine Art der Ausführung benutzt dazu Kaltkathodenröhren (Glimmlampeneffekt). Dabei wird für jede Dekade eine Röhre benötigt. In dieser Röhre sind die zehn Ziffern aus Draht abgebildet (Kathoden) und zusammen mit einer Anode dicht hintereinander, aber elektrisch getrennt, angeordnet. Beim Ansteuern einer Ziffer wird um ihre entsprechende Drahtfigur ein Glimmlicht in der Gestalt der Ziffer erzeugt. Entsprechend der abzubildenden Stellenzahl müssen mehrere Röhren nebeneinander angebracht werden.

Weit verbreitet, vor allem für eine kleinere Darstellung der Ziffern, sind Anzeigegeräte mit lichtemittierenden Dioden (LED) und Flüssigkristallen (LCD). Bei der LED-Anzeige (Light-emitting-diode) werden die Ziffern dabei aus punkt- oder strichförmigen Einzelelementen dargestellt (Display). Die übliche Darstellung in sieben Segmenten (Abb 2.4a) läßt allerdings nur eine stark stilisierte Gestaltung der Ziffern und Buchstaben zu. Die Anzeigematrix aus 5 x 7 bzw. 7 x 9 Punkten gestattet dagegen die Anzeige von Kleinbuchstaben und Sonderzeichen (Abb. 2.4b). Der Leuchteffekt entsteht durch interatomare Vorgänge. Ladungsträger werden durch Zufuhr elektrischer Energie in ihrem Energieniveau kurzzeitig angehoben. Beim Zurückfallen emittieren sie einen Teil der freiwerdenden Energie als Lichtstrahlung. Als Halbleitermaterial für die LED-Anzeige wird Galliumarsenid, ggf. auch mit Phosphor kombiniert, verwendet. Je nach Zusammensetzung emittieren diese Materialien rotes, grünes oder gelbes Licht.

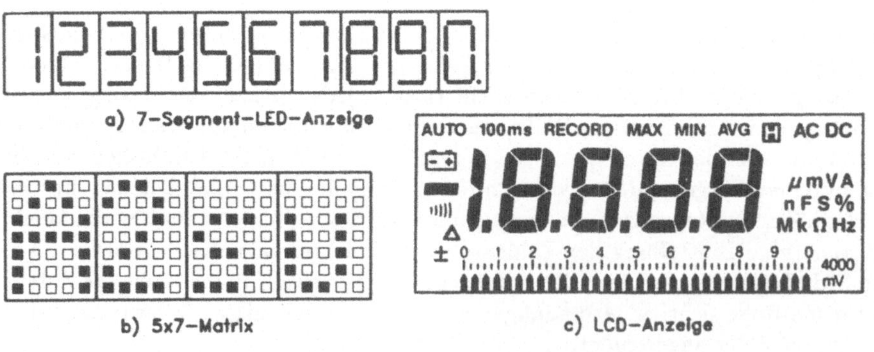

Abbildung 2.4: Digitalanzeigen

Der LCD-Anzeige (liquid-crystal-display, Abb. 2.4c) liegt als Prinzip zugrunde, daß sich bestimmte Flüssigkristallstoffe beim Anlegen eines elektrischen Feldes trüben und auftreffendes Licht reflektieren. Es findet dabei keine eigene Lichterzeugung statt. In der Ausführung als Ziffernanzeige wird eine dünne Schicht von 6 - 75 μm zwischen zwei Glasplatten gebracht und über zwei an den Innenseiten der Platten angebrachte transparente Elektrodenschichten gesteuert. Beim Anlegen der elektrischen Spannung geht die zuvor klare Flüssigkeit in einen milchig-trüben Zustand über, und es tritt der Reflexionseffekt auf. Die Anzeige wird ebenfalls als Sieben-Segment-Ausführung oder Punktematrix ausgeführt. Die Elektroden werden dabei entsprechend der Anzeigekonfiguration geätzt. Dem Vorteil der beliebigen Gestaltung und dem extrem geringen Stromverbrauch stehen der mangelnde Kontrast der LCD-Anzeige und damit verbunden die teilweise schlechte Ablesbarkeit gegenüber.

2.3 Bauarten der Meßgeräte

Bei den mechanischen und elektrischen Geräten kann man folgende Bauarten unterscheiden (Abb. 2.5):

- *Örtlich anzeigende Geräte* (Barometer, Thermometer)
- *Fernanzeigende Geräte* (Übertragung erfolgt mechanisch, hydraulisch, pneumatisch, optisch, elektrisch)

Bei örtlich und fernanzeigenden Meßgeräten kann der Meßwert unmittelbar am Gerät abgelesen oder abgenommen werden. Die Anzeige kann erfolgen, indem sich eine Marke (Zeiger, Nonius, Meniskus) kontinuierlich auf eine Stelle der Skale des Gerätes einstellt. Hierzu gehören auch Geräte mit Nullanzeige. Bei Meßgeräten mit Ziffernanzeige erscheint der Meßwert diskontinuierlich als Summe von Quantisierungseinheiten oder Impulsen in Form einer Ziffernfolge.

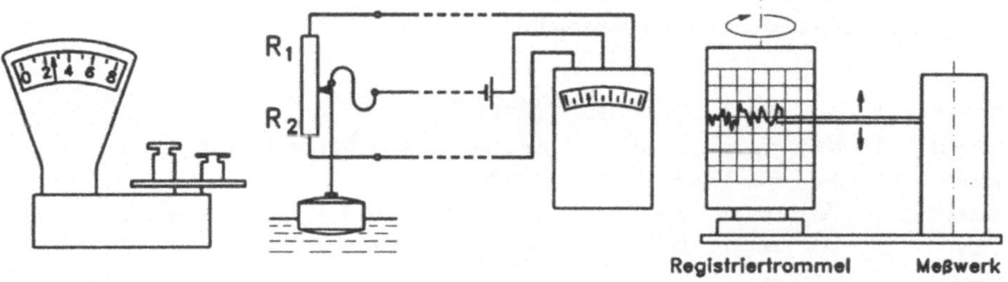

Abbildung 2.5: Geräte-Bauarten: anzeigend, fernanzeigend, registrierend

Weitere Bauarten sind:

- *Steuernde Geräte* (Meßwerk mit Grenzkontakten). Das Meßgerät ist dabei Bestandteil einer Regelstrecke. Ein Beispiel hierfür stellt das Bimetallthermometer mit Schaltkontakten dar.
- *Registrierende Geräte* (Aufschrieb als Funktion der Zeit oder einer zweiten Meßgröße beim x,y-Schreiber). Der Aufschrieb kann ein lineares oder zirkula-

res Diagramm sein. Nur lineare orthogonale Diagramme mit verzerrungsfreier Anzeige eignen sich zur graphischen Mittelwertbildung.

- *Zählende Meßgeräte.* Sie geben als Meßwert eine Anzahl aus (z.B. Stückzähler, Geigerzähler) oder die Summe von Bemessungseinheiten (Wasserzähler mit Meßkammern). Auch Geräte, die eine Meßgröße über der Zeit integrieren, werden häufig „Zähler" genannt (z.B. Elektrizitätszähler).
- *Maßverkörperungen.* Sie bilden bestimmte, einzelne Werte einer Meßgröße in materieller Form ab (Endmaße, Gewichtsstücke, Meterstab, Meßzylinder).

2.4 Maßsysteme

Im Oktober 1954 hat die 10. Conférence Générale des Poids et Mesures (10. Generalkonferenz für Maß und Gewicht) die Basiseinheiten für ein Einheitensystem festgelegt, welches im Juli 1970 in der Bundesrepublik Deutschland gesetzlich eingeführt wurde. Die Basiseinheiten dieses Internationalen Einheitensystems (SI), auch MKS-System genannt, sind die Einheiten von sieben voneinander unabhängige Größen:

Meter	m	(Länge)	Ampere	A	(Stromstärke)
Kilogramm	kg	(Masse)	Kelvin	K	(Thermodyn.Temp.)
Sekunde	s	(Zeit)	Candela	cd	(Lichtstärke)
Mol	mol	(Stoffmenge)			

Neben diesen Basiseinheiten werden nur kohärente abgeleitete Einheiten zugelassen. Abgeleitete Einheiten sind zum Beispiel:

Newton	1	N	=	1	(kg m)/s^2	(Kraft)
Pascal	1	Pa	=	1	N/m^2	(Druck), mit 1 bar = $10^5 Pa$
Joule	1	J	=	1	Nm	(Arbeit)
Watt	1	W	=	1	J/s	(Leistung), mit 1 W = 1 VA (el. Leistung)
Volt	1	V	=	1	W/A	(elektr. Spannung)
Hertz	1	Hz	=		l/s	(Frequenz)

In DIN 1301 „Einheiten (Einheitenname, Einheitenzeichen)" sind diese Einheiten aufgeführt und definiert.

Bei einigen Meßgrößen muß man die Meßwerte alter Meßgeräte wie z. B. Manometer, deren Skalen in at (kp/cm^2) oder in mm WS geteilt sind, in die Einheiten des SI-Systems umrechnen.

Umrechnungstabellen werden bei den jeweiligen Meßgrößen angegeben. Aus der Definition der Masse als Grundgröße folgt sinngemäß, daß man die spezifischen

Größen der Thermodynamik auf die Masse und nicht wie früher auf das Gewicht bezieht und als Stoffkenngröße die Dichte ρ benutzt (die Wichte γ ist nicht mehr definiert).

Erst die Benutzung eines Maßsystems, das aus kohärenten Einheiten besteht, erleichtert und ermöglicht die Anwendung von Größengleichungen, die den physikalischen Sachverhalt übersichtlich wiedergeben. Um die Einheiten in ihrem Wert dem jeweiligen Wert der Meßgrößen anzupassen, können dezimale Teile und Vielfache der Einheiten benutzt werden. Sie werden mit den Vorsätzen aus Tabelle 2.1 gebildet. Die Vorsätze und Vorsatzzeichen werden nur zusammen mit den Einheitennamen und -zeichen benutzt.

Vorsatz	Faktor	Vorsatzzeichen	Vorsatz	Faktor	Vorsatzzeichen
Deka	10^{1}	da	Dezi	10^{-1}	d
Hekto	10^{2}	h	Zenti	10^{-2}	c
Kilo	10^{3}	k	Milli	10^{-3}	m
Mega	10^{6}	M	Mikro	10^{-6}	μ
Giga	10^{9}	G	Nano	10^{-9}	n
Tera	10^{12}	T	Piko	10^{-12}	p
Peta	10^{15}	P	Femto	10^{-15}	f
Exa	10^{18}	E	Atto	10^{-18}	a

Tabelle 2.1: International festgelegte Vorsätze (DIN 1301)

Kapitel 3

Meßgenauigkeit

Die Genauigkeit einer Messung beschreibt den Grad der Annäherung des Meßwertes an den wahren Wert der Meßgröße. Der Unterschied zwischen dem Anzeigewert (Meßwert) und dem wahren Wert der Meßgröße wird durch die Abweichung beschrieben. Die Höhe der Abweichung hängt eng mit der *Empfindlichkeit* des Meßgerätes zusammen.

Als Empfindlichkeit einer Meßkette bezeichnet man das Verhältnis der Änderung der Ausgangsgröße zur Änderung der Eingangsgröße. Für ein mechanisches Gerät kann man schreiben:

$$\text{Empfindlichkeit} \quad e = \frac{\Delta l}{\Delta x} \tag{3.1}$$

mit Δl als Änderung der Anzeige und Δx als Änderung des Wertes der Meßgröße.

Für eine mehrgliedrige Meßkette muß e für alle Bauteile getrennt definiert werden:

$$e_M = e_1 \cdot e_2 \cdot e_3 \ldots \tag{3.2}$$

Nur für den Fall, daß die Ein- und Ausgangsgröße gleichartig sind, ist e dimensionslos. Gl. 3.2 soll am Beispiel der Messung einer Geschwindigkeit mit einem elektrodynamischen Meßgrößen-Umformer und einem Kathodenstrahloszilloskop als Anzeige verdeutlicht werden. Für die einzelnen Komponenten dieses Meßkreises gilt:

Meßgrößen-Umformer	e_1=2 V/(1 m/s)
Meßverstärker	e_2=100 V/1 V
Anzeigegerät	e_3=1 mm/4 V

$$e_M = \frac{2\ \text{V}}{1\ \text{m/s}} \cdot \frac{100}{1} \cdot \frac{1\ \text{mm}}{4\ \text{V}} = 50\ \frac{\text{mm}}{\text{m/s}} \tag{3.3}$$

Bei dynamischen Größen ist e_M über dem Frequenzbereich nicht konstant. Man gibt dann zur Kennzeichnung den Empfindlichkeits- und Phasenverlauf der zu untersuchenden dynamischen Größe in Abhängigkeit von der Frequenz in Diagrammform an.

3.1 Arten von Meßabweichungen

3.1.1 Rechnerische Ermittlung der Abweichung

Jedes Meßergebnis wird durch Unvollkommenheit des Meßgegenstandes, der Vergleichseinheit, der Geräte und Verfahren sowie durch Umwelt- und Beobachtereinflüsse verfälscht. Als Abweichung wird definiert:

$$Abweichung\ \ F = angezeigter\ \ Wert - richtiger\ \ Wert$$

Dies ist ein absoluter Wert mit der gleichen Einheit wie die Meßgröße.

Die Abweichung kann sich auf eine Anzeige, ein Maß, eine Einstellung oder einen Wert beziehen. Zusätzlich definiert man die relative Abweichung :

$$relative Abweichung\ \ f = \frac{angezeigter\ \ Wert - richtiger\ \ Wert}{richtiger\ \ Wert} = \frac{Ist - Soll}{Soll}$$

Die relative Abweichung f ist dimensionslos und vorzeichenbehaftet.

Für kleinere Abweichungen darf die relative Abweichung auch als $f = \frac{Ist-Soll}{Ist}$ gesetzt werden, was eine einfachere Bestimmung von f ermöglicht. Bei Geräten wird damit die Genauigkeitsklasse (Güteklasse) definiert, indem man die Abweichung im gesamten Meßbereich auf den Endwert desselben bezieht. Klasse 2,5 heißt, die Güte des Gerätes garantiert eine Abweichung kleiner (oder gleich) 2,5 % vom Vollausschlag.

Die Genauigkeitsklassen der Meßgeräte sind in verschiedener Stufung festgelegt, je nachdem, für welche Meßgröße die Meßgeräte eingesetzt werden. Für Druckmeßgeräte gelten z.B. die Klassen 0,1 - 0,2 - 0,3 - 0,6 - 1,0 - 1,6 - 2,5 - 4,0 (DIN 16 005). Dabei werden Geräte der Klassen 0,1 bis 0,6 vorzugsweise für Labor und Werkstattmessungen eingesetzt, die der Klassen 1,0 und 1,6 als Betriebsmeßgeräte an Maschinen und Produktionsanlagen. Geräte der Klassen 2,5 und 4,0 verwendet man für Überwachungsaufgaben ohne große Genauigkeitsanforderungen.

Nach ihren Ursachen unterteilt man Abweichungen in:

- systematische Abweichungen und
- zufällige Abweichungen (Streuung von Meßwerten).

3.1.2 Systematische Abweichungen

Sie treten an bestimmten Stellen unter gleichen Bedingungen zu jeder Zeit mit gleichem Betrag und gleichem Vorzeichen auf. Auch zeitlich veränderliche Abweichungen, hervorgerufen z.B. durch einen gerichteten Temperaturgang, zählen hierzu. Die Ursachen systematischer Abweichungen sind:

- Fehler der Vergleichsgröße (Normal),
- beherrschbare Fehler des Meßgerätes (Fertigungstoleranzen, Verformung und Verschleiß im Betrieb),
- unvollständige Umformungen bei nichtlinearem Zusammenhang zwischen Meßgröße und Anzeige,
- Meßkrafteinflüsse und bekannte, d.h. berechenbare Umwelteinflüsse (Methodenfehler, z.B. Schadraum beim Indikator).

Systematische Abweichungen machen ein Meßergebnis unrichtig, sie sind aber korrigierbar. Durch *Kalibrierung* (früher *Eichung* genannt) kann man die systematischen Fehler eines Meßgerätes ermitteln. Kalibrieren bedeutet hier, die Meßabweichung am fertigen Meßgerät festzustellen, also die Differenz zwischen der Anzeige und dem richtigen Wert zu bestimmen. Zur Bestimmung des richtigen Wertes bedarf es einer hochgenauen, von systematischen Abweichungen weitgehend freien Referenzmessung oder der auf anderem Wege ermittelten Kenntnis des richtigen Wertes. Bei der Kalibrierung erfolgt kein Eingriff in das Gerät, die Abweichung wird also belassen. Als Ergebnis erhält man ein Kalibrierdiagramm (Abb. 3.1). Nach der Definition

$$\text{Berichtigung} = -\ \text{Abweichung}$$

kann man auch eine Berichtigungstabelle benutzen. Bei hochempfindlichen Geräten ist es zweckmäßig, die Abweichung in Tabellenform oder als mathematisch beschreibbare Funktion darzustellen.

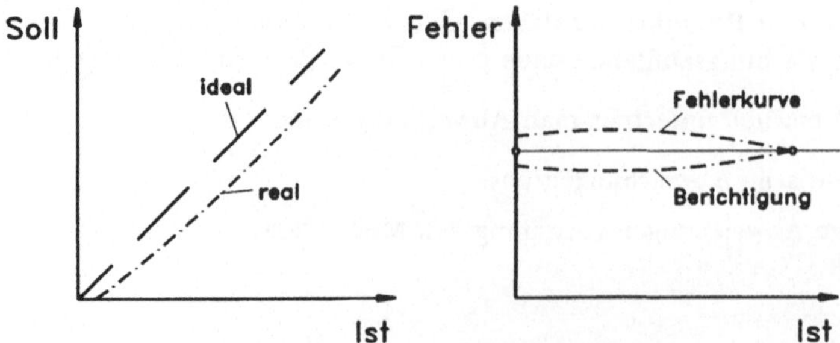

Abbildung 3.1: Kalibrierdiagramme

Die Kalibrierung ist unumgänglich bei der elektrischen Meßwerterfassung (z.B. Kraft aus Spannungsanzeige). Bei vielen praktischen Meßaufgaben ist die Benutzung der Kalibrierergebnisse nur schwer möglich. Man schätzt dann die systematischen Fehler im Mittel ab und berücksichtigt sie bei der Ermittlung der Meßunsicherheit (s.u.).

Durch das *Justieren* wird das Meßgerät so eingestellt oder abgeglichen, daß die Meßabweichungen möglichst klein werden oder vorgegebene Grenzen nicht überschreiten.

Beim *Eichen* eines Meßgerätes wird das Gerät gemäß den Eichvorschriften geprüft und gestempelt. Die Prüfung stellt dabei fest, ob das Gerät den an seine Beschaffenheit und seine meßtechnischen Eigenschaften zu stellenden Anforderungen genügt und ob die Meßabweichungen die zulässigen Grenzen nicht überschreiten. Die Stempelung gibt an, daß das Gerät zum Zeitpunkt der Prüfung diesen Anforderungen genügt hat und daß aufgrund seiner Beschaffenheit zu erwarten ist, daß bei sachgerechter Handhabung während der Nacheichfrist die Meßabweichungen innerhalb der zulässigen Grenzen verbleiben.

3.1.3 Methodische Abweichungen

Umwelteinflüsse oder Rückwirkungen auf das Meßsystem können methodenbedingte Abweichungen verursachen. Auch sie zählen zu den systematischen Abweichungen.

Sind die Einflüsse berechenbar, kann man sie ermitteln und ihren Einfluß korrigieren, werden sie unüberschaubar wie z.B. elektrische Störfelder bei elektrischen Meßmethoden, ist möglichst eine andere Meßmethode zu wählen. Ein anschauliches Beispiel für den Ausgleich der methodenbedingten Abweichung ist die Fadenkorrektur bei Glas-Flüssigkeitsthermometern. Führt man ein Thermometer unvollständig in einen Meßraum ein (Abb. 3.2), so kommt es zum Wärmeaustausch mit der Umgebung t_R, der die Anzeige verfälscht. Die angezeigte Temperatur t_m ist infolge der Wärmeabfuhr zu niedrig. Die gemessene Fadentemperatur t_f des aus dem Meßraum herausragenden Fadenteiles (n Skalenteile) ermöglicht die Bestimmung eines Korrekturwertes t_K (Gl. 3.4), mit dem die wahre Temperatur t_w errechnet werden kann (Gl. 3.5):

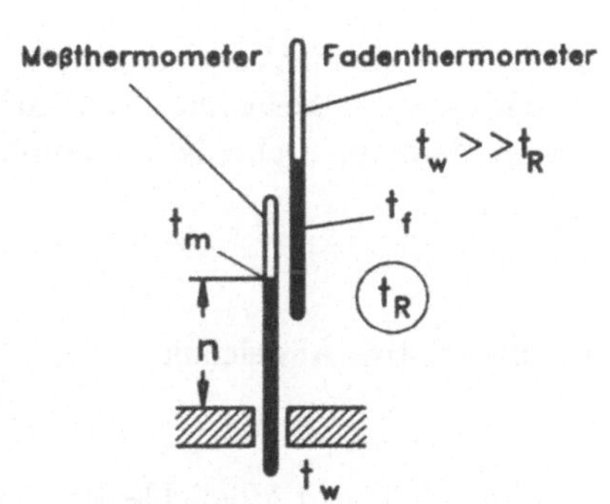

Abbildung 3.2: Fadenkorrektur beim Glas-Flüssigkeitsthermometer

$$t_K = n \cdot (t_m - t_f) \cdot \alpha \tag{3.4}$$

$$t_w = t_m + t_K \tag{3.5}$$

mit α als linearem Ausdehnungskoeffizienten der Paarung Meßflüssigkeit/Glashülle.

Die durch die Positionen des Beobachters und des Meßgerätes bedingte Parallaxenabweichung ist ebenfalls methodisch bedingt. Auf andere Methodenfehler wird später hingewiesen.

3.1.4 Zufällige Abweichungen

Zufällige Abweichungen können an jeder Stelle und zu jeder Zeit ungleich nach Betrag und Vorzeichen auftreten. Ihre Ursachen sind üblicherweise nicht erfaßbare und nicht beeinflußbare Änderungen von Vergleichsmaß, Meßgerät, Umwelt und Beobachter.

Zufällige Abweichungen machen das Meßergebnis unsicher. Sie zeigen sich bei wiederholten Messungen aber sonst gleichen Bedingungen als Schwankungen des Meßwertes. Die Untersuchung der beiden Hauptgruppen von zufälligen Abweichungen zeigt die Möglichkeiten, diese klein zu halten.

Die *Abweichung durch Ablesefehler* des Beobachters an der Skale beruht auf einer Skalenlängenabweichung, ist also subjektiv bedingt. Sie entsteht durch Verschätzung, Täuschung und parallaxenbehaftete Position des Beobachters. Diese Abweichung ist abhängig vom mathematischen Zusammenhang zwischen Anzeige (Skale) und Meßgröße. Allgemein gilt:

$$\Delta l = e \cdot \Delta x \tag{3.6}$$

mit Δl als Ablesefehler, e als Empfindlichkeit und Δx als der aus Δl resultierenden Abweichung des Meßwertes x. Gleichung 3.6 stellt ein lineares Anzeigegesetz dar (lineare Teilung). Dabei ist die absolute Abweichung

$$\Delta x = \frac{\Delta l}{e} \tag{3.7}$$

und die relative Abweichung

$$\frac{\Delta x}{x} = \frac{\Delta l}{x \cdot e} \tag{3.8}$$

Gleichung 3.8 zeigt Möglichkeiten zur Verringerung der relativen Abweichung auf:

- Verkleinern von Δl (feine Teilung, Nonius, Spiegelskale, indirekte Parallaxenunterdrückung).
- Vergrößern der Empfindlichkeit e (Meßbereichunterteilung, Skalenvergrößerung, Meßbereichunterdrückung).
- Der Einfluß des Wertes der Meßgröße hängt von der Art der Skalenteilung ab (Abb. 3.3 und 3.4).

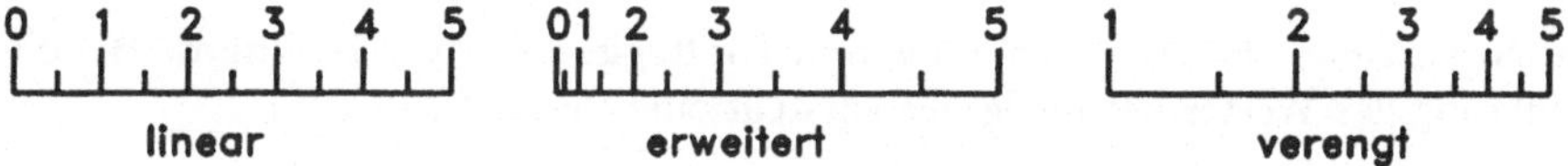

Abbildung 3.3: Skalenteilung bei verschiedenen Anzeigegesetzen

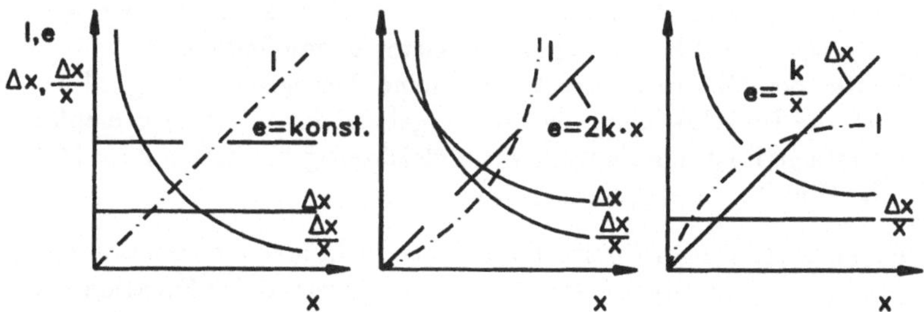

Abbildung 3.4: Ableseabweichungen bei verschiedenen Anzeigegesetzen

Teilung	math. Gesetz	Empfind-lichkeit	absolute Abweichung	relative Abweichung
linear	$l = e \cdot x$	$e =$ konst.	$\Delta x = \frac{\Delta l}{e} =$ konst.	$\frac{\Delta x}{x} = \frac{\Delta l}{e \cdot x}$
erweitert	$l = k \cdot x^2$	$e = \frac{dl}{dx} = 2k \cdot x$	$\Delta x = \frac{\Delta l}{2k \cdot x}$	$\frac{\Delta x}{x} = \frac{\Delta l}{2k \cdot x^2}$
verengt	$l = k \cdot \ln x$	$e = \frac{k}{x}$	$\Delta x = \frac{\Delta l \cdot x}{k}$	$\frac{\Delta x}{x} = \frac{\Delta l}{k} =$ konst.

Tabelle 3.1: Anzeigegesetze

Tabelle 3.1 zeigt die mathematischen Zusammenhänge.

Aus der Betrachtung des Vorgenannten können Lehren zur Verringerung der zufälligen Abweichungen gezogen werden. Geräte mit erweiterter Skale (z.B. quadratisch) eignen sich nicht als Nullgerät, da bei $x \to 0$ die Abweichung $\Delta x/x$ unendlich groß wird. Geräte mit linearer Skala sind bevorzugt im oberen Drittel des Meßbereiches einzusetzen (Nullpunktanzeige möglich). Bei Geräten mit logarithmischer Skale erzielt man innerhalb des gesamten Meßbereichs eine konstante relative Abweichung, die Empfindlichkeit e sinkt jedoch mit wachsendem Wert der Meßgröße.

Die *gerätebedingte Abweichung* beschreibt das statische und dynamische Verhalten des Meßgerätes oder des Meßgrößenaufnehmers beim Einstellvorgang auf einen neuen Wert der Meßgröße.

Dabei wird das *statische Verhalten* vom Kräftegleichgewicht bestimmt. Bei einer Änderung des Wertes der Meßgröße entsteht eine Verstellkraft ΔF:

$$\Delta F = F_i - (F_a + F_R) \tag{3.9}$$

mit F_R als Reibungswiderstand im Meßgerät und F_i sowie F_a als Richtkräften.

Im Anzeigepunkt wird $\Delta F = 0$. Nur beim idealen Gerät mit $F_R = 0$ wird im Gleichgewicht $F_a = F_i$. Beim wirklichen Einstellvorgang ist $F_a = F_i \pm |F_R|$, da F_R immer entgegen der Bewegungsrichtung wirkt, d.h. positiv bei $\Delta l < 0$ und negativ bei $\Delta l > 0$. Im Bereich von $\Delta F < 2|F_R|$ ist das Gerät unempfindlich. Auf eine Änderung des Wertes der Meßgröße erfolgt dann keine Anzeigenänderung. Man nennt diesen Bereich die Umkehrspanne. Sie ist maßgebend für die Anzeigeempfindlichkeit. Diese zu steigern ist nur sinnvoll, wenn gleichzeitig die Reibung im Meßgerät und damit die Umkehrspanne gesenkt wird.

Zur Beurteilung des Gleichgewichtszustandes untersucht man die Funktion $F_i = f(l)$ und $F_a = g(l)$ bzw. $(F_a \pm |F_R|) = h(l)$ mit l als Anzeigewert. Beide Funktionen sollten sich unter einem möglichst großen Winkel schneiden, denn schleifende Schnittpunkte ergeben selbst bei sehr kleiner Reibung F_R ungenaue Anzeigewerte.

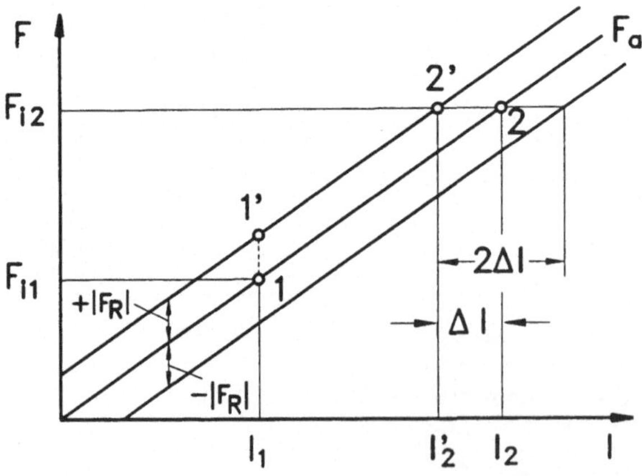

Abbildung 3.5: Kräfte am Meßwerk

Abb. 3.5 zeigt, wie bei der Änderung des Wertes der Meßgröße die Richtkraft von F_{i1} auf F_{i2} beim reibungsfreien Meßgerät eine Änderung der Anzeige von l_1 nach l_2 zur Folge hätte. Beim tatsächlichen, reibungsbehafteten Meßgerät muß zunächst die Reibung überwunden werden (von 1 nach 1'). Erst bei weiterer Zunahme der

Richtkraft auf F_{i2} tritt die Anzeigeänderung von l_1 nach l'_2 auf. Die Anzeige ist um den Betrag Δl zu niedrig. Ähnlich sind die Verhältnisse bei Abnahme der Richtkraft. Die Anzeige ist in diesem Fall um den Betrag Δl zu hoch. Die Anzeige ist also um den Betrag $\pm\Delta l$ unsicher.

Das *dynamische Verhalten* beim Einstellvorgang wird von der Bewegungsgleichung beschrieben, deren Ordnung als Kennzeichen für die Art des Meßsystems dient. Physikalisch besteht die Frage, welche Anzeige $l = f(t)$ am Gerät entsteht, wenn sich der Wert der Meßgröße $x = g(t)$ ändert. Die Änderung kann dabei stetig, periodisch oder unstetig, z.B. als Sprung erfolgen. Massenträgheit, Dämpfung und Reibung in den Gliedern der Meßkette beeinflussen den Anzeigewert bzw. den zeitlichen Verlauf der Anzeige. Mathematisch ist dabei die Lösung der Bewegungsgleichung des Meßsystems gesucht. Als Ergebnis erhält man die Übergangsfunktion zwischen x_a entsprechend l und x_e entsprechend x, die die Werte und ihren zeitlichen Zusammenhang beschreibt. Das dynamische Verhalten der Meßkette entspricht dem Zeitverhalten einer Regelstrecke mit Ausgleich. Diese ist so definiert, daß bei Änderung der Eingangsgröße eine Änderung der Ausgangsgröße erfolgt und diese einem neuen Beharrungswert zustrebt.

Die Beziehung zwischen Eingangsgröße x_e und Ausgangsgröße x_a kann man durch eine lineare Differentialgleichung beschreiben:

$$\ldots + \alpha_3 \cdot \dddot{x}_a(t) + \alpha_2 \cdot \ddot{x}_a(t) + \alpha_1 \cdot \dot{x}_a(t) + \alpha_0 \cdot x_a(t) = \beta_0 \cdot x_e(t) + \beta_1 \cdot \dot{x}(t) + \beta_2 \cdot \ddot{x}(t) + \beta_3 \cdot \dddot{x}(t) \ldots \quad (3.10)$$

Darin sind α_i und β_i dimensionsbehaftete Koeffizienten und es bedeutet:

$$\dot{x}_i(t) = \frac{dx_i(t)}{dt} \quad (3.11)$$

Es soll im folgenden das Übertragungsverhalten von Meßketten verschiedener Ordnung beim Auftreten einer Sprungfunktion $x_e(t)$ untersucht werden.

Meßsysteme 0. Ordnung nennt man auch verzögerungsarme Strecken. Dafür gilt:

$$\alpha_0 \cdot x_a(t) = \beta_0 \cdot x_e(t) \quad (3.12)$$

$$x_a = \frac{\beta_0}{\alpha_0} \cdot x_e \quad (3.13)$$

Dabei stellt das Verhältnis $\beta_0/\alpha_0 = V_s$ die Verstärkung dar (Abb. 3.6).

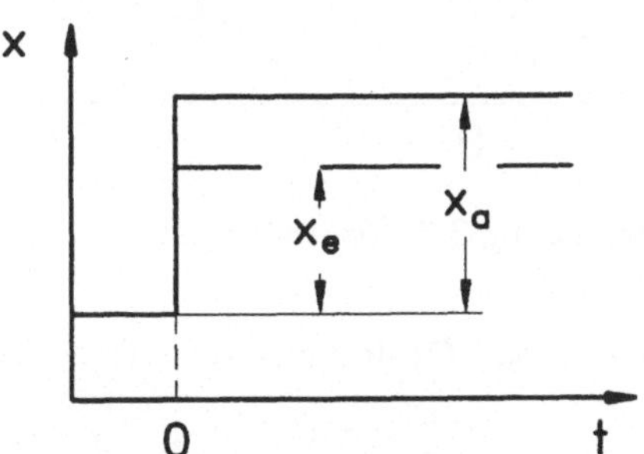

Abbildung 3.6: Einstellvorgang 0. Ordnung

Ein Beispiel dafür stellt die Druckmessung mit einem Membranmeßwerk bei sehr geringen Auslenkungen der Meßmembran dar. Dort ist $V_s = \frac{\beta_0}{\alpha_0} = k \cdot c_f$ mit c_f als Federkonstante einer (masselosen)

Rückstellkraft. Strom und Spannung an einem Ohmschen Widerstand sind in gleicher Weise miteinander verknüpft. Meßsysteme 0. Ordnung findet man infolge der Forderung nach verzögerungsfreier Meßwertumformung meist nur in elektrisch arbeitenden Meßgeräten.

Die Übergangsfunktion eines *Meßsystems 1. Ordnung* ist eine Differentialgleichung 1. Ordnung:

$$\alpha_1 \cdot \dot{x}_a(t) + \alpha_0 \cdot x_a(t) = \beta_0 \cdot x_e(t) + \beta_1 \cdot \dot{x}_e(t) \tag{3.14}$$

oder

$$\frac{\alpha_1}{\alpha_0} \cdot \dot{x}_a(t) + x_a(t) = \frac{\beta_0}{\alpha_0} \cdot x_e(t) + \frac{\beta_1}{\alpha_0} \cdot \dot{x}_e(t) \tag{3.15}$$

mit $\frac{\beta_0}{\alpha_0} = V_s$ als Verstärkung oder Übertragungsbeiwert und $\frac{\alpha_1}{\alpha_0} = T_1$ als Zeitkonstante des Systems.

Im zu untersuchenden Bereich, d.h. für $t > 0$, gilt $\dot{x}_e(t) = 0$. Für eine sprunghafte Änderung von x_e erhält man daher als Lösung:

$$x_a = V_s \cdot x_e \cdot \left(1 - e^{-\frac{t}{T_1}}\right) \tag{3.16}$$

und für $t = T_1$ wird

$$x_a(T_1) = V_s \cdot x_e \cdot \left(1 - \frac{1}{e}\right) = 0,632 \cdot V_s \cdot x_e \tag{3.17}$$

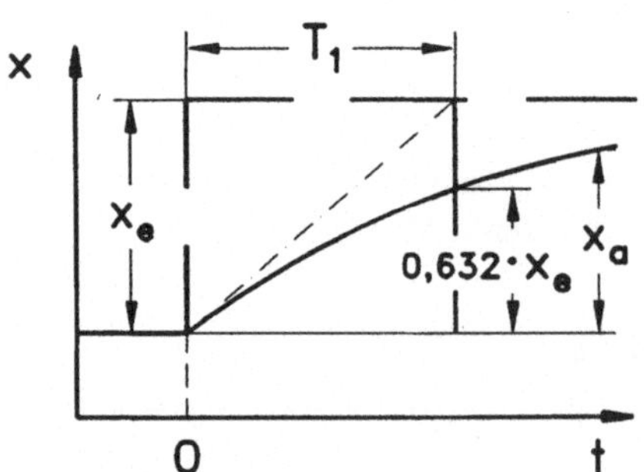

Abbildung 3.7: Einstellvorgang 1. Ordnung

In Abb. 3.7 ist $V_s = 1,0$ angenommen. Beispiele für Einstellvorgänge erster Ordnung sind Meßsysteme mit Speicherwirkung, wie Glas-Flüssigkeitsthermometer oder hydraulische bzw. pneumatische Systeme (Abb. 3.7). Sie verhalten sich wie eine Reihenschaltung aus Kapazität und Widerstand im elektrischen Kreis. Beim Thermometer würde $x_e = \Theta$ dem zu messenden Temperatursprung, $x_a = \vartheta$ der angezeigten Temperaturänderung entsprechen.

Man erhält für den zeitlichen Temperaturverlauf:

$$\vartheta = \Theta \cdot \left(1 - e^{-\frac{t}{T_1}}\right) \tag{3.18}$$

Bei einer elektrischen Schaltung wird $T_1 = R \cdot C$. Setzt man in einer pneumatischen Anordnung C als Speichervolumen und R als Drosselstrecke, dann gilt für die Zeitkonstante der gleiche Zusammenhang.

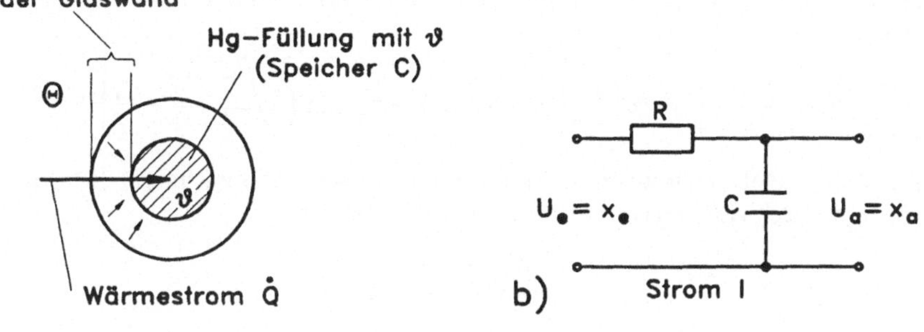

Abbildung 3.8: Meßsysteme 1. Ordnung:
a) Temperaturfühler eines Thermometers, b) elektrisches RC-Glied

Meßsysteme 2. Ordnung erhält man im Prinzip durch Hintereinanderschaltung zweier Systeme 1. Ordnung. Beispiele sind alle schwingungsfähigen Systeme (Feder-Masse-Systeme) mechanischer und elektrischer Anzeigegeräte. Die Differentialgleichung lautet hier:

$$\alpha_2 \cdot \ddot{x}_a(t) + \alpha_1 \cdot \dot{x}_a(t) + \alpha_0 \cdot x_a(t) = \beta_0 \cdot x_e(t) + \beta_1 \cdot \dot{x}_e(t) + \beta_2 \cdot \ddot{x}_e(t) \tag{3.19}$$

oder

$$\frac{\alpha_2}{\alpha_0} \cdot \ddot{x}_a(t) + \frac{\alpha_1}{\alpha_0} \cdot \dot{x}_a(t) + x_a(t) = \frac{\beta_0}{\alpha_0} \cdot x_e(t) + \frac{\beta_1}{\alpha_0} \cdot \dot{x}_e(t) + \frac{\beta_2}{\alpha_0} \cdot \ddot{x}_e(t) \tag{3.20}$$

Abb. 3.9 zeigt das mechanische und elektrische Modell für ein System 2.Ordnung.

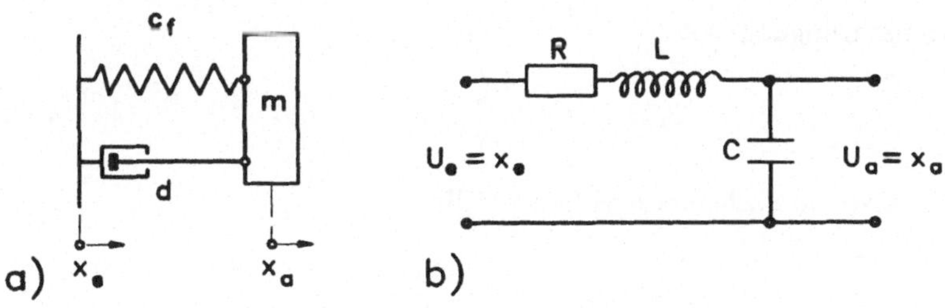

Abbildung 3.9: Meßsysteme 2. Ordnung:
a) Feder-Masse-Schwinger, b) elektrisches LC-Glied

Die Differentialgleichung soll für das mechanische Modell gelöst werden:

$$\ddot{x}_a + \frac{d}{m} \cdot \dot{x}_a + \frac{c_f}{m} \cdot x_a = F\left(x_e(t)\right) \tag{3.21}$$

Darin sind m die Masse, d der Reibungs(Dämpfungs-)faktor und c_f die Federkonstante. Von dieser Gleichung löst man in der Regel den sogenannten homogenen Teil, für den $F(x_e(t)) = 0$ gilt. Man findet dann das Verhalten bei freier Schwingung und erhält:

$$x_a = e^{-\delta t} \cdot \left[c_1 \cdot \cos\left(\sqrt{\omega_0^2 - \delta^2} \cdot t\right) + c_2 \cdot \sin\left(\sqrt{\omega_0^2 - \delta^2} \cdot t\right)\right] \quad (3.22)$$

c_1 und c_2 ergeben sich aus den Anfangsbedingungen. Die wichtigen Beschreibungsgrößen des Schwingungsvorgangs werden definiert zu:

$$\omega_0 = \sqrt{\frac{c_f}{m}} \quad \text{in} \quad \frac{1}{\mathrm{s}} \quad (3.23)$$

die Eigenfrequenz des ungedämpften Systems mit $\omega = 2\pi f$, die Dämpfungskonstante

$$d = \frac{F}{v} \quad \text{in} \quad \frac{\mathrm{N}}{\mathrm{m/s}}, \quad (3.24)$$

der Abklingkoeffizient

$$\delta = \frac{d}{2m} \quad \text{in} \quad \frac{\mathrm{Ns}}{\mathrm{mkg}} = \frac{1}{\mathrm{s}} \quad (3.25)$$

und der Dämpfungsgrad oder das Lehrsche Dämpfungsmaß

$$D = \frac{d}{2\omega_0 \cdot m} \quad \text{in 1 (dimensionslos).} \quad (3.26)$$

Daraus sind die Frequenz der gedämpften Schwingung

$$\omega_d = \omega_0 \cdot \sqrt{1 - \frac{\delta^2}{\omega_0^2}} = \sqrt{\omega_0^2 - \delta^2} \quad \text{in} \quad \frac{1}{\mathrm{s}} \quad (3.27)$$

sowie die Eigenschwingungszeit

$$T_0 = 2 \cdot \pi \cdot \sqrt{\frac{m}{c_f}} \quad \text{in s} \quad (3.28)$$

zu berechnen. Man unterscheidet drei Sonderfälle:

D	=	0	ungedämpfte Schwingung	$(\delta = 0)$
D	<	1	gedämpfte Schwingung	$(\delta < \omega_0)$
D	=	1	aperiodischer Grenzfall	$(\delta = \omega_0)$
D	>	1	aperiodischer Kriechfall	$(\delta > \omega_0)$

Die vollständige Lösung kann man nun angeben:

$$x_a = x_0 \cdot e^{-\delta \cdot t} \cdot \left(\sin \omega_d t - \frac{\pi}{2}\right) \quad (3.29)$$

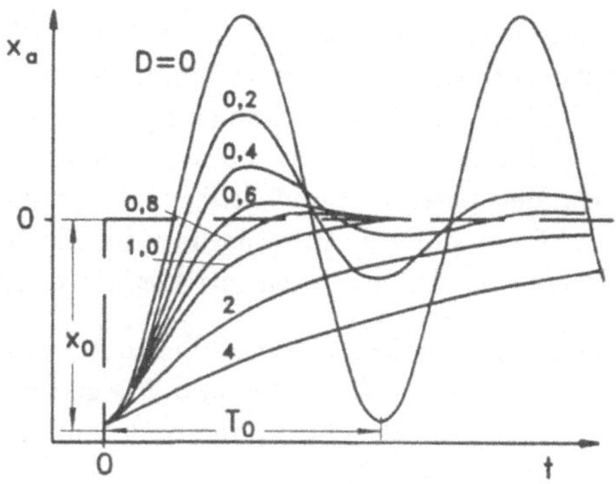

Abbildung 3.10: Einstellvorgang 2. Ordnung

Für den Schwingfall ($\delta < \omega_0$), Abb. 3.10, klingt die Amplitude in der Zeit $1/\delta$ auf den e-ten Teil ab. Das Verhältnis zweier aufeinander folgender Maxima ist konstant. Der Abklingvorgang wird durch das logarithmische Dekrement beschrieben:

$$\Lambda = \ln \frac{\hat{x}_n}{\hat{x}_{n+1}} = 2\pi \cdot \frac{\delta}{\omega_d} = 2\pi \cdot \frac{\frac{\delta}{\omega_0}}{\sqrt{1 - \frac{\delta^2}{\omega_0^2}}} = \frac{2\pi \cdot D}{\sqrt{1 - D^2}} \tag{3.30}$$

mit $D = \delta/\omega_0$ und $\hat{x}$ als maximalem Wert des Ausschlags x_a. Da man Λ leicht aus Messungen gewinnt, kann man D und damit die Dämpfung des Systems aus Gl. 3.31 bestimmen:

$$D = \frac{\Lambda}{\sqrt{4\pi^2 + \Lambda^2}} \tag{3.31}$$

Bei den gezeigten Beispielen wurde eine sprunghafte Änderung des Wertes der Meßgröße angenommen (z. B. das aufeinanderfolgende Abgreifen mehrerer Meßstellen mit einem Meßgerät). Viele Meßaufgaben kann man sich aus der Summe von harmonisch, kontinuierlich und sprunghaft geänderten Anteilen einer Meßwertänderung vorstellen. Die rascheste zeitliche Meßwertänderung bestimmt dabei die dynamischen Eigenschaften des Meßsystems.

Die möglichen Fehlerquellen zeigen die Notwendigkeit, bei der Angabe eines Meßwertes die zu erwartenden Fehlergrenzen mit anzugeben. Vor der Fehlerberechnung erfolgt der Fehlerausgleich der Meßreihen.

3.2 Korrektur systematischer Abweichungen

Systematische Abweichungen machen ein Meßergebnis unrichtig. Sie lassen sich korrigieren oder beim Ermitteln der Meßunsicherheit abschätzen. Die bisherigen Betrachtungen gingen davon aus, daß nur *eine* mit Abweichungen behaftete Größe vorkam, die darüber hinaus nur *linear* auftrat. Meist wird das Meßergebnis aber aus *mehreren* Einzelgrößen errechnet, die außerdem noch mit *Exponenten* behaftet sein und alle eine verschieden große Abweichung haben können. Die systematische Abweichung der Meßanordnung ergibt sich dann aus den systematischen Abweichungen der Einzelmessungen nach dem physikalischen Zusammenhang, in dem die Meßgrößen zueinander stehen. Für die Summierung der Einzelabweichung werden die mathematischen Gesetze für das Rechnen mit kleinen Größen zugrundegelegt.

Die Rechengesetze mit kleinen Größen liefern Näherungsformeln, die von den Potenzreihen (Taylorsche Entwicklung) abgeleitet sind. Sie gelten dann, wenn so kleine Größen vorkommen, daß ihre zweiten und höheren Potenzen sowie ihre Produkte gegenüber der ersten Potenz vernachlässigbar sind.

Für die folgende Betrachtung der Fortpflanzung systematischer Abweichungen an einfachen Beispielen wird definiert:

$$\text{die absolute Abweichung} \quad \Delta x_i \tag{3.32}$$

$$\text{die relative Abweichung} \quad \frac{\Delta x_i}{x_i} \tag{3.33}$$

Die mit systematischen Abweichungen behafteten Größen 1 und 2 bestehen aus den wahren Werten x_1 und x_2 sowie den systematischen Abweichungen Δx_1 und Δx_2. Damit werden die Operationen Addieren, Multiplizieren und Potenzieren durchgeführt:

$$(x_1 + \Delta x_1) + (x_2 + \Delta x_2) = x_1 + x_2 + (\Delta x_1 + \Delta x_2) \tag{3.34}$$

$$(x_1 + \Delta x_1) \cdot (x_2 + \Delta x_2) = x_1 \cdot x_2 \cdot \left(1 + \frac{\Delta x_1}{x_1} + \frac{\Delta x_2}{x_2}\right) \tag{3.35}$$

$$(x + \Delta x)^n = x^n \cdot \left(1 + \frac{\Delta x}{x}\right)^n = x^n \cdot \left(1 + n \cdot \frac{\Delta x}{x}\right) \tag{3.36}$$

Als Ergebnis läßt sich aussagen:

Bei *Addition*	werden die ***absoluten*** Abweichungen ***addiert,***
bei *Multiplikation*	werden die ***relativen*** Abweichungen ***addiert,***
beim *Potenzieren*	wird die ***relative*** Abweichung mit dem Exponenten ***multipliziert.***

Bei der allgemeinen Betrachtung wird das Meßergebnis als Funktion mehrerer Meßwerte in der Form

$$y = f(x_1, x_2, x_3 \ldots) \tag{3.37}$$

gebildet, worin x_1, x_2, x_3 Einzelmeßgrößen mit den Abweichungen $\Delta x_1, \Delta x_2, \Delta x_3$ bedeuten. Die Gesamtabweichung wird nach dem linearen „Fehlerfortpflanzungsgesetz" berechnet:

$$\Delta y = \left(\frac{\partial f}{\partial x_1} \cdot \Delta x_1 + \frac{\partial f}{\partial x_2} \cdot \Delta x_2 + \ldots + \frac{\partial f}{\partial x_n} \cdot \Delta x_n\right) = \sum_{i=1}^{n} \left(\frac{\partial f}{\partial x_i} \cdot \Delta x_i\right) \tag{3.38}$$

Die Ableitung dieses Gesetzes erfolgt über eine Reihenentwicklung der Funktion y und partielle Differentiation. Die Taylor-Reihe wird aber ab dem 2. Glied abgebrochen, da alle folgenden Glieder Potenzen von Δx_i enthalten und deshalb vernachlässigbar sind.

Beispiel: Bestimmung der Erdbeschleunigung g aus dem Pendelversuch:

$$t = \frac{T}{2} = \pi \cdot \sqrt{\frac{l}{g}} \tag{3.39}$$

$$g = \frac{\pi^2 \cdot l}{t^2} = f(l, t) \tag{3.40}$$

Unter Anwendung des linearen Fehlerfortpflanzungsgesetzes (Gl. 3.38) erhält man:

$$\Delta g = \Delta l \cdot \frac{\partial f}{\partial l} + \Delta t \cdot \frac{\partial f}{\partial t} = \frac{\pi^2}{t^2} \cdot \Delta l - 2 \cdot \frac{\pi^2 \cdot l}{t^3} \cdot \Delta t \tag{3.41}$$

Die relative Abweichung der gemessenen Erdbeschleunigung ergibt sich zu

$$\frac{\Delta g}{g} = \frac{\Delta l}{l} - 2 \cdot \frac{\Delta t}{t} \tag{3.42}$$

Die Zeitmessung erfordert erhöhte Sorgfalt, da sie den doppelten Einfluß auf das Endergebnis hat.

3.3 Ausgleich zufälliger Abweichungen

Zufällige Abweichungen lassen sich nur ausgleichen, wenn man eine genügend große Anzahl von Messungen derselben Meßgröße mit demselben Meßgerät unter - soweit feststellbar - gleichen Bedingungen durchführt. Den wahrscheinlichsten Wert einer Messung von zufälligen Größen nennt man denjenigen Wert, der dem wahren Wert der Meßgröße möglichst nahe kommt.

Bezeichnet man diesen Wert mit $\bar{x}$, so ist

$$\delta_i = x_i - \bar{x} \tag{3.43}$$

die scheinbare Abweichung der i-ten Meßgröße. Nach Gauß ist $\bar{x}$ dann der wahrscheinlichste Wert, wenn die Summe der Abweichungsquadrate ein Minimum erreicht, d.h.

$$\sum_{i=1}^{n} \delta_i^2 = \text{Minimum} \tag{3.44}$$

Dies ist aber nur dann der Fall, wenn die 1. Ableitung Null wird, die 2. Ableitung aber größer Null bleibt.

$$\begin{aligned} &\text{1. Ableitung:} \quad 2\sum \delta_i &= 0 \qquad &\text{bzw. } \sum \delta_i = 0 \\ &\text{2. Ableitung:} \quad 2\sum 1 &= 2n > 0 \end{aligned}$$

Die erste Ableitung ergibt mit $\delta_i = x_i - \bar{x}$

$$\sum (x_i - \bar{x}) = 0 \text{ bzw. } \sum x_i - n \cdot \bar{x} = 0$$

Daraus erhält man als wahrscheinlichsten Wert der Meßgröße den arithmetischen Mittelwert der Einzelmessungen:

$$\bar{x} = \frac{1}{n} \cdot \sum_{i=1}^{n} x_i \tag{3.45}$$

3.3.1 Die Grundgesamtheit und ihre Parameter

Hat man eine sehr große Anzahl von Meßwerten zur Verfügung, so spricht man von einer *Grundgesamtheit*. Hierbei geht man davon aus, daß eine sehr große (nach ∞ gehende) Anzahl von Meßwerten zur Verfügung steht.

Es wird ferner davon ausgegangen, daß die Meßwerte der Grundgesamtheit rein zufälligen Schwankungen unterworfen sind. Die Abweichungen sind dann durch folgende Eigenschaften charakterisiert: positive und negative Abweichungen treten gleich häufig auf und mit zunehmender Größe der Abweichung nimmt ihre Häufigkeit ab. Trägt man nun die Häufigkeit $h(x)$ des Auftretens aller dieser unendlich vielen Werte x über deren Größe auf, so erhält man eine glockenförmige Kurve - die Normalverteilung:

$$h = \frac{1}{\sigma\sqrt{2\pi}} \cdot e^{-\frac{1}{2} \cdot \left(\frac{x-\mu}{\sigma}\right)^2} \tag{3.46}$$

Die wichtigsten Parameter, die die Verteilung bestimmen, sind der *wahre Wert* μ, der die Lage einer Verteilung kennzeichnet, und die *Streuung* σ der Grundgesamtheit, die ein Maß für die Breite einer Verteilung darstellt.

Der wahre Wert μ ist das arithmetische Mittel aller (unendlich vielen) zufälligen Größen x_i :

$$\mu = \lim_{n \to \infty} \frac{1}{n} \sum_{i=1}^{n} x_i \tag{3.47}$$

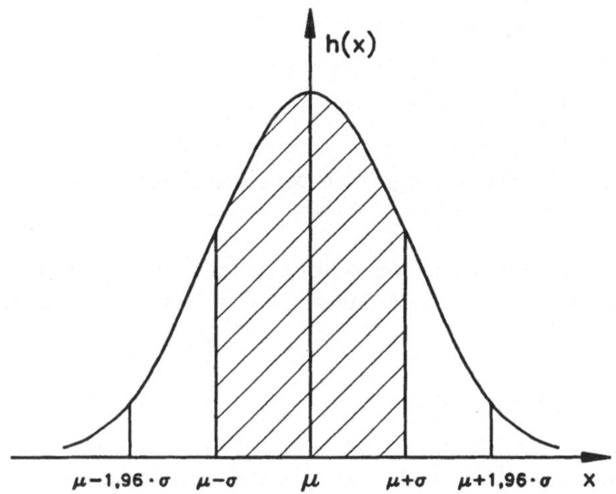

Abbildung 3.11: Normalverteilung

Die Streuung σ, oder auch ***Standardabweichung*** genannt, ist die mittlere quadratische Abweichung aller Werte x_i vom wahren Wert μ:

$$\sigma = \lim_{n\to\infty} \sqrt{\frac{1}{n}\sum_{i=1}^{n}(x_i-\mu)^2} \quad \text{mit} \quad x_i - \mu \quad \text{als wahrem Fehler} \tag{3.48}$$

In Abb. 3.11 ist die Streuung σ genau der Abstand des Wendepunktes der Kurve der Normalverteilung von der Ordinatenachse. Zwischen den Grenzen $\mu \pm \sigma$ einer Normalverteilung liegen rund 68,3 % aller Einzelwerte, was dem prozentualen Anteil der schraffierten Fläche an der Gesamtfläche unter der Glockenkurve entspricht. In diesem Falle sagt man, daß die statistische Sicherheit $P = 68,3$ % beträgt. Die statistische Sicherheit P sagt dabei aus, mit welcher Wahrscheinlichkeit ein Meßwert innerhalb der angegebenen Vertrauensgrenzen liegt. Die Vertrauensgrenze V für diese Sicherheit beträgt

$$V = \pm\sigma \tag{3.49}$$

In der Technik ist es dagegen üblich, mit einer statistischen Sicherheit von P = 95 % zu rechnen, d.h., daß man 95 % der Gesamtfläche unter der Glockenkurve erfassen will.

Die Vertrauensgrenzen sind dabei, wie man aus Abb. 3.11 entnehmen kann, weiter zu ziehen und betragen in diesem Falle

$$V = \pm 1,96 \cdot \sigma \tag{3.50}$$

Allgemein gilt für die Vertrauensgrenze einer Normalverteilung

$$V = \pm u \cdot \sigma \tag{3.51}$$

Der Faktor u wird als Fraktile der Normalverteilung bezeichnet. Er hängt lediglich von der statistischen Sicherheit P ab.

P	50%	68,3%	95%	99%	99,9%
u	0,674	1,00	1,960	2,576	3,291

Tabelle 3.2: Fraktilen der Normalverteilung

Die in Tabelle 3.2 angegebenen Werte für u gelten nur für eine große Anzahl von Werten ($n \to \infty$) oder für den Fall, daß der wahre Wert der Meßgröße bekannt ist.

3.3.2 Die Stichprobe

Liegt nur eine begrenzte Anzahl von Werten vor, so spricht man von einer *Stichprobe.* In der Praxis ist es oft nicht möglich, eine so große Anzahl von Einzelmessungen vorzunehmen, wie es die Grundgesamtheit erfordert ($n \to \infty$). Die Messung muß auf eine Stichprobe begrenzt werden (endliche Anzahl von Messungen). Die Häufigkeitsverteilung der Stichprobe folgt nicht der Normalverteilung, da der Mittelwert der Stichprobenmeßwerte $\bar{x}$ nur eine Näherung für den wahren Wert μ ist. Deshalb fällt auch die Häufigkeitsverteilung der Stichprobe breiter aus. Dies gilt besonders bei nur geringer Anzahl n der Stichprobenwerte.

Die theoretische Funktion dieser Verteilung läßt sich angeben. Sie wird als t- bzw. *Student-Verteilung* bezeichnet (Abb. 3.12):

$$h(x, n) = \frac{1}{s \cdot \sqrt{2\pi}} \cdot e^{-\frac{(x_i - \bar{x})^2}{2s^2}} \tag{3.52}$$

Der Mittelwert der Stichprobe

$$\bar{x} = \frac{1}{n} \sum_{i=1}^{n} x_i \tag{3.53}$$

ist der beste Schätzwert für den wahren Wert der Meßgröße. Die *Streuung* s der *Stichprobe* (empirische Standardabweichung) ist die mittlere quadratische Abweichung aller Werte x_i von ihrem Mittelwert $\bar{x}$. Der scheinbare Fehler $x_i - \bar{x}$ ist der beste Schätzwert für den Parameter s der *Stichprobe* und wird wie folgt ermittelt:

$$s = \sqrt{\frac{1}{n-1} \sum_{i=1}^{n} (x_i - \bar{x})^2} \tag{3.54}$$

Die *Streuung* $s_{\bar{x}}$ des *Mittelwertes* $\bar{x}$ einer Stichprobe um den wahren Wert, auch mittlerer Fehler des Mittelwertes genannt, ermittelt sich als Quotient aus Stichpro-

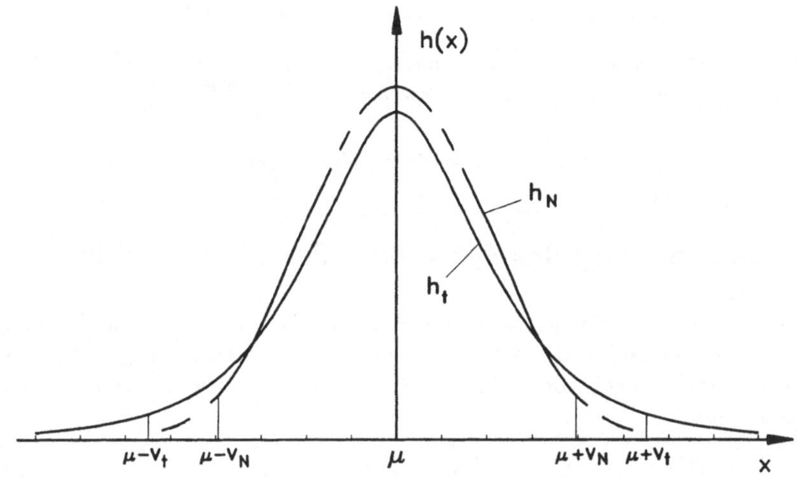

Abbildung 3.12: t-Verteilung für $n = 5$ im Vergleich zur Normalverteilung

benstreuung zur Quadratwurzel aus der Anzahl der Stichprobenwerte

$$s_{\bar{x}} = \frac{s}{\sqrt{n}} = \sqrt{\frac{1}{n \cdot (n-1)} \sum_{i=1}^{n} (x_i - \bar{x})^2} \tag{3.55}$$

Da die Verteilung der Stichprobe breiter ist als die der Normalverteilung, müssen die Vertrauensgrenzen für die gleiche statistische Sicherheit P, abhängig von der Anzahl der Werte, weiter gezogen werden. Für eine Stichprobe ergeben sich die Vertrauensgrenzen wie folgt

$$V = \pm t \cdot s_{\bar{x}} \tag{3.56}$$

t wird die Fraktile der t-Verteilung genannt, die abhängig ist von der statistischen

n	t		
	$P = 90\%$	95%	99%
2	6,31	12,71	63,66
3	2,92	4,30	9,93
5	2,13	2,78	4,60
10	1,83	2,26	3,25
20	1,73	2,09	2,86
50	1,68	2,01	2,68
100	1,66	1,98	2,63
200	1,65	1,97	2,60
∞	1,65	1,96	2,58

Tabelle 3.3: Fraktilen der t-Verteilung

Sicherheit P und von der Anzahl n der Werte, wie Tabelle 3.3 zeigt.

Wird z.B. ein Mittelwert $\bar{x}$ aus 5 Einzelmessungen x_i mit der Streuung s_{x_i} ermittelt, so sind die Vertrauensgrenzen des Mittelwertes für $P = 95$ %

$$V_{\bar{x}} = \pm 2,78 \cdot s_{\bar{x}} = \pm 2,78 \cdot \frac{s}{\sqrt{5}} \tag{3.57}$$

3.3.3 Anwendung des Fehlerfortpflanzungsgesetzes

Liegen die Meßunsicherheiten einzelner Größen x_i vor, aus denen sich die Funktion $y = f(x_i)$ zusammensetzt, d.h. ist V_{x_i} bekannt (vorausgesetzt es liegen keine systematischen Abweichungen vor), läßt sich das quadratische „Fehlerfortpflanzungsgesetz" anwenden:

$$V_y = \pm \sqrt{\sum_{i=1}^{n} \left(\frac{\partial f(x_i)}{\partial x_i} \cdot V_{x_i} \right)^2} \tag{3.58}$$

bzw., wenn für alle x_i die gleiche statistische Sicherheit gilt:

$$V_y = \pm u \cdot \sqrt{\sum_{i=1}^{n} \left(\frac{\partial f(x_i)}{\partial x_i} \cdot \sigma \right)^2} \tag{3.59}$$

Mit dem systematischen Anteil Δy_s läßt sich das Ergebnis dann wie folgt angeben:

$$y = f(x_i) - \Delta y_s \pm V_y \tag{3.60}$$

Bisher war bei allen Rechnungen vorausgesetzt, daß alle Beobachtungen (Werte) das gleiche Gewicht haben. Meßergebnisse können aber z.B. durch verschiedene Meßzeiten oder als Mittelwerte aus einer unterschiedlichen Anzahl von Einzelmessungen x_i unterschiedliches Gewicht p_i erhalten. Dann wird als wahrscheinlichster Wert der Messung das gewichtete Mittel $\bar{x}_p$ als bester Schätzwert für den gesuchten wahren Wert herangezogen:

$$\bar{x}_p = \frac{\sum x_i \cdot p_i}{\sum p_i} \tag{3.61}$$

Sind zum Beispiel $\bar{x}_i$ die Mittelwerte aus n_i Einzelmessungen, so ergibt sich das gewichtete Mittel zu

$$\bar{x}_p = \frac{\sum n_i \cdot \bar{x}_i}{\sum n_i} \tag{3.62}$$

Beispiel zur Anwendung der Fehlerfortpflanzung

Es ist die Dichte ρ eines zylindrischen Körpers und deren Meßspiel zu bestimmen. Gemessen werden die Größen: Masse m in g, Durchmesser d in cm, Länge l in cm.

m_i	d_i	l_i
1532,51	5,007	9,998
1532,58	5,002	10,003
1532,52	4,999	10,011
1532,54	5,006	9,999
1532,53	5,001	10,017
1532,56	4,988	9,979
	4,996	9,993
	5,010	10,001
	4,996	
	4,995	
$\bar{m} = 1532,540$	$\bar{d} = 5,000$	$\bar{l} = 10,000$

Tabelle 3.4: Meßwerte des Zylinders

Mit $\delta_{im} = m_i - \bar{m}$, $\delta_{id} = d_i - \bar{d}$ und $\delta_{il} = l_i - \bar{l}$ erhält man die Streuungen der Mittelwerte für drei Meßgrößen entsprechend Tabelle 3.4 zu

$$s_{\bar{m}} = \sqrt{\frac{\sum_{i=1}^{n_m} \delta_{im}^2}{n_m \cdot (n_m - 1)}} = \sqrt{\frac{\sum_{i=1}^{6} \delta_{im}^2}{6 \cdot 5}} = 0,0106 \text{ g}$$

$$s_{\bar{d}} = \sqrt{\frac{\sum_{i=1}^{n_d} \delta_{id}^2}{n_d \cdot (n_d - 1)}} = \sqrt{\frac{\sum_{i=1}^{10} \delta_{id}^2}{10 \cdot 9}} = 0,0021 \text{ cm}$$

$$s_{\bar{l}} = \sqrt{\frac{\sum_{i=1}^{n_l} \delta_{il}^2}{n_l \cdot (n_l - 1)}} = \sqrt{\frac{\sum_{i=1}^{8} \delta_{il}^2}{8 \cdot 7}} = 0,0040 \text{ cm}$$

Bei Vorgabe einer statistischen Sicherheit von $P = 95$ % ergeben sich die Vertrauensgrenzen für den jeweiligen Mittelwert zu

$$V_{\bar{m}} = \pm t_6 \cdot s_{\bar{m}} = \pm 2,57 \cdot 0,0106 \text{ g} = \pm 0,0272 \text{ g}$$

$$V_{\bar{d}} = \pm t_{10} \cdot s_{\bar{d}} = \pm 2,26 \cdot 0,0021 \text{ cm} = \pm 0,0047 \text{ cm}$$

$$V_{\bar{l}} = \pm t_8 \cdot s_{\bar{l}} = \pm 2,36 \cdot 0,0040 \text{ cm} = \pm 0,0094 \text{ cm}$$

Aus der Gleichung

$$\rho = \frac{4 \cdot m}{\pi \cdot d^2 \cdot l}$$

erhält man beim Einsetzen der Mittelwerte einen Wert für ρ von 7,8052 g/cm^3.

Die partiellen Differentialquotienten ergeben sich zu

$$\frac{\partial \rho}{\partial m} = \frac{4}{\pi d^2 l} = \frac{4}{\pi \cdot 5^2 \cdot 10\,\text{cm}^3}\frac{1}{} = 0,0051\frac{1}{\text{cm}^3}$$

$$\frac{\partial \rho}{\partial d} = -\frac{8m}{\pi d^3 l} = -3,1221\frac{\text{g}}{\text{cm}^4}$$

$$\frac{\partial \rho}{\partial l} = -\frac{4m}{\pi d^2 l^2} = -0,7805\frac{\text{g}}{\text{cm}^4}$$

Damit erhält man die Vertrauensgrenze des Resultats:

$$V_\rho = \pm\sqrt{\left(\frac{\partial \rho}{\partial m}\cdot V_{\bar{m}}\right)^2 + \left(\frac{\partial \rho}{\partial d}\cdot V_{\bar{d}}\right)^2 + \left(\frac{\partial \rho}{\partial l}\cdot V_{\bar{l}}\right)^2}$$

$$= \pm\sqrt{(0,0051\cdot 0,0272)^2 + (-3,1221\cdot 0,0047)^2 + (-0,7805\cdot 0,0094)^2}\ \text{g/cm}^3$$

$$= \pm 10^{-4}\cdot\sqrt{1,924 + 21.532,225 + 5.382,717}\ \text{g/cm}^3 = \pm 0,0164\ \text{g/cm}^3$$

Die Summanden unter der Wurzel zeigen den Einfluß der Einzelmeßgrößen auf das Meßergebnis an. Erhöhte Genauigkeit ist an erster Stelle bei der Messung des Durchmessers d, an zweiter Stelle bei der Messung der Länge l zu fordern. Das Meßergebnis kann wie folgt angegeben werden:

$$\rho = 7,8052 \pm 0,0164\ \text{g/cm}^3$$

Der relative Fehler ist dann

$$\frac{V_\rho}{\rho}\cdot 100\ \% = \pm\frac{0,0164}{7,8052}\cdot 100\ \% = \pm 0,210\ \%$$

Der systematische Fehler der Meßwerte wurde hier Null gesetzt. Um die Annahme zu überprüfen, kann das Kriterium von Abbe herangezogen werden. Damit kann geprüft werden, ob der Gesamtfehler der Einzelmeßgrößen systematische Fehler enthält oder ob diese vor der Benutzung der Meßwerte ausgeglichen wurden.

Nach Abbe gilt bei Nichtvorhandensein von systematischen Fehlern :

$$\frac{2\sum \delta_i^2}{\sum(\delta_i - \delta_{i+1}]^2} \leq 1 + \frac{1}{\sqrt{n}}$$

oder abgekürzt

$$\frac{2A}{B} \leq 1 + \frac{1}{\sqrt{n}}$$

Danach ergibt sich für die drei Größen das Abbe-Kriterium:

	$\frac{2A}{B}$	$1+\frac{1}{\sqrt{n}}$	Abbe-Kriterium
für m	$\frac{6{,}8\cdot 10^{-3}}{9{,}9\cdot 10^{-3}} = 0{,}687$	$1+\frac{1}{\sqrt{6}} = 1{,}408$	erfüllt
für d	$\frac{0{,}784\cdot 10^{-3}}{0{,}734\cdot 10^{-3}} = 1{,}068$	$1+\frac{1}{\sqrt{10}} = 1{,}316$	erfüllt
für l	$\frac{0{,}894\cdot 10^{-3}}{2{,}223\cdot 10^{-3}} = 0{,}402$	$1+\frac{1}{\sqrt{8}} = 1{,}354$	erfüllt

Bei allen drei Einzelmeßgrößen war also entweder kein systematischer Fehler vorhanden oder er wurde vor der Benutzung der Meßwerte ausgeglichen.

Kapitel 4

Messung mechanischer Größen

Die wichtigsten mechanischen Meßgrößen sind die Grundgrößen Länge, Masse, Zeit und Winkel sowie die abgeleiteten Größen Kraft, Druck, Drehmoment, Drehzahl und Geschwindigkeit.

4.1 Längenmessung

4.1.1 Mechanische Längenmeßgeräte

Bei der Bestimmung von Längen muß unterschieden werden zwischen der Messung von absoluten Längen, welche vorwiegend als Werkstückmaße in der Fertigungstechnik zur Prüfung kommen, und der Messung von Längenänderungen als Verschiebung zweier Körper gegeneinander oder als Dehnung von Bauteilen. Während die Messung der absoluten Länge vorwiegend in den Bereich der Fertigungsmeßtechnik und Qualitätskontrolle fällt, wird die Messung von Längenänderungen in der Maschinenmeßtechnik zur Ermittlung von Materialbeanspruchungen, Kräften und Drücken angewandt.

Die Einheit der Länge, seit 1983 als die Strecke definiert, die Licht im Vakuum während der Dauer von 1/299.792.458 s durchläuft, wird praktisch nur zur Überprüfung hochgenauer Maßverkörperungen verwendet. Diese stellen die materielle Verwirklichung von Längeneinheiten oder dem Vielfachen davon dar. Dazu gehören Parallelendmaße, Strichmaßstäbe und Lehren. Die zulässigen Abmaße dieser Maßverkörperungen sind genormt und hängen ab von ihrer Größe und Güteklasse. So beträgt z. B. bei einem 10 mm-Endmaß der Genauigkeitsstufe 0 die zulässige Abweichung $u = \pm 0,12\ \mu$m. Endmaße dienen hauptsächlich zum Justieren bzw. Kontrollieren von Längenmeßzeugen.

Strichmaße werden nur in den groben Güteklassen direkt angelegt und ohne Hilfsmittel abgelesen. Bei feineren Güteklassen werden Ablesehilfen (Lupe, Mikroskop,

Projektor) angewendet, wobei Zwischenmaßstäbe über einen Nonius bestimmt werden.

Zur Messung von Längen werden in der Werkstatt Meßzeuge benutzt, wozu Meßschieber und Bügelmeßschraube (Mikrometer) gehören (Abb. 4.1). Der Meßschieber nach DIN 862 wird bis zu 1.000 mm Meßbereich benutzt. Seine zulässige Unsicherheit beträgt $u = \pm(50 + 0,1 \cdot l)$ μm, wobei die Meßlänge l in mm eingesetzt wird. Feineres Messen ist mit der Bügelmeßschraube nach DIN 863 möglich. Sie hat zwar nur 25 mm Meßbereich, findet aber bis 3.000 mm Anwendung. Ihre zulässige Meßunsicherheit beträgt $u = \pm(4 + 0,1 \cdot l)$ μm.

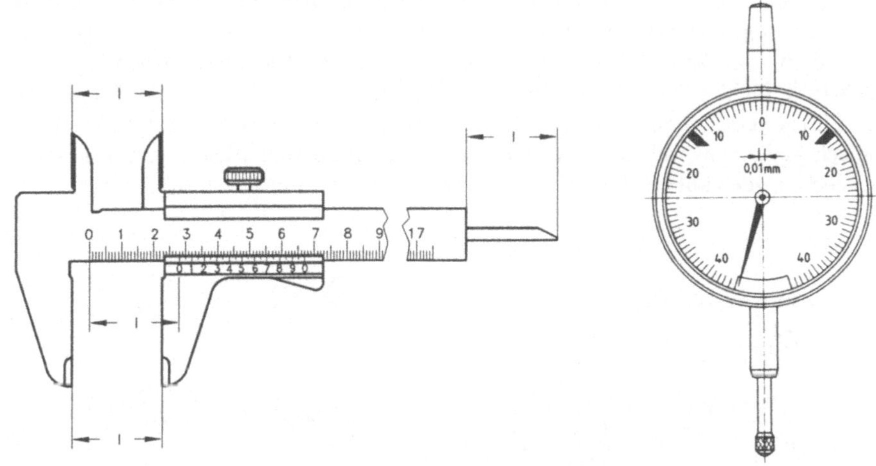

Abbildung 4.1: Meßschieber, Meßuhr

Als mechanische Längenaufnehmer werden in der Werkstatt und im Meßraum die Meßuhr (DIN 878) (Abb. 4.1) und der Feinzeiger (DIN 879) benutzt. Beide können die zu prüfende Größe nicht direkt anzeigen, sondern müssen vorher mit Endmaßblöcken, Lehrringen o.ä. eingestellt werden. Die Meßuhr hat i.a. 3 mm oder 10 mm Meßbereich bei einer zulässigen Gesamtabweichung von $u \leq 17$ μm, der Feinzeiger hat 50 μm Meßbereich bei einer zulässigen Gesamtabweichung von $u \leq 1,2$ μm. Für besondere Einsatzgebiete wie die Rauhigkeitsmessung von Oberflächen oder die Kontrolle eng tolerierter Passungen werden Längenaufnehmer auch auf pneumatischer, optischer und elektrischer Basis eingesetzt.

Im Feinmeßraum werden darüber hinaus noch Meßgeräte eingesetzt, die vom Kosten- und Bedienungsaufwand her nur von geschulten Kräften bedient und für spezielle Messungen verwendet werden können. Hierzu gehören u.a. Komparatoren („Abbe-Längenmesser"), Meßmikroskope, Profilprojektoren und 3D-Koordinatenmeßgeräte. Auch Geräte zur Messung von Form und Lage oder der Oberflächenbeschaffenheit gehören in diese Sparte.

4.1.2 Elektrische Meßlineale, Winkelschrittgeber

Bei Werkzeugmaschinen, Meßanlagen oder Industrierobotern sind Längs- oder Drehbewegungen als elektrisch weiterverarbeitbare Größen zu erfassen, wobei bei Längsbewegungen Wege von mehreren Metern auftreten können. Hier kommen häufig optisch abgetastete Linealsysteme zum Einsatz, die Auflösungen bis zu 0,001 mm gestatten und den Weg durch Zählung von Strichmarken an einem Lineal bestimmen.

Auf einem reflektierenden Trägermaterial ist ein Strichgitter aufgebracht, dessen Teilung meist dem Viertel der geforderten Auflösung entspricht (Abb. 4.2). Am Meßkopf befinden sich dem Lineal gegenüber zwei Blenden mit einem Gitter derselben Teilung, wobei die beiden Blenden um das Viertel einer Teilung zueinander verschoben sind. Zwei Lichtquellen strahlen durch die Blenden auf das Lineal, das reflektierte Licht wird mit zwei Photoempfängern erfaßt. Wird der Meßkopf relativ zum Lineal verschoben, erkennen die Photoempfänger ein sich in der Intensität periodisch änderndes reflektiertes Licht, je nachdem ob sich Blende und Linealgitter überdecken oder auf Lücke stehen. Da beide Blenden um das Viertel einer Teilung

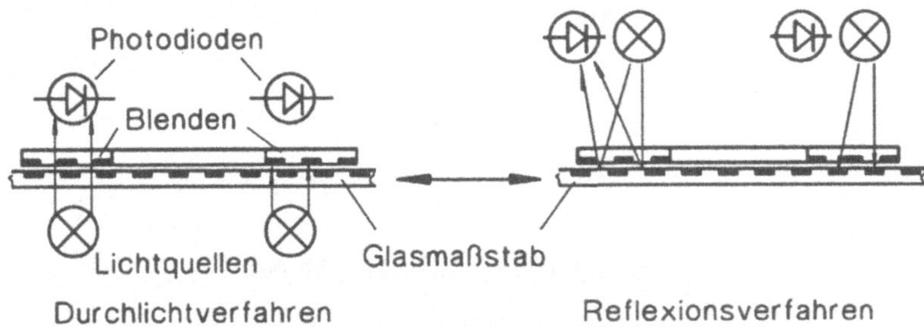

Abbildung 4.2: Optisches Meßlineal, Prinzipskizze

zueinander versetzt sind, entstehen zwei Signale, deren Intensitäts-Phasendifferenz 90° beträgt. Je nach Bewegungsrichtung ändert sich das Vorzeichen der Phasendifferenz, so daß aus dieser die Bewegungsrichtung abgeleitet werden kann. Durch Zählung der Signalflanken kann die Auflösung um den Faktor 4 erhöht werden (Abb. 4.3).

Dieses Verfahren arbeitet inkremental, d.h. durch Zählung einzelner Schritte. Wird die Stromversorgung des Positionszählers unterbrochen, geht die Lageinformation verloren, weshalb derartige Meßsysteme eine zusätzliche Einrichtung zur Bestimmung des Nullpunktes benötigen.

Wird die Bewegung durch Gewindespindeln hervorgerufen, besteht die Möglichkeit, über die Steigung der Spindel und den Drehwinkel auf den zurückgelegten Weg zu

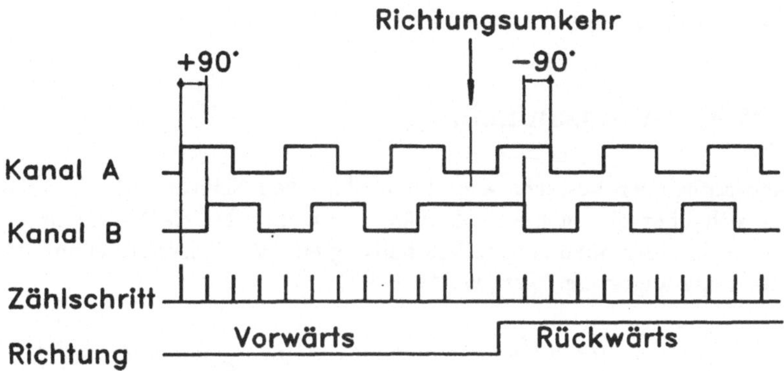

Abbildung 4.3: Signale und Zählpositionen bei Meßlinealen

schließen. Hierzu werden Winkelaufnehmer auf die Spindel aufgesetzt, die ähnlich wie die Meßlineale arbeiten. Meist wird hier jedoch ein Durchlichtverfahren angewandt. Zum Einsatz kommen meist photolithographisch hergestellte Glasscheiben, die bis zu 2.000, in Sonderfällen auch bis zu 5.000 Striche je Umdrehung aufweisen können (Abb. 4.4a).

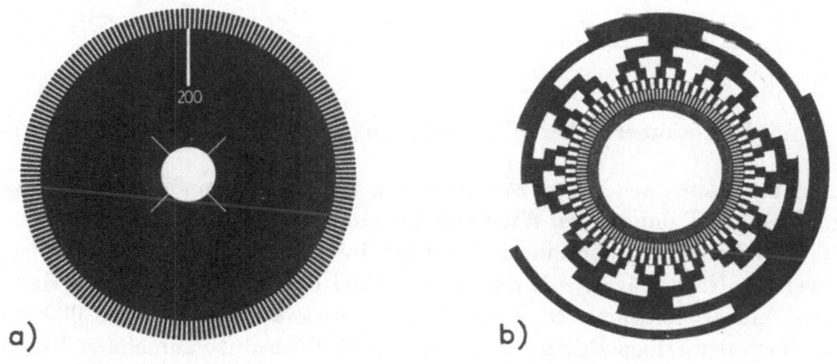

Abbildung 4.4: Strichscheiben optischer Winkelkodierer, a) inkremental, b) absolut kodiert

Ist ein Anfahren des Nullpunkts ausgeschlossen oder wird aus anderen Gründen eine absolut messende Positionserfassung gefordert, bei der sofort nach dem Einschalten die aktuelle Lageinformation verfügbar ist, werden Absolut-Winkelkodierer eingesetzt. Diese bestehen aus einer optisch abgetasteten Scheibe, die die Drehwinkelinformation in Form von binären Codes (meist Gray-Code) enthält. Die Abtastung erfordert für jede binäre Stelle eine eigene Spur mit dazugehörigem Photosensor.

Finden alle benötigten Spuren nicht auf einer Scheibe Platz, werden mehrere Scheiben durch Präzisionsgetriebe miteinander verbunden (Abb. 4.4b).

4.1.3 Widerstandsaufnehmer

Widerstandsaufnehmer bestehen aus einem ohmschen Schicht- oder Drahtwiderstand, der sich über die zu messende Länge erstreckt. Durch Abgriff mit einem Schleifer kann in einer Spannungsteilerschaltung eine der Schleiferstellung proportionale Spannung abgegriffen werden (Abb. 4.5):

$$U_A = U_H \cdot \frac{x_1}{x} \quad \text{bzw.} \quad U_A = U_H \cdot \frac{\varphi_1}{\varphi} \tag{4.1}$$

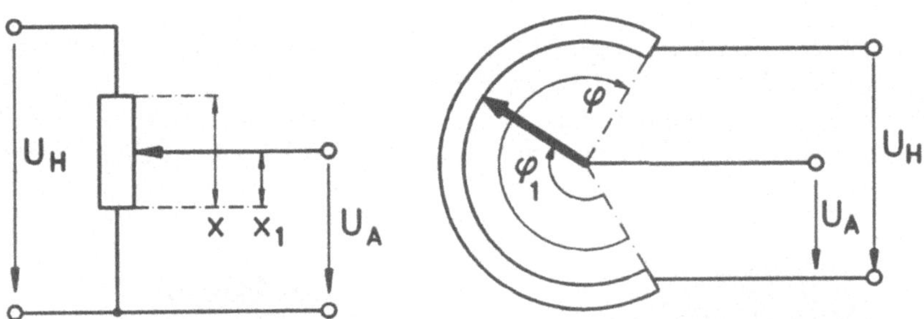

Abbildung 4.5: Potentiometrischer Weg- und Winkelaufnehmer, Prinzip-Schaltung

Diese Aufnehmer haben den Vorteil der absoluten Wegmessung und liefern ein analoges Signal. Durch Trimmen der Widerstandsschicht nach der Fertigung kann bei Leitplastik-Potentiometern der Linearitätsfehler auf ein sehr geringes Maß eingeschränkt werden. Nachteilig ist die durch Verschleiß begrenzte Anzahl von Bewegungsspielen. Linearpotentiometer sind in Längen ab etwa 10 mm bis zu 1.000 mm einsetzbar. Nach demselben Prinzip lassen sich auch Drehwinkelaufnehmer bauen; der Drehwinkel kann sich von wenigen Grad bis zu 20 Umdrehungen erstrecken.

4.1.4 Induktive Wegsensoren

Sollen sehr kleine Wege rückwirkungsfrei erfaßt werden, bietet sich der Einsatz von induktiv arbeitenden Wegsensoren an. Diese lassen sich durch geeignete konstruktive Ausbildung für vielseitige Anwendungen einsetzen. Der Wegsensor arbeitet nach dem Prinzip des Differentialtransformators (LVDT, Linear Variable Displacement Transformer) oder der Differentialspule (induktive Halbbrücke).

Der Differentialtransformator ist ein mechanisch-elektrischer Meßwertwandler, der einen Weg relativ zu einer Symmetrieachse in eine proportionale Spannung umformt (Abb. 4.6). Ein Wickelkörper trägt eine Primärwicklung, in deren Inneren durch einen Oszillator ein homogenes magnetisches Wechselfeld erzeugt wird.

Über der Primärwicklung befinden sich zwei Sekundärwicklungen, die symmetrisch ausgebildet sind. Die in den beiden Teilen der Sekundärwicklung induzierten Spannungen werden gegeneinandergeschaltet und in der Auswerteelektronik demoduliert und gefiltert. Befindet sich der im Innern der Spule liegende Ferritkern in Mittenstellung, werden in beiden Hälften der Sekundärwicklung gleiche Teilspannungen induziert, die Ausgangsspannung ergibt sich dann zu 0 V. Wird der Ferritkern längs der Spulenachse verschoben, entspricht die Zunahme der einen Teilspannung der Abnahme der anderen, wobei die Spannungsdifferenz gleich der Summe der Einzeländerungen entspricht. Die Differenz der gleichgerichteten Spannungen und somit die Ausgangsspannung ist direkt proportional zur Verschiebung des Kerns.

Wegsensoren mit Differentialtransformatoren können vollkommen isoliert aufgebaut werden, weshalb sie sich auch zur Messung unter erschwerten Bedingungen, z.B. in Flüssigkeiten unter Druck, eignen. Da zwischen Kern und Gehäuse keine mechanischen Führungs- und Übertragungselemente erforderlich sind, arbeiten die Aufnehmer völlig verschleiß- und hysteresefrei. Darüberhinaus besitzen sie eine unendlich hohe Auflösung.

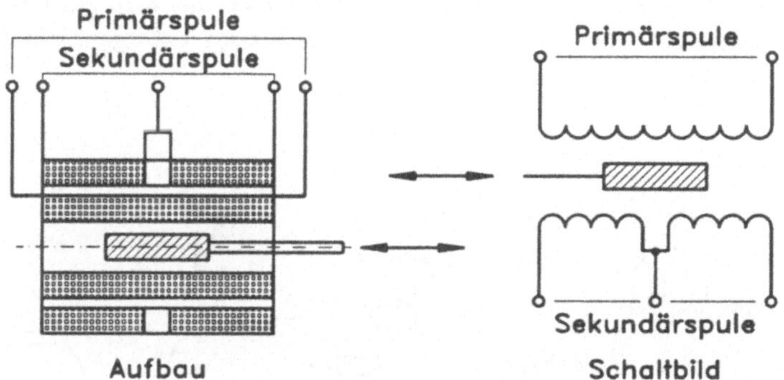

Abbildung 4.6: Differentialtransformator

Beim Umformer mit Differentialdrosseln bewegt ein Stößel berührungslos einen Metallkern im Inneren von zwei nebeneinander liegenden Spulen, deren Induktion durch die Verschiebung des Kerns gegensinnig verändert wird.

Die Spulen werden mit Wechselspannung (z.B. 10 kHz) versorgt. Eine spezielle Demodulator- und Verstärkerschaltung liefert ein der Lage des Metallkerns proportionales Gleichspannungssignal. In der Mittenstellung ist die Ausgangsspannung 0 V, sie ändert sich mit positivem bzw. negativem Vorzeichen je nach Verschieberichtung.

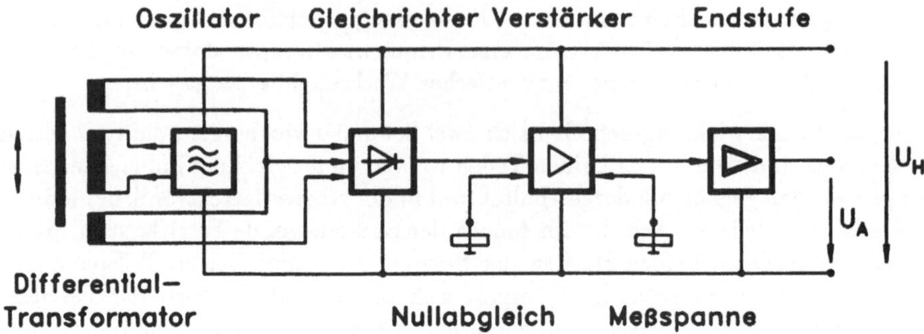

Abbildung 4.7: Elektrische Schaltung für einen Differentialtransformator

4.1.5 Wegmessung mit Magnetfeldsensoren

Werden keine allzu hohen Anforderungen an die Meßgenauigkeit gestellt (bis zu 1 %), so ist mit dem Einsatz magnetfeldabhängiger Sensoren eine kostengünstige Lösung zur Messung geringer Verschiebewege im Bereich von wenigen Millimetern zu realisieren. Diese Sensoren arbeiten meist auf der Basis des Hall-Effekts, bei dem eine Meßspannung erzeugt wird, die einem auf den Sensor einwirkenden Magnetfeld proportional ist. Auf den beweglichen Teil des Meßsystems wird ein Permanentmagnet aufgesetzt, am stehenden Teil wird der Hallsensor untergebracht (Abb. 4.8).

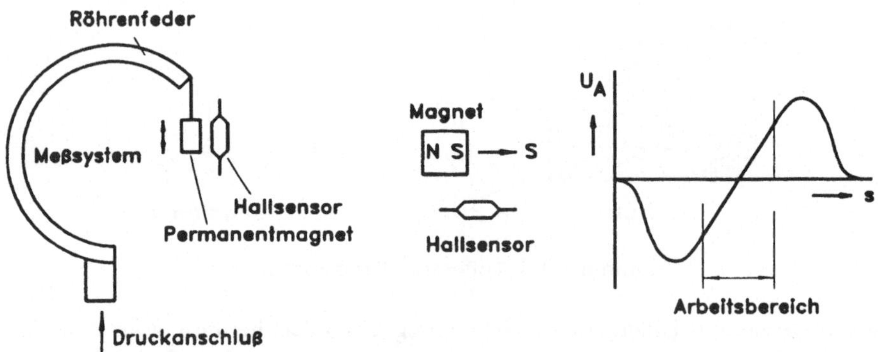

Abbildung 4.8: Manometer mit Hallsensor

Bewegt sich beispielsweise in einem Druckmeßgerät das Ende einer Röhrenfeder in Abhängigkeit des aufgebrachten Drucks, ändert sich das auf den Hallsensor einwirkende Magnetfeld und somit die Ausgangsspannung. Meist ist zusätzlich eine Verstärkung und Umformung der recht geringen Hallspannung erforderlich.

4.1.6 Wirbelstromverfahren

Mit dem Wirbelstromverfahren können Abstände im Bereich von wenigen Millimetern berührungslos gemessen werden, wenn das zu erfassende Bauteil elektrisch leitfähig ist. Bei den Sensoren nach dem Wirbelstromverfahren bilden der Aufnehmer mit der Spule und der meist abgesetzt davon liegende Oszillator eine zusammengehörige Meßkette. Durch Miniaturisierung ist es bereits möglich, den Oszillator in den Meßkopf zu integrieren. Der Oszillator erzeugt ein hochfrequentes Trägersi-

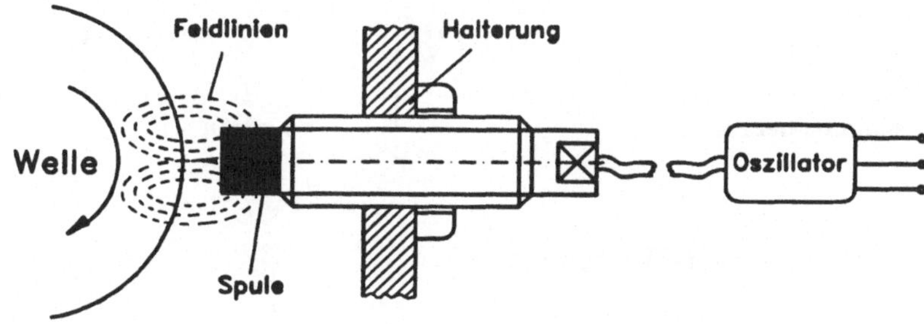

Abbildung 4.9: Wirbelstrom-Sensor mit Oszillator

gnal, das in der Spule ein elektromagnetisches Feld aufbaut (Abb. 4.9). Ein elektrisch leitfähiger Körper, der in dieses Magnetfeld eindringt, verursacht infolge der im Material induzierten Wirbelströme eine Bedämpfung des Schwingkreises. Diese Dämpfung ist ein Maß für den Abstand des Körpers von der Spule und wird in der Oszillatoreinheit in ein weglineares Signal umgesetzt.

Wirbelstromaufnehmer werden aufgrund ihrer berührungslosen Meßweise und der hohen Grenzfrequenz häufig zur Erfassung von Wellenschwingungen durch Messung des radialen Abstands zwischen Lagergehäuse und Rotor eingesetzt, sie eignen sich jedoch auch für vielfältige weitere Anwendungen (z.B. Schichtdickenmessung).

4.1.7 Kapazitive Sensoren

Auf kapazitivem Wege lassen sich sehr kleine Verschiebewege mit hoher Genauigkeit bei relativ geringem Kostenaufwand erfassen. Die hauptsächliche Anwendung finden kapazitive Meßzellen im Bereich der Druckmessung, bei der eine Membran in Abhängigkeit eines anliegenden Druckes verformt wird. Die Membran bildet dabei zusammen mit den beiden Wänden der Meßkammer zwei Plattenkondensatoren, deren Kapazitäten durch Verlagerung der Membran gegensinnig verändert werden (Abb. 4.10). Die Messung der Kapazitätsänderungen erfolgt über eine kapazitive

Halbbrücke mit Wechselstrom. Hierzu ist ähnlich wie beim induktiven Wegaufnehmer eine Versorgungs- und Demodulatorschaltung erforderlich.

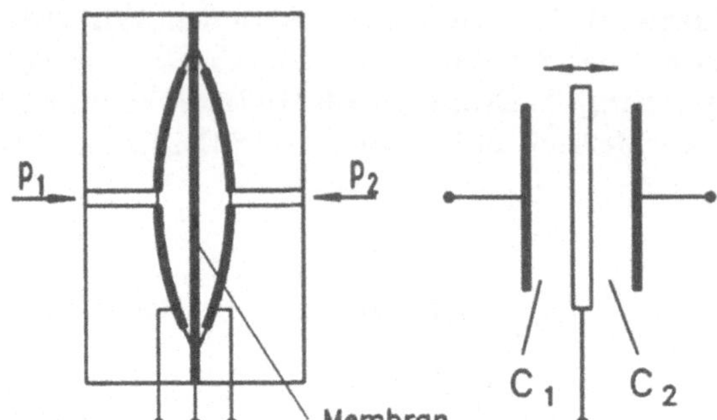

Abbildung 4.10: Kapazitive Meßzelle eines Druckmeßumformers

4.1.8 Ultraschall-Wegmessung

Die Wegmessung nach dem Echolot-Verfahren ist eine besonders attraktive Methode zur Messung von Füllständen, da sie berührungslos und verschleißfrei arbeitet. Ein oberhalb des Füllgutes angeordneter Schallsender wird elektrisch angeregt und sendet einen gerichteten Schallimpuls durch die Luft in Richtung Füllgut. Dieser Impuls wird an der Füllgutoberfläche reflektiert. Der Echoanteil wird vom gleichen Sensor, der nun als Richtmikrophon arbeitet, in ein elektrisches Signal umgewandelt. Die Zeit zwischen Senden und Empfangen des Impulses ist direkt proportional zum Abstand Sensor - Füllstand. Entfernungsmesser auf Ultraschallbasis werden aber auch in Fotoapparaten und weiteren Geräten eingesetzt.

4.2 Dehnungsmessung

Ein Sonderfall der Wegmessung ist die Dehnungsmessung, bei der nicht die Verschiebung zweier Körper zueinander als diskretes Maß, sondern vielmehr direkt die relative Verformung eines Körpers selbst erfaßt wird. Der Übergang von der Weg- auf die Dehnungsmessung erlaubt eine nahezu punktförmige Erfassung der relativen Längenänderung ϵ. Darüberhinaus läßt sich im eindimensionalen Fall über das Hookesche Gesetz (Gl. 4.2) aus der Dehnung ϵ direkt die Belastung eines Werkstücks, die Spannung σ, bestimmen:

$$\epsilon = \frac{\Delta l}{l} = \frac{\sigma}{E} \tag{4.2}$$

Prinzipiell lassen sich über die Dehnungsmessung viele andere Größen erfassen, wenn diese in eine Dehnung umgewandelt werden können.

4.2.1 Mechanische Dehnungsmesser

Die üblicherweise auftretenden Dehnungen sind außerordentlich klein. Die Auswirkung einer Spannung von 10 N/mm^2 ergibt bei Stahl eine Dehnung von 0,05 $^0/_{00}$, was bei einer Meßstrecke von 1 cm einer Verlängerung von 0,5 μm entspricht. Mit mechanischen Dehnungsmessern (Abb. 4.11) ist die Auflösung trotz optischer Anzeigenvergrößerung daher nur beim Übergang auf eine größere Meßstrecke möglich. Dies verbietet sich aber bei Bauteilen mit einer komplizierten Spannungsverteilung, bei denen die Dehnung möglichst punktförmig gemessen werden soll. Der Einsatz mechanischer Dehnungsmesser ist daher sehr begrenzt.

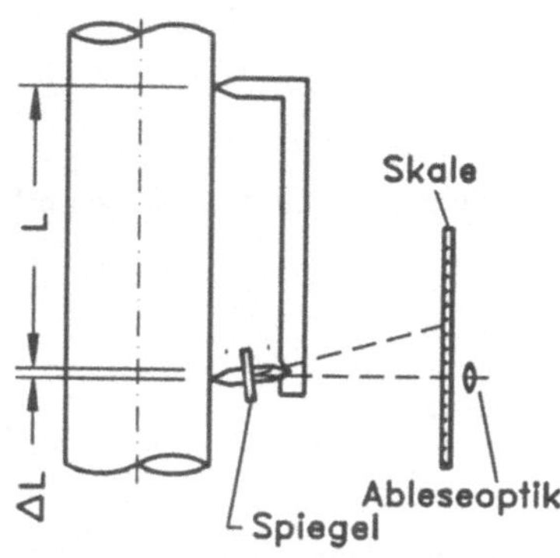

Abbildung 4.11: Mechanischer Dehnungsmesser

4.2.2 Dehnungsmeßstreifen

Der Meßeffekt bei Dehnungsmeßstreifen beruht auf der reversiblen Änderung des elektrischen Widerstandes bei der Dehnung eines Leiters. Dieser Leiter besteht entweder aus einer Metallegierung oder aus Halbleitermaterial und ist, um den Meßeffekt zu vergrößern, meist mäanderförmig auf ein Trägermaterial aufgebracht (Abb. 4.12).

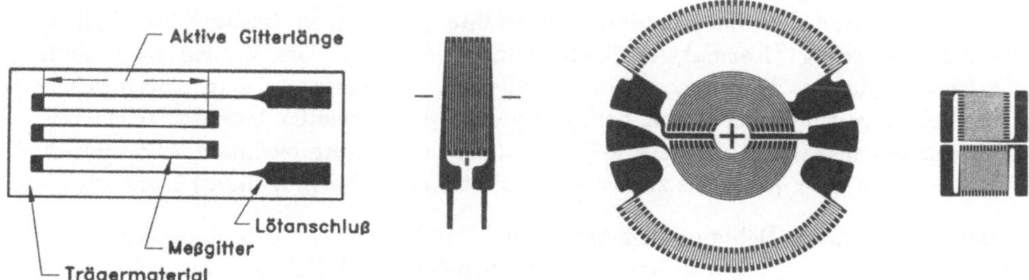

Abbildung 4.12: Dehnungsmeßstreifen

Hat ein Leiter vor der Dehnung den elektrischen Widerstand

$$R = \frac{\rho \cdot l}{A} \tag{4.3}$$

mit ρ als spezifischem Widerstand, l als Leiterlänge sowie A als Leiterquerschnitt, dann bestimmt man durch logarithmische Differentiation die relative Widerstandsänderung:

$$lnR = ln\rho + lnl - lnA \tag{4.4}$$

$$\frac{\Delta R}{R} = \frac{\Delta\rho}{\rho} + \frac{\Delta l}{l} - \frac{\Delta A}{A} \tag{4.5}$$

Drückt man noch die Querschnittsänderung als Durchmesseränderung aus:

$$\frac{\Delta A}{A} = \frac{2\Delta d}{d} \tag{4.6}$$

erhält man:

$$\frac{\Delta R}{R} = \frac{\Delta\rho}{\rho} + \frac{\Delta l}{l} - \frac{2\Delta d}{d} \tag{4.7}$$

Die Poissonsche Zahl μ stellt das Verhältnis der Querkontraktion zur Längendehnung dar:

$$\mu = \frac{-\epsilon_q}{\epsilon} = \frac{-\Delta d/d}{\Delta l/l} \tag{4.8}$$

Für Metalle kann näherungsweise $\mu = 0,5$ gesetzt werden. Werden Änderungen des spezifischen Widerstandes nicht berücksichtigt, erhält man dann die Gleichung für den klassischen Metall-Dehnungsmeßstreifen:

$$\frac{\Delta R}{R} = \frac{\Delta l}{l} \cdot (1 + 2\mu) = 2\frac{\Delta l}{l} \tag{4.9}$$

Allgemein gilt

$$\frac{\Delta R}{R} = k \cdot \frac{\Delta l}{l} = k \cdot \epsilon \tag{4.10}$$

Als Widerstandsmaterial benützt man Drähte oder Folien (geätzt) aus Nickel-Chrom-Legierung (Karma), Platin-Iridium oder Platin. Sie werden nach dem k-Faktor, dessen Konstanz, dem spezifischen Widerstand, dem thermischen Ausdehnungs-Koeffizienten und dem Temperatur-Koeffizienten des elektrischen Widerstandes ausgewählt. Da der k-Faktor auch noch intermolekulare Änderungen erfasst, kann man Werte bis zu $k = 6$ (für Platin oder Platin-Iridium) erreichen.

Bei piezoresistiven Dehnungsmeßstreifen aus Halbleitermaterialien dominieren Änderungen des spezifischen Widerstands. Sie ermöglichen k-Faktoren bis 200.

Wichtigster Nebeneinfluß ist die Temperatur, deren Wirkung man durch Kompensationsschaltungen eliminiert. Querempfindlichkeit, Kriechen und nichtlineare Eigenschaften sind als systematische Abweichungen des Meßergebnisses zu beachten.

Die Umformung der Widerstandsänderung in eine Spannungsänderung erfolgt über eine Widerstandsmeßbrücke. Je nach Möglichkeit und Anwendungsfall kann es sich dabei um eine Viertel-, Halb- oder Vollbrücke handeln. Der Einsatz einer Vollbrücke

(Abb. 4.13a) bedingt das Vorhandensein von Zonen gleicher Dehnung mit unterschiedlichem Vorzeichen, was nur bei relativ einfachen Geometrien des zu untersuchenden Bauteils möglich ist. Die Vollbrücke erzeugt die höchstmögliche elektrische Ausgangsspannung und ist in sich temperaturkompensiert. Besteht die Möglichkeit

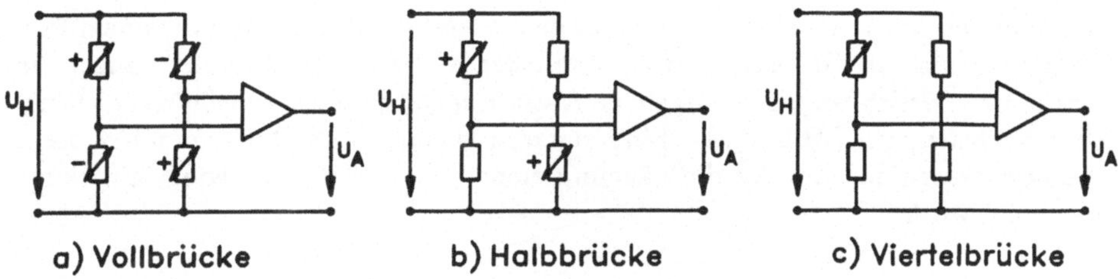

Abbildung 4.13: Verschaltung von Dehnungsmeßstreifen

nicht, Dehnungsmeßstreifen in Zonen unterschiedlichen Vorzeichens aufzubringen, kann meist die Halbbrücke eingesetzt werden. Hierbei werden zwei aktive, d.h. dem Dehnungseinfluß unterliegende sowie zur Temperaturkompensation zwei inaktive (meist quer zu den aktiven liegende) DMS zu einer Brücke verschaltet (Abb. 4.13b). Die Halbbrücke besitzt nur die halbe Empfindlichkeit in Bezug auf die Vollbrücke. Kann nur ein einzelner DMS appliziert werden oder stehen zur Signalübertragung nur zwei Anschlußdrähte zur Verfügung, muß mit der Viertelbrücke, die nicht temperaturkompensiert ist, gearbeitet werden (Abb. 4.13c). Sie zeichnet sich durch eine um den Faktor 4 gegenüber der Vollbrücke reduzierte Empfindlichkeit aus.

Der geringe Meßeffekt bei Messungen mit Metall-Dehnungsmeßstreifen erfordert den Einsatz von hochwertigen Verstärkern, um die sehr geringen Spannungsänderungen in weiterverarbeitbare Signale umzusetzen. Insbesonders bei der Messung statischer Größen und bei Langzeitmessungen werden hierzu Trägerfrequenzverstärker verwendet.

4.3 Kraftmessung

Die Kraftmessung erfolgt durch die Messung ihrer Wirkung (z.B. elastischer Verformung) auf Körper (Meßgrößenaufnehmer), wobei die Messung durch den Vergleich mit den Wirkungen bekannter Kräfte erfolgt und meist auf eine Längen- oder Winkelmessung zurückgeführt wird. Balkenwaage und Federwaage gestatten den Vergleich solcher Wirkungen. Sie sind beide typische Beispiele für die prinzipiellen Meßverfahren (Ausgleich- und Ausschlagmethode). Waagen, die speziell zur Kraftmessung dienen, werden als Dynamometer bezeichnet.

Die Auswahl des Meßgerätes hängt ab vom Vorzeichen der Kraft (Zug- oder Druckkraft), deren Größe, deren zeitlichem Verlauf (statisch, dynamisch) und von Meßrichtung, Umwelteinfluß und zulässigem Fehler.

4.3.1 Mechanische Kraftmessung

Mechanische Dynamometer bestehen aus einem Verformungskörper und einem Verformungsmeßgerät. Die Reproduzierbarkeit der Meßwerte setzt Verformungen im elastischen Bereich voraus. Sehr genaue Ausführungen sind Kraftmeßbügel in Ring- oder Schleifenform (Abb. 4.14). Eine einfache Bauart eines Dynamometers stellt die Federwaage dar, bei der die Längung einer Spiralfeder unter Krafteinwirkung bestimmt wird.

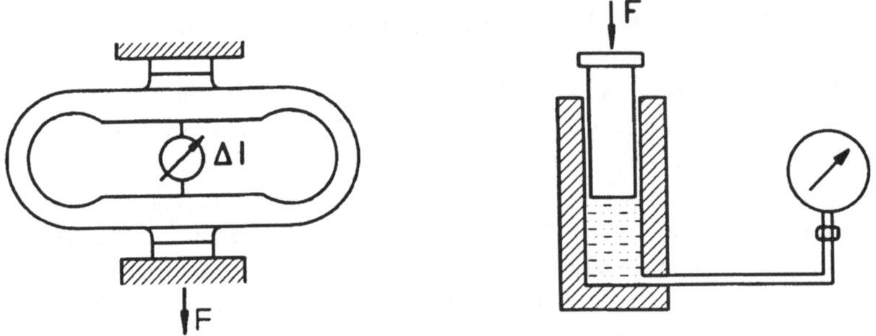

Abbildung 4.14: Kraftmeßbügel, hydraulischer Kraftmesser

Für große Meßkräfte eignen sich hydraulische Kraftmeßgeräte, die über ein Manometer den Druck der gepreßten Flüssigkeit anzeigen (Abb. 4.14). Die Krafteinleitung erfolgt über einen Kolben oder eine Membran, die Bestimmung der Kraft erfolgt als Produkt des Druckes und der Querschnittsfläche des Kolbens.

4.3.2 Kraftmeßdose mit Dehnungsmeßstreifen

Elektrische Kraftmeßdosen machen die Verformungen eines Meßelements durch Dehnungsmeßstreifen meßbar oder benutzen die Änderung einer Induktivität oder Kapazität zur Anzeige. Hierbei wird meist eine Membrane oder ein Biegebalken durch die aufgebrachte Kraft verformt (Abb. 4.15). Bei Kraftmeßdosen mit Dehnungsmeßstreifen wird dabei die an der Oberfläche des Meßelements entstehende Dehnung als Maß für die eingeleitete Kraft gemessen. Kapazitive oder induktive Aufnehmer erfassen die Verlagerung des Meßelements wie bereits im Abschnitt 4.1 „Längenmessung" beschrieben.

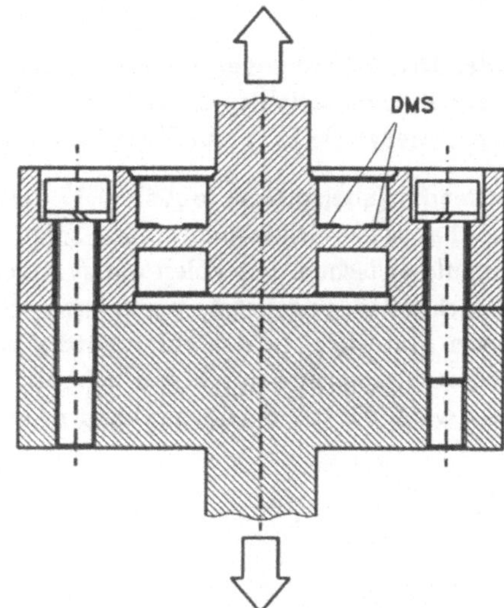

Abbildung 4.15: Kraftmeßdose mit Dehnungsmeßstreifen

4.3.3 Piezoelektrische Verfahren

In bestimmter Richtung belastete Quarz- oder Piezo-Keramikscheiben geben bei mechanischer Belastung eine elektrische Ladung ab, die der eingeleiteten Kraft proportional ist (Abb. 4.16). Solche Aufnehmer messen praktisch weglos und haben

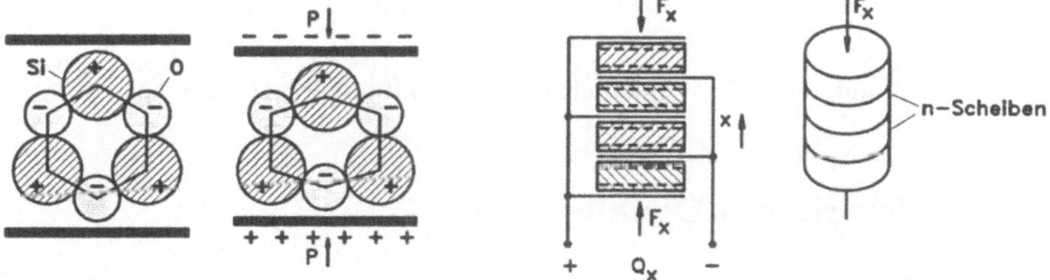

Abbildung 4.16: Prinzip der piezo-elektrischen Kraftmessung
a) Verformung eines Quarzkristalls b) Prinzipieller Aufbau eines Aufnehmers

hohe Eigenfrequenzen, erfordern aber einen teuren elektrischen Meßkanal, da infolge des Meßeffekts nur Ladungen verschoben werden, die sehr hochohmig zu erfassen sind, damit sie im elektrischen Meßkreis nicht abfließen können. Endliche Widerstände in den Meßkreisen beschränken daher den Anwendungsbereich piezoelektrischer Aufnehmer weitgehend auf Messungen von instationären Kräften.

4.3.4 Magnetoelastische Kraftmessung

Zug- oder Druckspannungen im Kern einer elektrischen Spule ändern die Permeabilität des Kernmaterials und damit den Wechselstromwiderstand der Spule. Diese elektrische Meßgröße kann zur Kraftmessung dienen.

Ein Anwendungsbeispiel ist in Abb. 4.17 dargestellt, die einen Kraftsensor zur Messung mechanischer Schubspannungen zeigt. Im Ruhezustand bildet sich durch die Primärspule zwischen den Polen ein symmetrisches Magnetfeld aus. Werden Zug- oder Druckkräfte eingeleitet, verändern sich die magnetischen Eigenschaften des belasteten Materials. In der Folge wird das Magnetfeld unsymmetrisch. Dies bewirkt einen Magnetfluß durch den Sekundärkreis, so daß in diesem eine Spannung induziert wird, die der Schubspannung proportional ist.

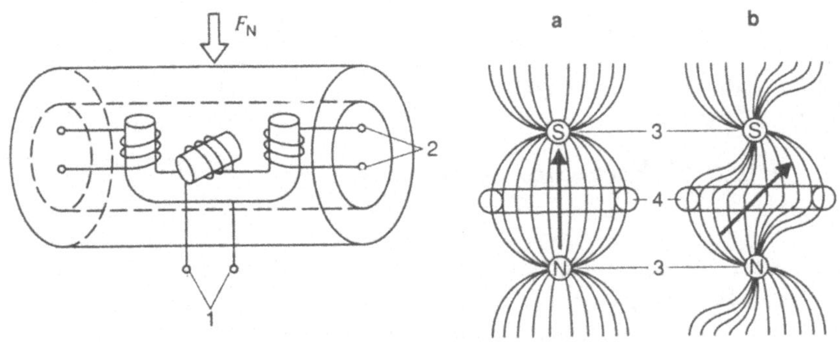

1 Primärspule (Einspeisung), 2 Sekundärspule (Meßsignal), 3 Primär-Polfläche,
4 Sekundär-Polfläche, a symmetrisches und b asymmetrisches Magnetfeld

Abbildung 4.17: Magnetoelastischer Kraftaufnehmer (Bosch)

4.3.5 Elektrisches Dynamometer

Wird eine Spule in einem Magnetfeld von einem Strom durchflossen, so wird auf die Spule eine Kraft ausgeübt. Bei elektrischen Dynamometern nach dem Tauchspulenprinzip meist ringförmig ausgebildete Spule in das homogene Magnetfeld eines Permanent- oder Elektromagneten ähnlich der Anordnung in einem Lautsprecher eingebracht, wobei die axiale Verlagerung der Spule mit einem optischen oder induktiven Meßsystem erfaßt wird (Abb. 4.18). Mit der Spule ist eine Vorrichtung zum Einleiten der zu messenden Kraft, z.B. der Teller einer Waage, verbunden. Wird eine Kraft eingeleitet, hat dies eine Verschiebung der Spule zur Folge, die über das Wegmeßsystem erfaßt wird. Die Auslenkung erzeugt über einen Regelkreis und einen Servoverstärker einen Strom in der Tauchspule, dessen Kraftwirkung entgegen der

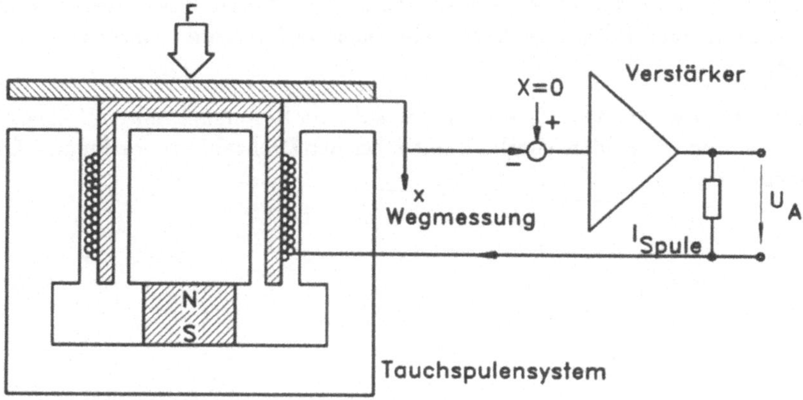

Abbildung 4.18: Elektro-Dynamometer

eingeleiteten Kraft wirkt und somit die Spule zurückzieht, bis die Ruhelage erreicht ist. Da die Rückstellkraft der Spule und der durch die Spule fließende Strom linear voneinander abhängig sind und sich die Lage der Spule im ausgeglichenen Zustand nicht verändert, kann mit derartigen Systemen eine sehr hohe Genauigkeit erzielt werden.

4.4 Drehzahl- und Geschwindigkeitsmessung

Die Messung der Geschwindigkeit wird in den meisten Fällen auf eine Messung der Drehzahl bei konstantem Verhältnis der beiden Größen zueinander zurückgeführt, so daß hier hauptsächlich auf die Drehzahlmessung eingegangen wird. Die Methoden zur Erfassung von Drehzahlen teilen sich in drei Kategorien auf: mechanisch, elektrodynamisch und Zählverfahren, wobei die Bedeutung der mechanischen Verfahren aufgrund der meist elektronischen Weiterverarbeitung der Meßgrößen stetig abnimmt.

4.4.1 Mechanische Drehzahlmessung

Die klassische Bauweise eines mechanischen Drehzahlmeßgerätes ist das Fliehkraftpendel (Abb. 4.19). Die Fliehkraft zweier außer der Wellenmitte gelagerter Fliehgewichte wird durch eine Feder- oder Gewichtskraft ausgeglichen und damit gemessen. Man erhält eine skalare Anzeige des Augenblickwertes, wobei Dämpfungsglieder eine kurzfristige Einstellung auf den Meßwert sichern. Die Auslenkung der Gewichte kann direkt zur Beeinflussung eines Drehzahlregelorgans herangezogen werden. Bei hydraulisch arbeitenden Drehzahlregelkreisen wird die Drehzahl über eine an der Welle angebrachten Pumpe gemessen, die einen der Drehzahl proportionalen Druck erzeugt.

Beim Vibrationstachometer (Abb. 4.19) erlaubt ein Resonanzkamm mit abgestimmten Zungenfrequenzen den Vergleich mit einer der Drehzahl proportionalen Grundfrequenz.

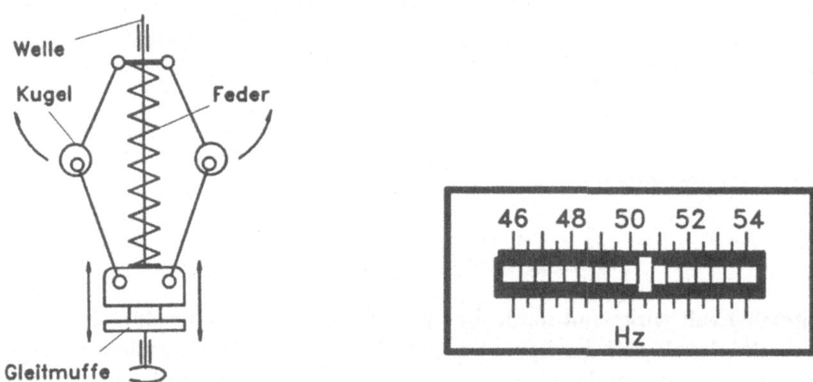

Abbildung 4.19: Drehzahlpendel, Zungenfrequenzmesser

4.4.2 Elektrodynamische Drehzahlmesser

Beim Wirbelstromtachometer (Abb. 4.20) wird in einem Spalt, der durch einen sich mit der zu messenden Drehzahl umlaufenden Permanentmagneten mit einer eisernen Rückschlußglocke gebildet wird, ein rotierendes Magnetfeld erzeugt. In diesen Spalt taucht ein Aluminiumzylinder ein, in dem durch das rotierende Magnetfeld Wirbelströme hervorgerufen werden, die bewirken, daß der Zylinder sich mitdrehen möchte. Das erzeugte Drehmoment wird durch eine Spiralfeder ausgewogen. Die dem Rückstellmoment der Feder proportionale Verdrehung des Aluminiumzylinders wird über einen Zeiger direkt angezeigt. Diese Bauart des Drehzahlmessers liegt vielen in Kraftfahrzeugen eingesetzten Tachometern zugrunde.

Zur Fernanzeige und zur Verarbeitung der Meßgröße Drehzahl in elektrischen Regelkreisen eignen sich Gleich- oder Wechselstromgeneratoren als Meßgrößenaufnehmer, die eine der Drehzahl proportionale Spannung abgeben. Die Anzeige ist bei kleinem Belastungswiderstand in den Leitungen und dem Anzeigegerät linear.

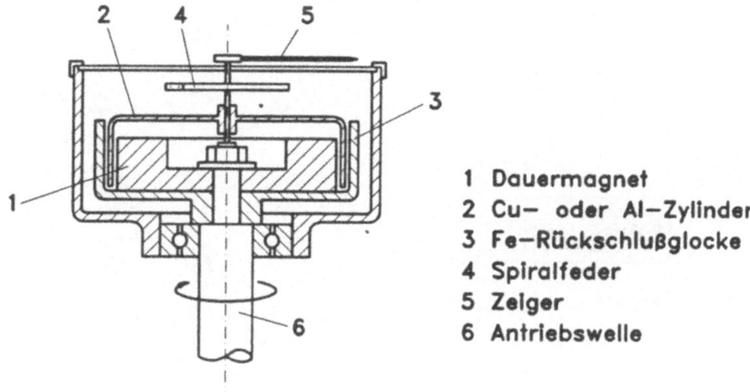

Abbildung 4.20: Wirbelstrom-Tachometer

4.4.3 Drehzahlmessung mittels Zählung

Durch eine geeignete Vorrichtung liefert eine umlaufende Welle magnetische oder optische Impulse, die mittels Sensoren in elektrische Spannungsimpulse umgewandelt und während einer vorgewählten Meßzeit einem Impulszähler zugeführt werden. Durch den Einsatz von Quarz-Oszillatoren als Zeitbasis für den Frequenzzähler ist eine hohe Meßgenauigkeit zu erzielen. Werden am Rotor z. B. 60 Marken am Umfang angebracht, läßt sich die Drehzahl bei einer Meßdauer von 1 s direkt in 1/min anzeigen. Durch Wandlung der dem Zähler zugeführten Impulsfrequenz mittels eines Frequenz-Spannungs-Wandlers (f/U-Wandlers) besteht die Möglichkeit, ein analoges Signal zu erhalten, das allerdings durch das Filterverhalten der meisten f/U-Wandler gegenüber der Wellendrehzahl geringe Verzögerungen aufweist.

Beim Einsatz magnetfeldabhängiger Sensoren (Abb. 4.21) kann das umlaufende Rad abwechselnd magnetisiert sein, so daß der feststehende Sensor mit einem wechselnden Magnetfeld beaufschlagt wird. Die Messung des Magnetfeldes geschieht dann mit einem Hallsensor oder einer Spule, wobei der Vorteil des Hallsensors die von der Drehzahl der Welle unabhängige Ausgangsamplitude ist.

Wird der Magnetfeldsensor mit einem Permanentmagneten versehen, ist auf der Welle lediglich ein Zahnrad erforderlich, da es zwischen vorbeieilendem Zahn und Lücke zu Änderungen des Magnetfeldes kommt. Diese Änderungen werden in einer elektronischen Verstärkerschaltung in Spannungsimpulse umgeformt.

Optische Drehzahlaufnehmer reagieren bei Durchlichtprinzip auf Unterbrechungen eines Lichtstrahls durch eine gelochte oder geschlitzte Scheibe, bei Reflektionsverfahren auf die Modulation des Lichtstrahls in Abhängigkeit von auf dem Rotor aufgebrachten Hell-Dunkelmarken. Reflexsensoren haben den Vorteil, daß sie beinahe auf jeder Welle angebracht werden können, leiden aber eventuell unter Verschmutzung.

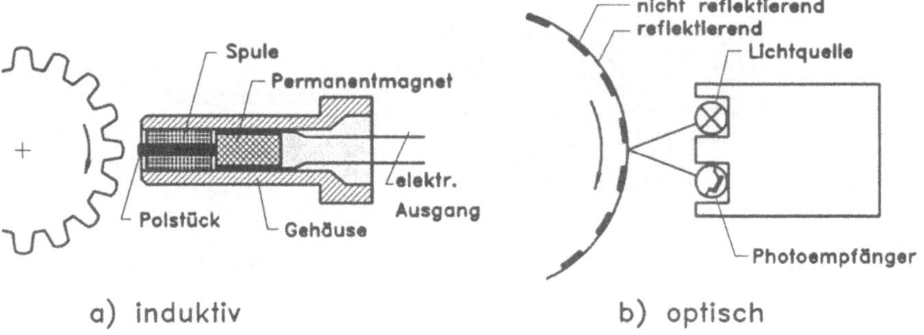

Abbildung 4.21: Drehzahlsensoren

Ist die Anbringung von Impulsgebern nicht möglich oder zu aufwendig, gestatten Stroboskope rückwirkungsfreie Messungen. Das umlaufende Teil wird dabei mit einer Blitzlampe angeblitzt. Man variiert die Blitzzahl, bis sich ein stehendes Bild einstellt. Die Aussage ist mehrdeutig, da auch ganzzahlige Vielfache der Drehzahl ein stehendes Bild ergeben.

4.4.4 Messung der Schwinggeschwindigkeit

Schwinggeschwindigkeiten können bei geringen Ausschlägen mit elektrodynamischen Aufnehmern erfaßt werden (Abb. 4.22). In einer Spule, die sich im Feld eines

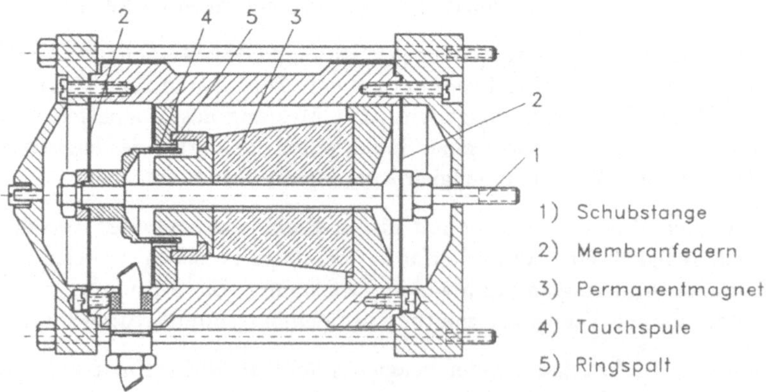

Abbildung 4.22: Schwinggeschwindigkeits-Sensor (Schenck)

Permanentmagneten bewegt, wird eine der Schwinggeschwindigkeit proportionale Spannung induziert. Die Spule ist hierzu reibungsfrei zwischen zwei Membranfedern aufgehängt und bildet ein Feder-Masse-System. Wird der Aufnehmer an ein schwingendes Bauteil angebracht, steht die Spule bei Schwingfrequenzen oberhalb der ersten Eigenfrequenz des Feder-Masse-Systems im Raume still.

4.5 Beschleunigungsmessung

Bei der Messung von Beschleunigungen wird die Meßgröße Beschleunigung meist in eine Kraft umgewandelt, deren Wirkung durch ein Meßsystem erfaßt wird. Aufgrund der kompakten Bauform haben sich weitgehend Aufnehmer nach dem piezoelektrischen Prinzip (Abb. 4.16) durchgesetzt.

Im Aufnehmer (Abb. 4.23) befinden sich Piezo-Keramikscheiben, die mit einer Masse verbunden sind. Eine steife Feder sorgt für die erforderliche Vorspannung. Werden Beschleunigungen auf den Sensor ausgeübt, bewirken die auf die Masse einwirkenden Trägheitskräfte einen Druck auf die Scheiben, wodurch infolge des piezoelektrischen Effekts Ladungen entstehen. Die Ladungsverschiebung ist proportional zur Beschleunigung und wird in einem Ladungsverstärker, der sich durch einen besonders hohen Eingangswiderstand auszeichnet, in eine Spannung umgewandelt.

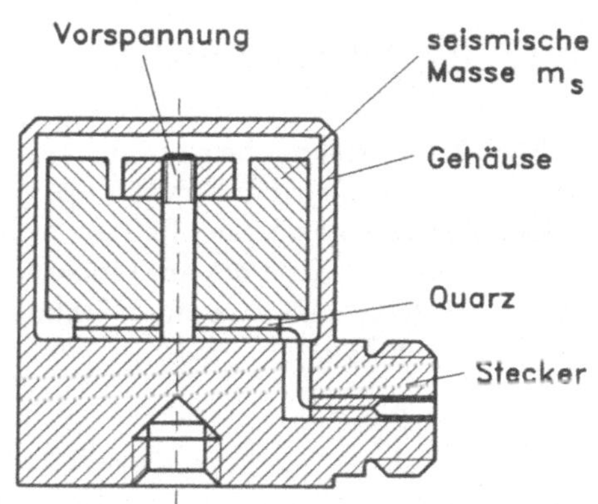

Abbildung 4.23: Piezo-elektrischer Beschleunigungssensor

Beschleunigungen können auch durch einfache Differentiation der Schwinggeschwindigkeit oder durch zweifache Differentiation des Schwingweges bestimmt werden. Ersteres findet in seismischen Beschleunigungsaufnehmern statt, die eigentlich Aufnehmer für die Schwinggeschwindigkeit darstellen und sich durch die bezüglich des raumfesten Systems in Ruhe befindliche Masse auszeichnen.

4.6 Drehmoment- und Leistungsmessung

Die Leistung kann durch das Produkt aus den Größen Drehmoment und Drehgeschwindigkeit ausgedrückt werden (Gl. 4.11), weshalb sich die Leistungsmessung auf die Bestimmung von Drehzahl und Drehmoment zurückführen läßt:

$$P = M_d \cdot \omega \tag{4.11}$$

Zur Belastung von Arbeitsmaschinen dienen Bremsdynamometer, bei denen die gemessene Leistung „verbraucht", d.h. in eine andere Energieform wie Wärme oder elektrische Energie umgewandelt wird, und die eine gezielte, steuerbare Belastung der antreibenden Maschine erlauben.

Das Drehmoment kann mit Einschaltdynamometern, die ohne Leistungsumsetzung auskommen und zwischen zwei Maschinen eingeschaltet werden, direkt gemessen werden. Besteht die Möglichkeit, Arbeits- oder Belastungsmaschine pendelnd zu lagern, benutzt man das Rückdruckverfahren, bei dem das Reaktionsmoment am Maschinengehäuse erfaßt wird.

4.6.1 Rückdruckverfahren

Das Rückdruckverfahren benutzt zur Messung das Reaktionsmoment, das normalerweise vom Maschinenfundament aufgenommen wird. Dazu wird der stehende Teil der Antriebsmaschine oder der Bremse, meist das Gehäuse, pendelnd gelagert (Abb. 4.24). Um aus der Größe des am Gehäuse gemessenen Momentes das Antriebsmoment zu erhalten, muß man die Wirkung sämtlicher Momente beachten, die die Messung beeinflussen.

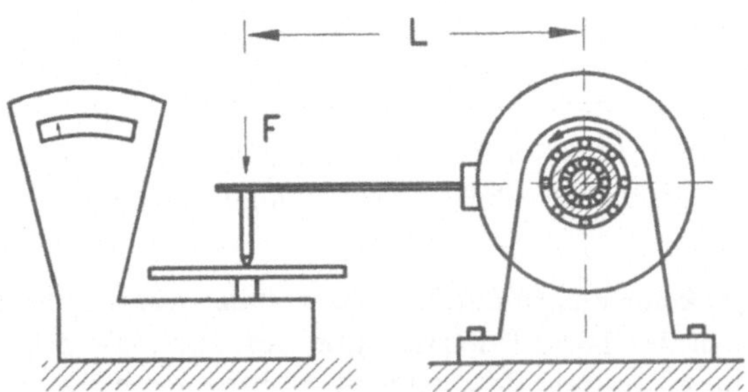

Abbildung 4.24: Wirkungsweise einer Pendelmaschine

Infolge der Anordnung der Lager innerhalb des pendelnd angeordneten Gehäuses wird das Moment der Lagerreibungskräfte dem Belastungsmoment zugeschlagen, muß also nicht separat bestimmt werden. Die Kühlluft eines evtl. vorhandenen Gebläses tritt normalerweise mit einer Umfangskomponente in die Umgebung aus und würde ein Lüftermoment erzeugen. Man kann diesen Einfluß vermeiden, wenn man die Luft- oder Gasströmung momentenfrei, d.h. radial oder axial, ansaugt und ausbläst. In einem Kalibrierversuch kann die Größe des unausgeglichenen Restmomentes gemessen werden. Genaue Pendelgeneratoren und -motoren werden fremdbelüftet und erhalten rückwirkungsfreie Luftzu- und -ableitungen.

Zur Messung der Kraft dienen bei einfachsten Ausführungen Gewichte, mit denen der pendelnd gelagerte Stator austariert wird. Über eine mechanische Zeigerwaage kann die Kraft oder durch geeignete Skalierung das Drehmoment angezeigt werden. Heute werden meist Kraftmeßdosen auf DMS-Basis eingesetzt, die eine elektrische Weiterverarbeitung der Rückdruckkraft bzw. des Drehmoments erlauben.

4.6.2 Bremsdynamometer

Da Bremsdynamometer eigens für die Leistungsmessung bestimmte Geräte sind, werden sie meist in pendelnder Form ausgeführt, so daß bei allen Bauformen das Drehmoment über die Kraftmessung an einem Hebelarm mit definierter Länge bestimmt werden kann.

Beim Pronyschen Zaum (Abb. 4.25) oder bei der Bandbremse werden Bremsklötze oder ein Bremsband gegen eine Bremsscheibe oder -nabe gepreßt. Das Bremsmoment ist bei dieser Bauform nicht drehzahlabhängig. Wegen der Wärmeentwicklung können nur kleine Leistungen gemessen werden.

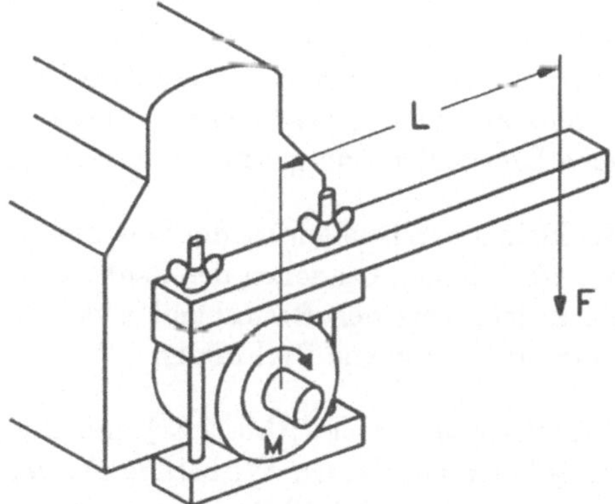

Abbildung 4.25: Pronyscher Zaum

Die Wasserwirbelbremse (Abb. 4.26) benutzt im wesentlichen die innere Reibung der Flüssigkeiten, die im Innern der Bremse durch Verwirbelung entsteht. Wegen der quadratischen Abhängigkeit $M_d \sim n^2$ eignet sie sich besonders für hohe Drehzahlen. Konstruktive Maßnahmen wie veränderliche Wassertaschen und Eingriffe während des Betriebes wie unterschiedlicher Füllgrad ermöglichen einen weiten Leistungsbereich.

Wasserreibungsbremsen arbeiten mit glatten Scheiben, die mit geringen Spaltwei-

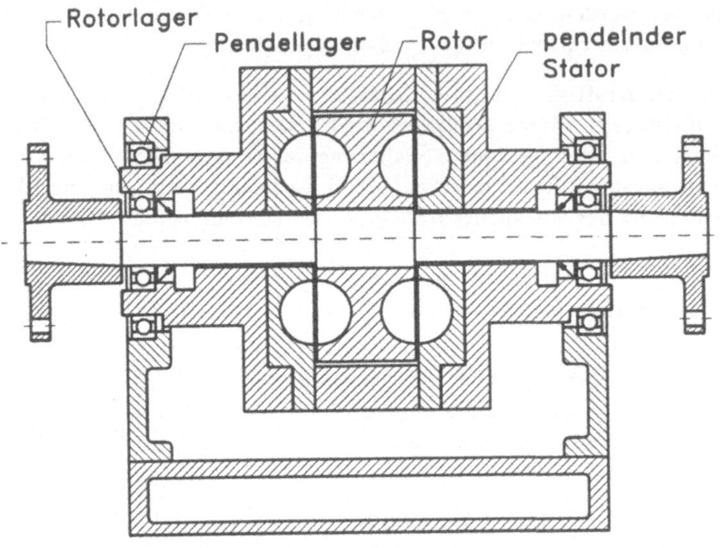

Abbildung 4.26: Wasserwirbelbremse

ten in Kammern rotieren. Hier wird die Bremswirkung weitgehend durch Grenzschichtreibung hervorgerufen. Die Regelung erfolgt durch unterschiedliche Füllung der Kammern und somit durch unterschiedlich groß ausgebildete Wasserringe. Wasserreibungsbremsen zeichnen sich durch einen ruhigen Lauf aus und eignen sich für hohe Drehzahlen und größte Leistungen (bis 150 MW).

Bei kleinen Drehzahlen ist die Leistungsaufnahme der Wasserwirbelbremse gering. Konstruktionen, bei denen der Läufer das äußere Teil bildet, können zusätzlich mit einem mechanischen Bremsband versehen werden. Diese Kombination eignet sich dann auch für kleine Drehzahlen.

Wirbelstrombremsen (Abb. 4.27) und Gleichstromgeneratoren sind elektrische Leistungsbremsen. Bei der Wirbelstrombremse rotiert eine Scheibe oder ein gezahnter Rotor in einem einstellbaren magnetischen Feld. Dadurch werden in der Scheibe Wirbelströme induziert, welche Kräfte bzw. Momente erzeugen, die nach der „Lenzschen Regel“ der erzeugenden Bewegung entgegengerichtet sind. Dieses Reaktionsmoment ist über die Stärke des Magnetfeldes sehr feinfühlig beeinflußbar und wird durch den pendelnd gelagerten Stator meßbar gemacht.

Von Natur aus besitzen Wirbelstrombremsen eine annähernd lineare Abhängigkeit des Drehmoments von der Drehzahl. Durch geeignete Regelung des Stromes können jedoch verschiedene Momentenkennlinien ($M = f(n)$) eingestellt werden. In einfacher Ausführung findet man Wirbelstrombremsen zur Messung kleinerer Momente

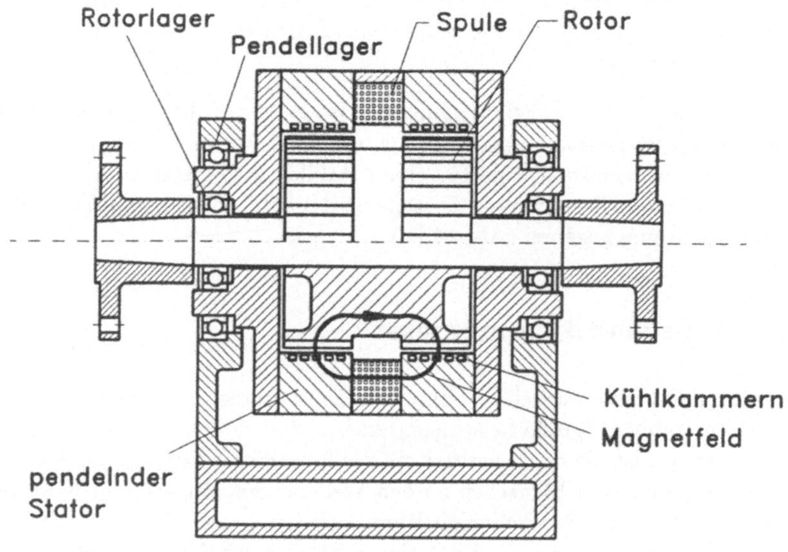

Abbildung 4.27: Wirbelstrombremse

und Leistungen. Die Verbesserung der Wärmeabfuhr ermöglicht heute Bremsleistungen bis $P = 750$ kW bzw. Momente bis $M_d = 350$ Nm.

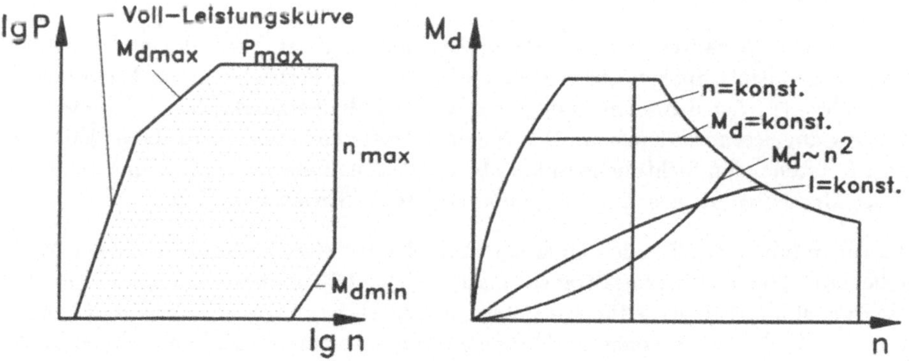

Abbildung 4.28: Kennfeld und Kennlinien einer Wirbelstrombremse

Der Einsatz von elektrischen Generatoren ist wegen der Wiederverwertbarkeit der Bremsenergie und der beliebigen Regelbarkeit von Interesse. Bei Gleichstromgeneratoren kann die Bremsenergie über Wechselrichter wieder ins Netz eingespeist werden. Dies trifft inzwischen auch für Drehstromgeneratoren zu, wenn sie mit Stromrichtern ausgestattet sind.

Bei der Auswahl von Bremsdynamometern ist stets auf die geeignete Momentenkennlinie des Bremsdynamometers zu achten, da diese im Zusammenspiel mit der Kennlinie der Antriebsmaschine für einen stabilen Arbeitspunkt ausschlaggebend ist. Bei den elektrisch regelbaren Systemen ist heute weitgehende Freiheit bei der Wahl der Kennlinie gegeben (Abb. 4.28).

4.6.3 Einschaltdynamometer

Einschaltdynamometer arbeiten ohne Leistungsverbrauch. Sie sind zur Messung großer Drehmomente (große Leistungen, kleine Drehzahlen) notwendig. Das Torsionsdynamometer ist die heute verbreitete Bauform dieses Meßgerätes. Ein Torsionsstab, der zwischen zwei Flanschen an den Wellenenden eingespannt wird, dient als Meßgrößenumformer. Eine beliebige Dimensionierung der Meßwelle unter Berücksichtigung der Tatsache, daß die Verdrehung stets im elastischen Bereich stattfindet, erlaubt die Anpassung an unterschiedlichste Meßaufgaben.

Ein Problem ist die Übertragung der Verformung aus dem rotierenden auf das raumfeste System, was auf verschiedene Weise erfolgen kann. Mit optischen, induktiven oder elektrischen Verfahren wird der Verdrehwinkel der Welle gemessen, bei der Verwendung von Dehnungsmeßstreifen erfolgt eine Bestimmung der Torsionsverformung an der Wellenoberfläche.

Das optische Verfahren beruht auf der Beobachtung der Verdrehung der beiden Flanschen mittels Spiegel durch eine Meßoptik oder Fernsehkamera. Ein Flansch der Meßwelle trägt dazu eine Winkel-Skala, der andere eine Marke, so daß die Verdrehung abgelesen werden kann. Durch eine mitrotierende Blende wird die Skala von einer feststehenden Lichtquelle so kurz beleuchtet, daß die Meßeinrichtung während dieses Momentes für das Auge scheinbar stillsteht (Stroboskopeffekt).

Bei der induktiv arbeitenden Drehmomentmeßnabe wird die Verdrehung der Meßwelle über einen Differentialtransformator (siehe Längenmessung) gemessen, der den Vorteil bietet, daß die für den Betrieb erforderlichen Signale aufgrund der angewandten Wechselspannungen berührungslos mit Übertragern zur rotierenden Welle hin ein- und ausgekoppelt werden können.

Beim Wirbelstrom-Meßverfahren (Abb. 4.29) werden durch die Verdrehung der Meßwelle zwei eng nebeneinander liegende geschlitzte Scheiben oder Hülsen in Abhängigkeit des Drehmoments zueinander verdreht, wodurch sich für einen feststehenden Wirbelstromsensor (siehe Wegmessung) eine unterschiedlich große Bedämpfung

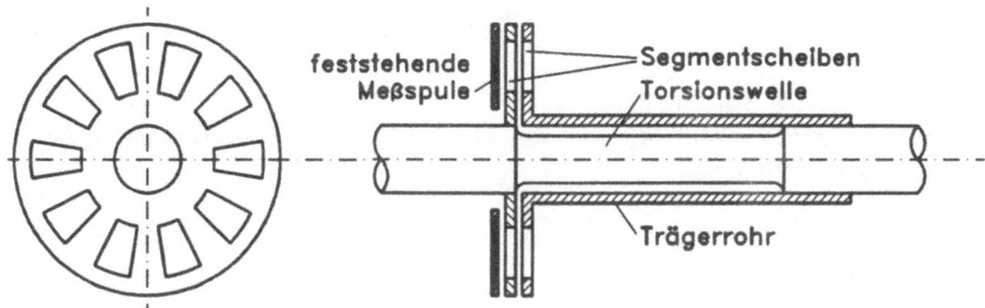

Abbildung 4.29: Wirbelstrom-Meßwelle zur Drehmomentmessung

des Schwingkreises ergibt.

Ist der Einsatz einer separaten Drehmomentmeßnabe nicht möglich, können auf fast jede beliebige Welle Dehnungsmeßstreifen aufgebracht werden, mit denen direkt die Dehnung an der Oberfläche der Welle gemessen wird. Die Welle sollte jedoch so beschaffen sein, daß ein größtmöglicher Meßeffekt erzielt wird. Die Übertragung des elektrischen Signals aus dem rotierenden System erfolgt über Schleifringe oder berührungslose Drehübertrager. Infolge der sehr geringen Spannungen empfiehlt sich der Einsatz eines rotierenden Meßsystems, in dem bereits eine Anpassung und Verstärkung des Signals erfolgt.

Die Widerstandsänderung wird aus Gründen der Temperaturkompensation meist in einer Brückenschaltung (Abb. 4.30) gemessen. Drahtlose Telemetriesysteme koppeln die Signale auf optischem oder induktivem Wege oder über Hochfrequenz aus. Die Stromversorgung erfolgt entweder aus mitrotierenden Batterien oder durch induktive Einspeisung, bei der eine Wicklung des Transformators im ortsfesten System, die andere Wicklung auf der Welle angebracht ist.

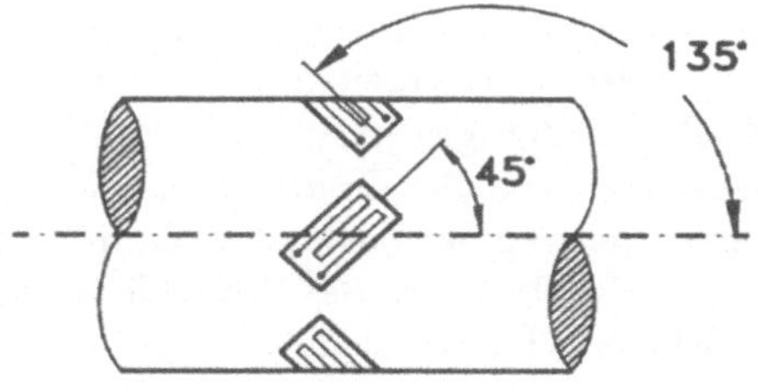

Abbildung 4.30: Dehnungsmeßstreifen auf dem Drehstab

Für die Verdrehung eines Stabes mit Kreisquerschnitt gilt (mit φ = Verdrehwinkel im Bogenmaß, l = Stablänge, d = Durchmesser, M_d = Drehmoment, β = Winkel zwischen Hauptspannungsachse und Stabquerschnitt, G = Gleitmodul):

$$M_d = \frac{\pi \cdot d^4 \cdot G \cdot \varphi}{32 \cdot l} \tag{4.12}$$

Die Dehnung an der Oberfläche beträgt:

$$\epsilon = \frac{8 \cdot \sin(2\beta)}{\pi \cdot d^3 \cdot G} \cdot M_d \tag{4.13}$$

Für $\beta = 45°$ bei Torsion wird $\sin(2\beta) = 1$. Man erhält einen linearen Zusammenhang zwischen ϵ und M_d: $\epsilon = k_l \cdot M_d$. Beachtet man die Beziehung für den Dehnungsmeßstreifen zu:

$$\frac{\Delta R}{R} = k \cdot \epsilon \tag{4.14}$$

dann erhält man:

$$\frac{\Delta R}{R} = k \cdot k_l \cdot M_d \tag{4.15}$$

4.7 Druckmessung

4.7.1 Allgemeines

Die Druckmessung ist eine der wichtigsten und meistgebrauchten Meßaufgaben der Technik, wobei Drücke unterschiedlichster Höhe vorkommen. Der Wertebereich umfaßt über 8 Zehnerpotenzen, weshalb es notwendig ist, zur Druckmessung unterschiedliche, dem jeweiligen Druckwertebereich angepaßte Meßprinzipien anzuwenden.

Unter einer mechanischen Spannung versteht man die senkrecht auf die Flächeneinheit wirkende Kraft. Die Spannungen in festen Körpern sind gerichtete Größen. Im Gegensatz hierzu breiten sich Spannungen in ruhenden Flüssigkeiten und Gasen nach allen Seiten gleichmäßig aus und sind deshalb skalare Größen, die als Druck gemessen werden. Der Druck ist wie die Temperatur eine Zustandsgröße und dient zur Beschreibung des Zustandes von Stoffen im flüssigen, dampf- oder gasförmigen Zustand. Die Definition des Drucks leitet sich aus der Kraft ab, die ein Medium auf eine definierte Fläche ausübt.

Der Druck wird in N/m^2 bzw. Pa (Pascal) oder bar angegeben. Darüber hinaus werden häufig andere Einheiten des Drucks angewandt, die jedoch nicht dem Standard entsprechen. Tabelle 4.1 zeigt die gebräuchlichsten Druckeinheiten sowie Angaben zu deren Umrechnung.

In der Technik werden verschiedene Druckgrößen benutzt, überwiegend Differenzen zweier Drücke, die im Sprachgebrauch der Technik ebenfalls Druck genannt werden. Da dies zu Mißverständnissen führen kann, unterscheidet man in Abhängigkeit des Bezugsdruckes folgende Benennungen (Abb. 4.31):

- Der *absolute Druck* p_{abs} ist die Druckdifferenz gegenüber dem Druck Null im leeren Raum (Vakuum). Der absolute Druck ist die o.g. Zustandsgröße.

	gültige Einheiten		nicht genormte Einheiten			
	N/m²=Pa	bar	at	atm	Torr	mm WS
1 N/m²	1	10^{-5}	$1{,}02 \cdot 10^{-5}$	$0{,}987 \cdot 10^{-5}$	$0{,}75 \cdot 10^{-2}$	0,102
1 bar	10^5	1	1,02	0,987	750	10.200
1 at	$9{,}806 \cdot 10^4$	0,9806	1	0,968	736	10.000
1 atm	$1{,}013 \cdot 10^5$	1,013	1,033	1	760	10.330
1 Torr	133,3	$1{,}333 \cdot 10^{-3}$	$1{,}36 \cdot 10^{-3}$	$1{,}316 \cdot 10^{-3}$	1	13,6
1 mm WS	9,806	$9{,}806 \cdot 10^{-5}$	10^{-4}	$0{,}968 \cdot 10^{-4}$	0,0736	1

Tabelle 4.1: Tabelle Druckeinheiten

- Die *Druckdifferenz* ist die Differenz Δp zwischen zwei Drücken p_1 und p_2 oder auch, wenn sie selbst Meßgröße ist, *Differenzdruck* $p_{1,2}$ genannt.

- Die *atmosphärische Druckdifferenz* ist die Differenz zwischen einem absoluten Druck p_{abs} und dem absoluten Atmosphärendruck p_{amb}. Sie wird *Überdruck* genannt. Der Überdruck nimmt je nach Wert der beiden Drücke positive oder negative Werte an.

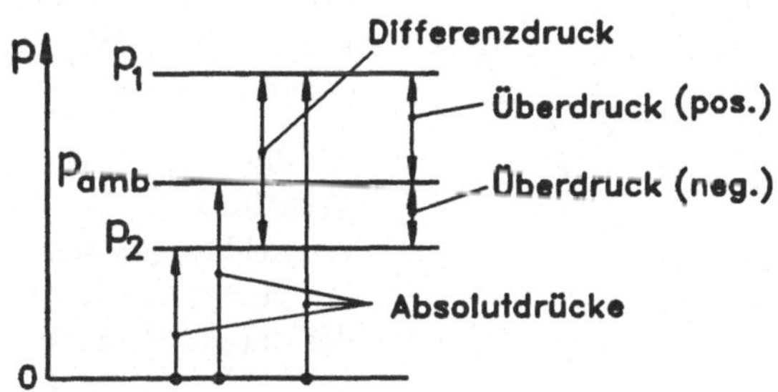

Abbildung 4.31: Druck-Definitionen

Diese Definitionen genügen bei der Druckmessung in ruhenden Medien. Bei Druckmessung in Strömungen (siehe Kapitel 7 „Strömungsmessung“) sind zusätzliche Aspekte zu beachten.

Die Druckmessung in Gasen und Flüssigkeiten ist direkt möglich durch die Ermittlung der auf eine Meßfläche ausgeübten Kraft. Die nach diesem Prinzip arbeitenden unmittelbaren Meßverfahren gehen auf die Grundgrößen zurück. Sie liegen der Messung mit Flüssigkeitsmanometern (Höhenverschiebung einer Flüssigkeitssäule) und Kolbenmanometern (Kraftmessung an definierter Fläche) zugrunde.

Alle anderen Druckfühler besitzen ein Federelement, das den angelegten Druck in Durchbiegungen oder Dehnungen umwandelt. Nach diesem Prinzip arbeiten die meisten Betriebsmanometer.

4.7.2 Flüssigkeitsmanometer

Die Grundform der zur Gruppe der unmittelbaren Druckmeßgeräte zählenden Flüssigkeitsmanometer ist das U-Rohrmanometer (Abb. 4.32). In einem U-förmig gebogenen Rohr befindet sich eine Sperrflüssigkeit mit bekannter Dichte ρ. Auf den beiden Flüssigkeitsoberflächen lasten die Drücke p_1 und p_2. Eine Gleichgewichtsbetrachtung bei Schnitt A-A liefert

$$p_1 + \rho \cdot g \cdot h_1 = p_2 + \rho \cdot g \cdot h_2 \tag{4.16}$$

$$p_1 - p_2 = \rho \cdot g \cdot (h_2 - h_1) \quad \text{oder} \quad \Delta p = \rho \cdot g \cdot \Delta h \tag{4.17}$$

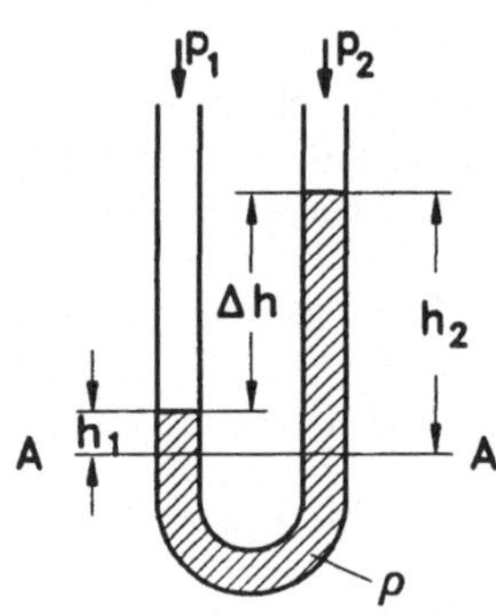

Abbildung 4.32: U-Rohr-Manometer

Die Höhendifferenz der beiden Flüssigkeitsspiegel ist somit ein direktes Maß für den zwischen den beiden Schenkeln bestehenden Differenzdruck.

Die Auswahl der Sperrflüssigkeit richtet sich nach dem Medium, dessen Druck zu messen ist, nach der Höhe der Druckdifferenz und der geforderten Auflösung. Zudem ist das Sperrmedium so auszuwählen, daß dessen Dampfdruck das Meßergebnis nicht beeinträchtigt.

Ist die Dichte des zu messenden Mediums im Verhältnis zu der der Sperrflüssigkeit nicht zu vernachlässigen, was insbesondere bei Messungen in Flüssigkeiten der Fall ist, gelten die Regeln für das unten behandelte Zweistoffmanometer.

Die Querschnitte der Schenkel des U-Rohrmanometers müssen ein gewisses Mindestmaß aufweisen, da sonst Kapillarkräfte die Messung beeinflussen. Weichen die Betriebstemperatur t_B und die Bezugstemperatur t_{ref} der Meßflüssigkeit voneinander ab, dann ist eine rechnerische Korrektur der Meßgröße wegen der sich ändernden Dichte und des sich ausdehnenden Ablesemaßstabs erforderlich:

$$\Delta p_{korr} = \Delta p_{mess} \cdot [1 - (\beta_{Fl} - \alpha_l) \cdot (t_B - t_{ref})] \tag{4.18}$$

Darin ist β_{Fl} der kubische Ausdehnungs-Koeffizient der Meßflüssigkeit und α_l der lineare Ausdehnungs-Koeffizient der Skala, mit der Δh gemessen wird.

Das Barometer ist eine mit Quecksilber als Sperrflüssigkeit versehene Sonderform des U-Rohr-Manometers, die eine Messung des Absolutdruckes gestattet (Abb. 4.33). Beim Barometer ist ein Schenkel verschlossen und evakuiert. In diesem herrscht nur noch der Dampfdruck des Quecksilbers, der bei Raumtemperatur in der Größenordnung von 1 Pa liegt und daher vernachlässigt werden kann. Der andere Schenkel

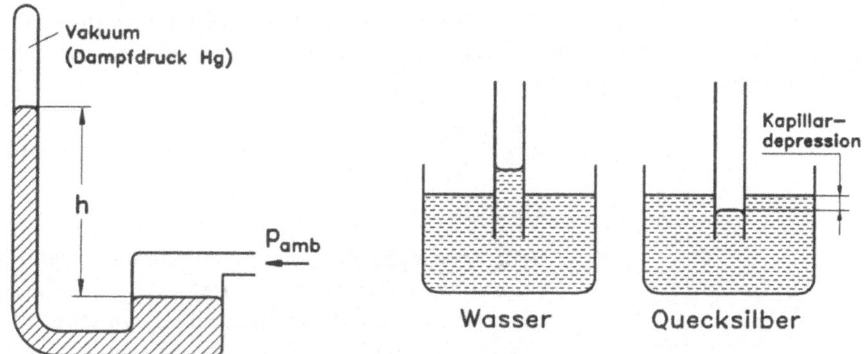

Abbildung 4.33: Quecksilber-Barometer, Meniskusbildung

ist mit einem Ausgleichsgefäß größeren Querschnitts versehen, auf dessen Flüssigkeitsspiegel der zu messende Druck lastet. Bei Präzisionsbarometern dient eine Verstellvorrichtung an der Ableseskala zum Justieren des Skalenanfangs auf den Flüssigkeitsspiegel im Ausgleichsgefäß.

Bei der Barometerablesung muß man den Einfluß der Kapillarkräfte beachten, da diese die Form des Meniskus an der Ablesestelle beeinflussen. Abb. 4.33 zeigt Form und Lage des Meniskus bei unterschiedlicher Oberflächenspannung. Beim Quecksilberbarometer wird infolge der Kapillardepression stets ein zu geringer Wert für h abgelesen, der meist mit Hilfe von Tabellen korrigiert werden kann. Weitere Korrekturen betreffen die Einflüsse der Temperatur auf Dichte und Längenablesung (Gl. 4.18) sowie Einflüsse der geographischen Lage auf die Gravitationskonstante.

Die Flüssigkeitsmanometer werden zur Messung kleiner und kleinster Differenzdrücke benutzt. Die Anzeigeempfindlichkeit kann durch Wahl einer Sperrflüssigkeit mit geringerer Dichte bis zu einem Wert von ca. 0,8 kg/dm³ erhöht werden. Eine weitere Erhöhung der Empfindlichkeit kann entweder durch eine Vergrößerung der abzulesenden Skalenlänge oder durch eine Verfeinerung der Ablesung selbst erzielt werden.

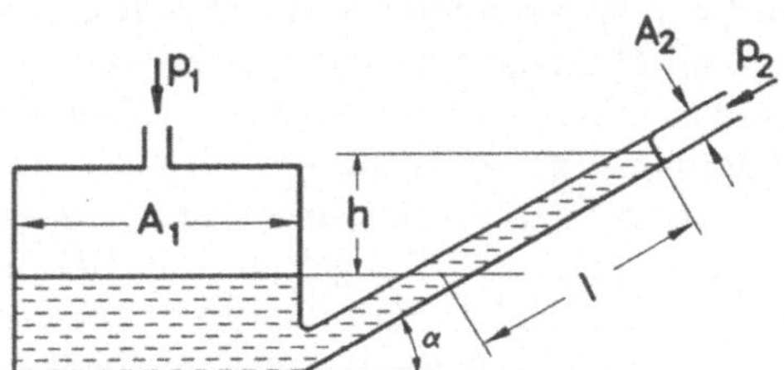

Abbildung 4.34: Schrägrohrmanometer

Beim Schrägrohrmanometer (Abb. 4.34) kann die der abzulesenden Höhe entsprechende Skalenlänge durch Schrägstellen des Ableseschenkels vergrößert werden. Bei der Kalibrierung wird der Einfluß des sich ändernden Flüssigkeitsspiegels im Vorratsbehälter sowie der Kapillarkräfte mit berücksichtigt, so daß eine Ablesung der Skalenlänge l genügt. Der abgelesene Wert ist anschließend mit einem angegebenen winkelabhängigen Faktor zu multiplizieren:

$$p_1 - p_2 = \rho \cdot g \cdot l \cdot \left(\sin\alpha_1 + \frac{A_2}{A_1}\right) = l \cdot n \tag{4.19}$$

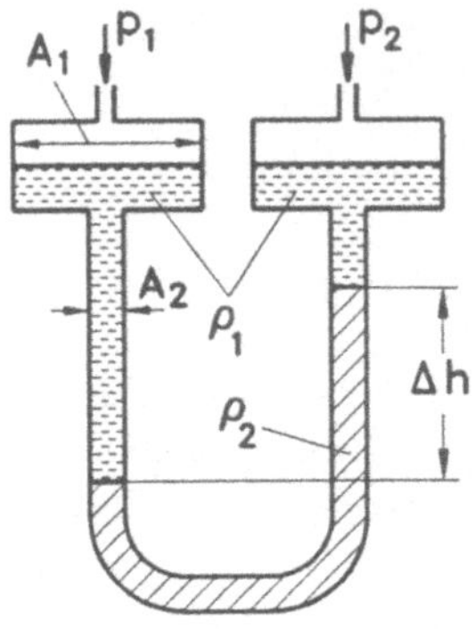

Abbildung 4.35: Zweistoffmanometer

Beim Zweistoffmanometer kann man die Empfindlichkeit des Gerätes durch Wahl von übereinander geschichteten Meßflüssigkeiten, die eine ausgeprägte Trennfläche bilden müssen, erhöhen (Abb. 4.35). Die Erweiterung der Schenkel am oberen Ende macht die Ablesung der Spiegelverschiebung der leichteren Flüssigkeit unnötig. Durch ein großes Flächenverhältnis A_1/A_2 kann man den daraus resultierenden systematischen Fehler beliebig klein halten. Für die Ablesung gilt:

$$p_1 - p_2 = g \cdot \Delta h \cdot (\rho_2 - \rho_1) \tag{4.20}$$

Füllt man ein Zweistoffmanometer (Index zw) mit Toluol ($\rho_t = 0,864$ kg/dm^3) über Wasser ($\rho_w = 0,998$ kg/dm^3), so erhält man eine 7,5-fache Anzeigevergrößerung V im Vergleich zur Füllung nur mit Wasser (Index w). Errechnet man die Empfindlichkeit e, so wird:

$$e_w = \frac{\Delta h_w}{\Delta p} = \frac{1}{g \cdot \rho_w} \quad \text{und} \quad e_{zw} = \frac{\Delta h_{zw}}{\Delta p} = \frac{1}{g \cdot (\rho_w - \rho_t)} \tag{4.21}$$

$$V = \frac{e_{zw}}{e_w} = \frac{\rho_w}{(\rho_w - \rho_t)} = \frac{0,998}{(0,998 - 0,864)} = 7,5 \tag{4.22}$$

Das Projektionsmanometer nach Betz (Abb. 4.36) arbeitet wie die bisher besprochenen Geräte nach dem Ausschlagverfahren. Beim Anlegen einer Druckdifferenz $p_1 > p_2$ wird der Wasserspiegel im inneren Rohr (1) und damit der Schwimmer mit der etwa im Millimeterabstand beschrifteten Skale angehoben. Das Bild der Skale wird auf eine Mattscheibe projiziert, auf der eine Nonius-Teilung angebracht ist. Diese Anordnung gestattet die Ablesung der Wassersäule mit einer Auflösung von bis zu 0,1 mm entsprechend einem Druck von ca. 1 Pa. Die Spiegeldifferenz (1-2) wird nur an einer Stelle abgelesen, die Höhenveränderung bei 2 wird über die Teilung der Skale berücksichtigt. Je nach Teilung der Skale kann die Ablesung in mm WS oder mbar erfolgen. Von diesem Gerät gibt es auch Sonderformen für hohe Absolutdrücke und vergrößerten Meßbereich sowie eine Ausstattung mit optoelektronisch ablesbarer Skale.

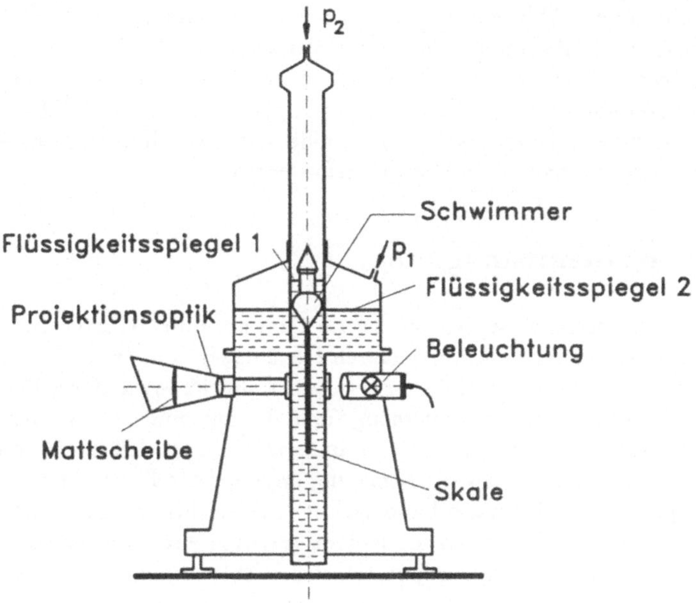

Abbildung 4.36: Betz-Manometer

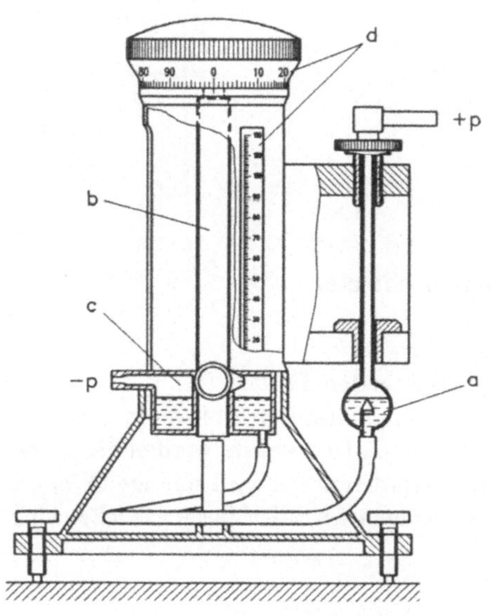

Abbildung 4.37: Minimeter

Beim Minimeter (Abb. 4.37) erfolgt die Ablesung durch Ausgleich. Im Gefäß (a) wird über ein Mikroskop eine Spitze am Wasserspiegel beobachtet. Längs der Spindel (b) läßt sich ein zweites Gefäß (c) in der Höhe verstellen und bei (d) diese Höhenverstellung ablesen. Die Ablesegenauigkeit beträgt ca. 0,1 Pa. Während das Betz-Manometer selbständig den Augenblickswert anzeigt, ist beim Minimeter vor der Ablesung ein manueller Abgleich erforderlich.

4.7.3 Kolbenmanometer

Die Kolbenmanometer stellen die zweite Gruppe unmittelbarer Druckmesser dar. Sie werden wegen der hohen erzielbaren Genauigkeit von ca. $1 \cdot 10^{-5}$ als Drucknormal bezeichnet und dienen üblicherweise zur Kalibrierung anderer Druckmeßgeräte. Im Prinzip erfolgt die Druckmessung über die auf einen definierten Kolbenquerschnitt einwirkende Kraft, wobei zwei unterschiedliche Meßverfahren möglich sind. Kolbenmanometer mit Gewichtsbelastung erlauben die Erzeugung eines definierten Druckes und eignen sich somit hauptsächlich für Kalibrieraufgaben. Das umgekehrte Verfahren, bei dem die über einen Kolben erzeugte Kraft mit einem Dynamometer (Kraftmeßgerät) gemessen wird, gestattet die Ablesung eines Momentanwertes.

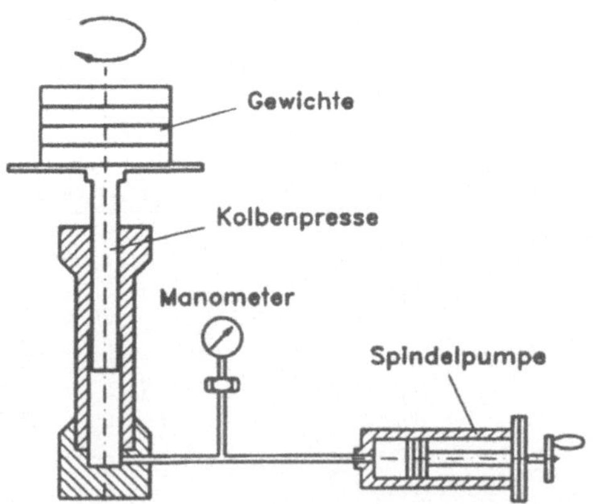

Abbildung 4.38: Kolbenmanometer mit Gewichtsbelastung

Das Kolbenmanometer der ersten Bauart (Abb. 4.38) besteht aus einer Kolbenpresse, deren mit Gewichten belasteter Kolben in einem mit Öl gefüllten Raum einen Druck aufbaut. An diesen Druckraum werden die zu kalibrierenden Meßgeräte angeschlossen. Mit einer Spindelpumpe wird solange Öl in das Meßsystem gedrückt, bis der Kolben vom Öl getragen wird. Ist dieser Gleichgewichtszustand erreicht, gilt

$$p = \frac{m \cdot g}{A_{Kolben}} \tag{4.23}$$

Um Reibungseinflüsse auszuschalten, wird der Kolben in Rotation versetzt. Die Anpassung an unterschiedliche Druckbereiche ist durch Wechseln der Querschnittsfläche, d.h. durch Austausch der Kolben-Zylinder-Einheit möglich. Kolbenmanometer eignen sich zur Erzeugung von Drücken im Bereich von etwa 1 bis 1000 bar.

Da die Flüssigkeitssäule im Meßsystem selbst einen hydrostatischen Druck erzeugt, ist bei der Anbringung des zu kalibrierenden Gerätes darauf zu achten, daß dieses sich auf derselben Höhe wie die Kolbenunterseite befindet. Die Anwendung eines Kolbenmanometers dieser Bauart zur Druckmessung bei kompressiblen Meßmedien ist nicht einfach, da die Einstellung des Systems sehr langwierig ist.

Hier bietet sich das umgekehrte Verfahren an, bei dem der Druck des Meßmediums auf einen Kolben wirkt und so eine Kraft erzeugt, die mit einer Waage gemessen wird (Abb. 4.39). Das Gerät setzt sich aus zwei Einheiten zusammen, dem Druckblock zur Erzeugung der Kraft und einem elektrischen Kraftmeßgerät mit digitaler Anzeige.

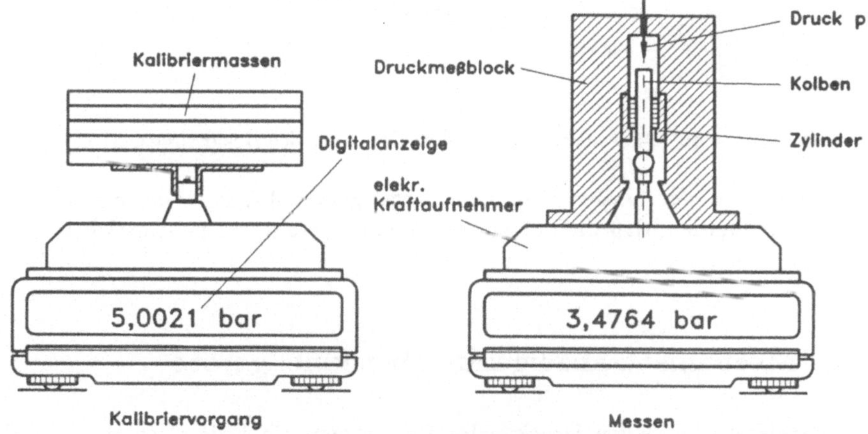

Abbildung 4.39: Druckmeßwaage

Abb. 4.40 zeigt den Schnitt durch den Druckblock. Der zu messende Druck wird über den Druckanschluß (1) in das Meßwerk geleitet. Über den fein geschliffenen Kolben (2) im Zylinder (3) wird der Druck in eine proportionale Kraft umgesetzt und über eine Kugel (4) reibungsarm in die darunter liegende Waage übertragen. Zur Vermeidung von Haftreibung wird der Kolben über ein Kegelgetriebe (5) von einem Motor (6) in Drehung versetzt.

Die Kalibrierung der Druckmeßwaage geschieht durch Auflegen exakt gefertigter Massen anstelle des Druckblocks. Die Massen üben auf die Waage eine definierte Kraft F aus, die sich wie folgt berechnet:

$$F = g_{\ddot{o}} \cdot \left(1 - \frac{\rho_L}{\rho_m}\right) \cdot m \qquad (4.24)$$

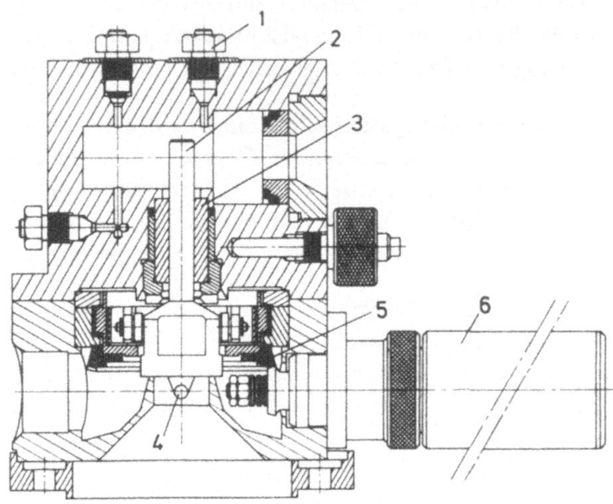

Abbildung 4.40: Querschnitt durch den Druckblock (Desgranges&Huot)

Die Kraft ist von der lokalen Erdbeschleunigung $g_ö$ abhängig. Gleichzeitig muß berücksichtigt werden, daß die aufgelegten Massen (Stahl) einen Auftrieb in Luft erfahren.

4.7.4 Mechanisch anzeigende Druckmeßgeräte

Die mechanisch arbeitenden Druckmeßgeräte besitzen ein Federelement, das sich durch den angelegten Druck verformt. Die Verformung wird durch ein geeignetes Übertragungsgetriebe in einen Zeigerausschlag umgeformt. Je nach Druckbereich kommen unterschiedliche Bauformen zur Anwendung. Bei geringen Drücken dient als Meßelement eine Platten- oder Kapselfeder (Abb. 4.41a,b), bei höheren Drücken wird meist eine Röhrenfeder verwendet. Meßgeräte für Drücke bis ca. 1.000 bar besitzen eine gekrümmte Röhrenfeder (Bourdonsche Röhre) (Abb. 4.41c). Bei noch größeren Meßbereichen verwendet man gerade Rohre mit exzentrisch angebrachter Bohrung. Die Druckmesser arbeiten i.a. als Differenzdruckmeßgeräte in bezug auf den Atmosphärendruck, jedoch sind auch Geräte mit gekapseltem Gehäuse für echte Differenzdruckmessung erhältlich. Zur Messung des Absolutdrucks dienen Kapselbarometer, deren geschlossene, aus Membranbälgen bestehende Meßzelle evakuiert ist.

Fehlereinflüsse rühren vom Federrohr oder vom Übertragungswerk her. Das Federrohrmaterial kommt durch Überlastung zum Kriechen (Nullpunktverschiebung) oder kann bei wechselnden Drücken Ermüdungsbrüche erleiden. Das Übertragungs-

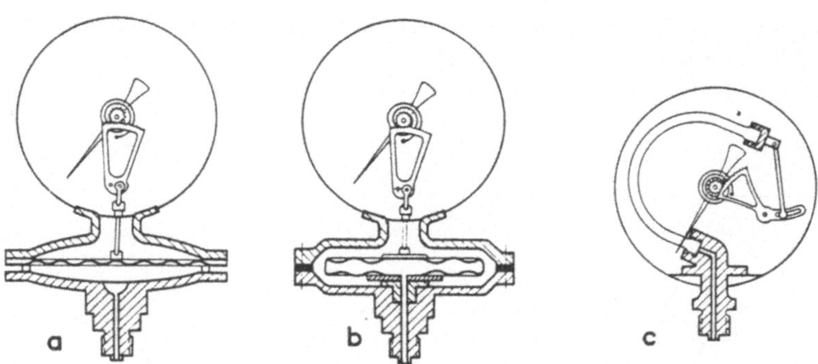

Abbildung 4.41: Federmanometer a) Plattenfeder, b) Kapselfeder, c) Röhrenfeder

werk verursacht Fehler durch Reibung und Lagerspiel, welches durch eine Vorspannung des Getriebes weitgehend vermieden wird. Ein Anschlag begrenzt die Auslenkung des Federelementes und schützt damit das Gerät vor Überlastung. Manometer mit einem elastischen Meßglied sind in den Klassen 0,6, 1,0 und 2,0 lieferbar (Klasse = maximaler Anzeigefehler in Prozent des Skalenendwertes).

4.7.5 Elektrische Druckmeßgeräte

Außer für sehr hohe Drücke, bei denen Manganindrähte ihren Widerstand ändern (bis 10.000 bar), gibt es keine Fühler, die einen Druck direkt in ein elektrisches Signal umwandeln können. Daher kommen nur mittelbare elektrische Umformer zum Einsatz, bei denen die Wirkung des Druckes als Weg, Dehnung oder Kraft gemessen wird. Die Umformung des Druckes kann hierbei auf verschiedenste Arten erfolgen, es werden im wesentlichen folgende Meßprinzipien angewandt:

- Membranmeßwerk mit resistivem, piezoelektrischem, kapazitivem oder induktivem Abgriff
- Biegebalken mit resistivem oder induktivem Abgriff
- Röhrenfeder mit kapazitivem oder induktivem Abgriff, Halleffekt-Sensor

Die Arbeitsprinzipien der Umwandlung der Verformung in elektrische Signale ist bereits weitgehend in den Abschnitten 4.1 „Wegmessung“ und 4.2 „Dehnungsmessung“ beschrieben, so daß hier anhand einiger Beispiele lediglich der Aufbau des Meßwerks und dessen Einsatzmöglichkeiten beschrieben werden.

Den größten Anteil stellen die Meßumformer auf resistiver Basis mit einem Membranmeßwerk (Abb. 4.42). Hierzu sind auf einer Membran zur Erhöhung der Empfindlichkeit und Reduzierung des Temperatureinflusses vier Dehnungsmeßstreifen in Vollbrückenschaltung (Wheatstonesche Brücke) aufgebracht, wobei je zwei Meßstreifen in Zonen mit positiver (Zug-) und negativer Dehnung (Druckspannungen) angebracht sind. Nach diesem Verfahren arbeitende Druckaufnehmer sind für alle Meßarten (Absolutdruck, Differenzdruck) im Einsatz.

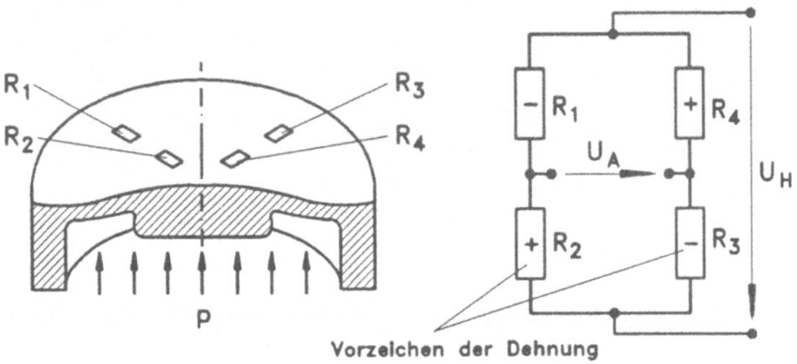

Abbildung 4.42: Membranmeßwerk mit Dehnungsmeßstreifen

Die Entwicklung der Fertigungsverfahren ermöglicht heute die Abkehr von Systemen mit aufgeklebten Dehnungsmeßstreifen (Alterung der Klebung, hohe Kosten), da die Meßwiderstände in Dünnfilmtechnik direkt auf die meist aus Edelstahl gefertigten Membranen aufgebracht werden können (Abb. 4.43). Die Vorteile dieser Technik sind geringere Abmessungen der Dehnungsmeßstreifen und damit eine Miniaturisierung der Aufnehmer sowie dünnere Membranen, was die Herstellung von Meßumformern für kleinere Meßwerte erlaubt.

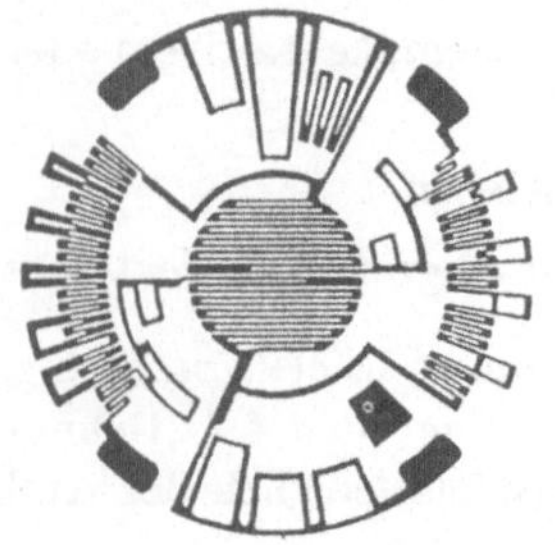

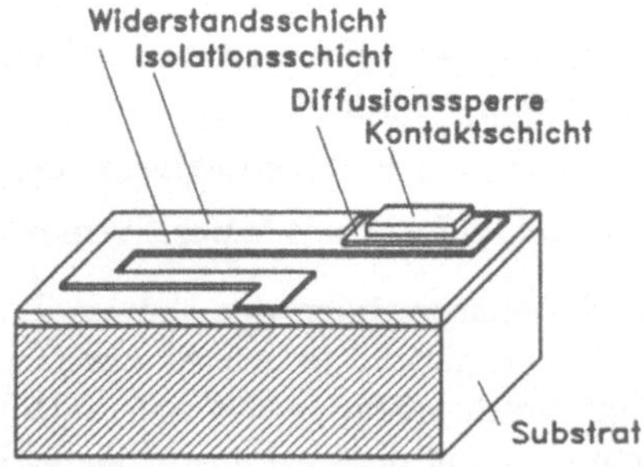

Abbildung 4.43: DMS-Membranrosette mit integrierten Abgleichelementen, rechts Schichtaufbau eines Dünnfilmsensors

Anstatt die Meßwiderstände auf der Membran mittels Dünnschicht-Techniken abzuscheiden, kann als Membran selbst Silizium verwendet werden, in das piezoresistive Halbleiter-Widerstände mit den aus der Fertigung integrierter Schaltungen bekannten Techniken eingebracht werden (Abb. 4.44). Den Vorteilen der geringen Herstellungskosten und der weiteren Miniaturisierung bis herab zu weniger als 1 mm Membrandurchmesser sowie der hohen Empfindlichkeit stehen jedoch auch einige Nachteile gegenüber. Dies sind insbesonders die hohe Empfindlichkeit gegen Temperatureinflüsse und aggressive Medien.

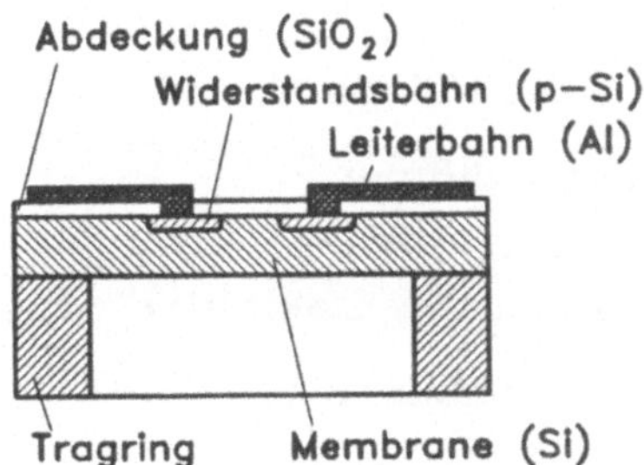

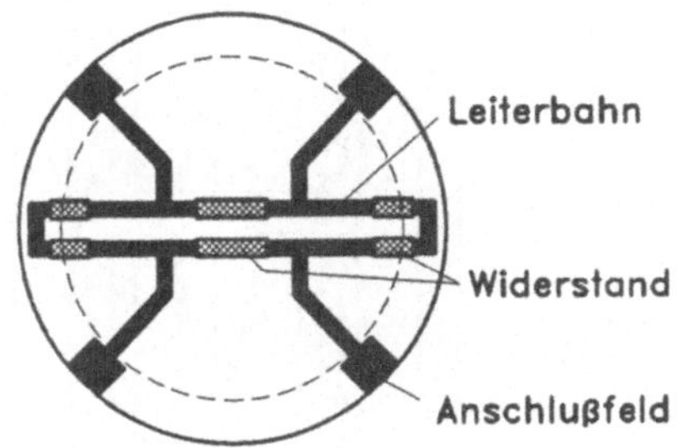

Abbildung 4.44: Monolithischer Si-Drucksensor

Anstelle von Membranen können auch Biegebalken als kraftumformendes Element verwendet werden (Abb. 4.45). Der anliegende Druck ruft an einer Trennmembran eine Auslenkung hervor, die über eine Schubstange auf den Biegebalken übertragen wird. Die Dehnung wird über auf den Federkörper aufgebrachte Dehnungsmeßstreifen erfaßt.

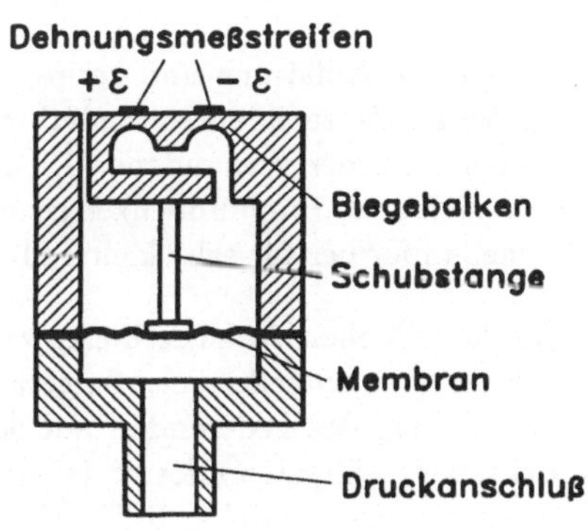

Abbildung 4.45: Meßsystem mit Biegebalken

Je nach Anforderung kann das elektrische Signal unverarbeitet weitergegeben oder bereits im Meßumformer verstärkt, temperaturkompensiert und in ein Standardsignal umgewandelt werden. Bei Meßumformern nach dem kapazitiven Prinzip wird der zu messende Druck mit Hilfe eines Federelements, meist einer Membrane oder Röhrenfeder, in einen Weg umgesetzt. Mit dem Federelement gekoppelt ist die bewegliche Elektrode eines Kondensators - bei Membranen dienen dieselben oft selbst als Elektroden -, so daß die

Druckänderung zu einer Kapazitätsänderung führt. Abb. 4.46 zeigt das Membranmeßwerk eines Meßumformers für Differenzdruck in Zweikammer-Ausführung. Über Trennmembranen und eine Füllflüssigkeit (meist Silikonöl) wird der Druck auf die Meßmembran im Inneren des Meßwerks übertragen und lenkt diese aus. Eine weitere, steifere Überlast-Membran verformt sich, sobald sich die Meßmembran infolge Überlast an die Wände der Meßkammer anlegt.

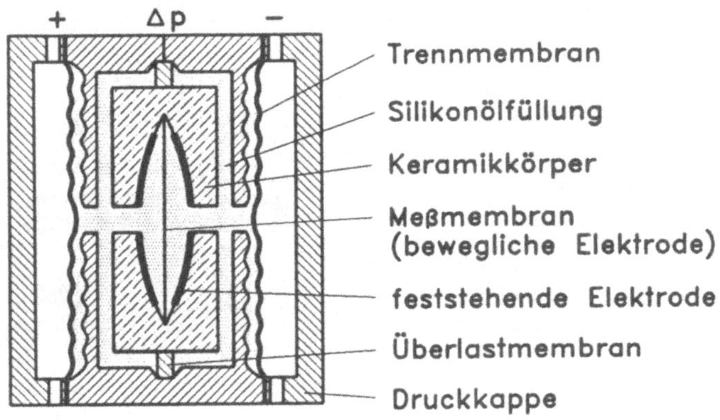

Abbildung 4.46: Kapazitives Membranmeßwerk

Der sehr guten Auflösung und geringen Hysterese kapazitiver Abgriffsysteme steht die im Vergleich zu anderen schlechte Linearität entgegen, die mit Hilfe der im Druckmeßumformer vorhandenen Elektronik korrigiert werden muß. Aufgrund der hohen erzielbaren Empfindlichkeiten eignet sich das kapazitive Verfahren gut für Druckmeßumformer für sehr kleine Meßwerte.

Werden keine hohen Anforderungen an die Genauigkeit gestellt, kann ein Röhrenfedermanometer anstelle eines Zeigers mit einem Hallsensor bestückt werden, der die Verlagerung des Federendes, auf dem ein Permanentmagnet angebracht ist, in ein elektrisches Signal umformt (siehe Abschnitt 4.1 „Längenmessung"). Kombiniert man ein mechanisches Röhrenfedermanometer mit Zeigermeßwerk mit einem induktiven Drehwinkelaufnehmer, erhält man ein Manometer mit Fernanzeige (Abb. 4.47).

Für dynamische Druckmessungen bieten sich piezo-elektrische Druckaufnehmer an (Abb. 4.48). Der Druck wird meist über eine frontbündige Membran in eine Kraft umgewandelt, die auf direkt dahinter liegende Quarzkristallscheiben einwirkt. Nach dem piezoelektrischen Effekt ruft diese Kraft eine Ladungsverschiebung hervor, die als elektrische Spannung gemessen werden kann. Durch eine Vorspannung der

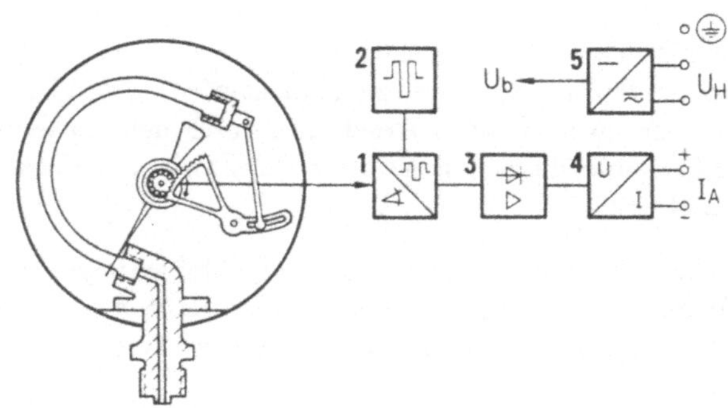

Abbildung 4.47: Druckmeßumformer mit Drehwinkelaufnehmer

Quarzscheiben wird eine gute Linearität erzielt und die Messung von negativen Drücken möglich. Die hohe Eigenfrequenz derartiger Aufnehmer erlaubt dynamische Messungen bis zu 50 kHz Signalfrequenz. Darüber hinaus können piezo-elektrische Druckaufnehmer bei Temperaturen bis ca. 350 °C eingesetzt werden.

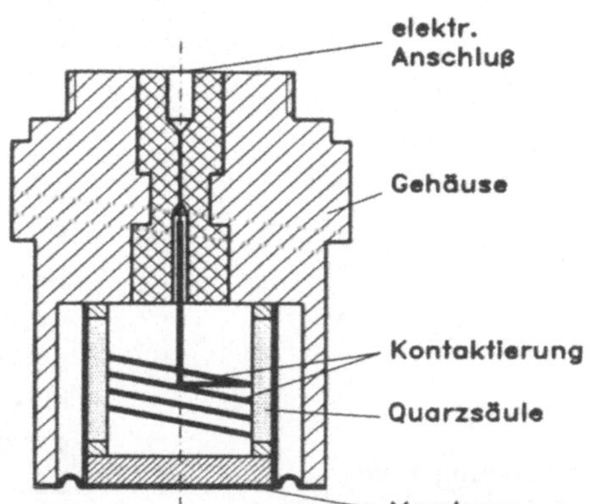

Abbildung 4.48: Piezo-elektrischer Druckmeßumformer

Bei der Auswahl eines Druckmeßumformers sind viele Kriterien zu beachten, die hier nur andeutungsweise angeführt werden sollen. Neben der Wahl des Meßbereiches und der Art des Ausgangssignal (unverstärkt, Strom, Spannung) ist dies u.a. die Verträglichkeit mit dem Meßmedium. Dies gilt speziell für Meßumformer mit offener Silizium-Membran. Bei Bauweisen mit Edelstahlmembran oder Trennmembranen ist weitgehende Medienverträglichkeit gewährleistet. Ein weiteres Auswahlkriterium neben dem Preis und der Meßgenauigkeit (Linearität, Hysterese, Temperatureinfluß) ist die geforderte Überlastsicherheit, deren Realisierung bei aufwendigeren Meßsystemen einen beträchtlichen Teil der Kosten verursacht. Sollen schnelle Druckänderungen erfaßt werden, scheiden Systeme mit integrierten Dämpfungselementen und großen Meßwerken oder Meßkammern aus.

4.7.6 Druckentnahme und -übertragung

Ist ein Druck in einem geschlossenen hydraulischen System zu messen, so ist die Position, an der das Meßgerät angebracht wird, nicht gleichgültig. Das Meßgerät wird durch den zu messenden Druck und durch den statischen Druck der Flüssigkeits- oder Gassäule, die sich in der Meßleitung zwischen Meßstelle und Meßgerät befindet, belastet.

Bei Gasen kann dieser Effekt i.a. infolge der geringen Dichte vernachlässigt werden. Befindet sich eine Flüssigkeitssäule der Höhe h zwischen Meßort und Anzeigeort (Abb. 4.49), ergibt sich der Meßwert p aus Manometeranzeige p_i und Säulenkorrektur zu:

$$p = p_1 + \rho_{fl} \cdot g \cdot h_1 \quad \text{oder} \quad p = p_2 - \rho_{fl} \cdot g \cdot h_2 \tag{4.25}$$

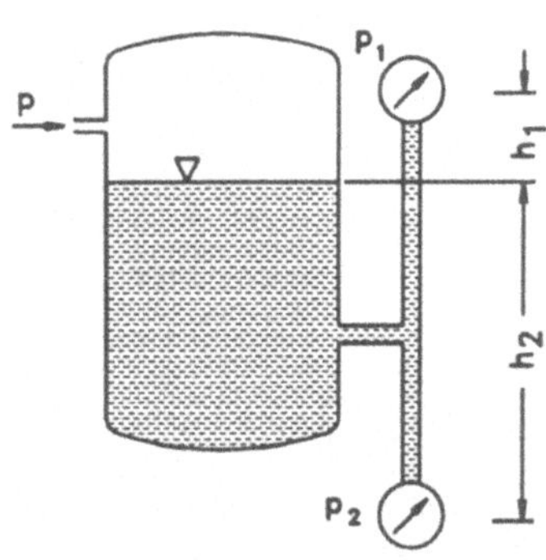

Abbildung 4.49: Manometeranschluß

Bei der Druckentnahme an Dampfgefäßen oder Dampfleitungen muß man den hydrostatischen Druck der Kondensatsäule beachten, die von der sogenannten Wasservorlage gebildet wird. Um zu verhindern, daß Dampf mit hoher Temperatur in das Meßgerät eindringt und dort durch Kondensation Wärme freisetzt, muß auf jeden Fall eine Möglichkeit zur gezielten Kondensation außerhalb des Meßumformers vorgesehen werden. Hierzu wird in der Nähe der Druckentnahmestelle ein Kondensattopf oder lediglich eine stets mit Wasser gefüllte Rohrleitung angebracht, die häufig als U-förmiger Wassersack oder als ringförmige Schleife ausgebildet ist. Der Kondensattopf ist über ein Rohr mit der Dampfleitung verbunden, durch das Dampf in den Kondensattopf eindringt, dort kondensiert und in flüssiger Form wieder in die Dampfleitung zurückfließt. Vom Kondensattopf zum Meßumformer wird die Impulsleitung entweder stetig fallend oder mit einem Syphon verlegt, der ein Ausfließen des Wassers verhindert (Abb. 4.50). Wird der Meßumformer unterhalb des Kondensattopfes montiert, ist eine Höhenkorrektur nach Gl. 4.25 erforderlich, bei Montage in gleicher Höhe kann diese entfallen.

Hat man zwei Druckentnahmestellen an einer Drosselstelle (Mengenmessung) zur Bestimmung des Wirkdruckes, werden zwei Kondensattöpfe in gleicher Höhe angebracht.

Bei der Druckentnahme in strömenden Medien muß man den Geschwindigkeitsgradienten in Wandnähe (Grenzschicht) beachten. Der statische Druck kann exakt nur an der Wand gemessen werden, wo die Geschwindigkeit Null ist. Darüber hinaus ist

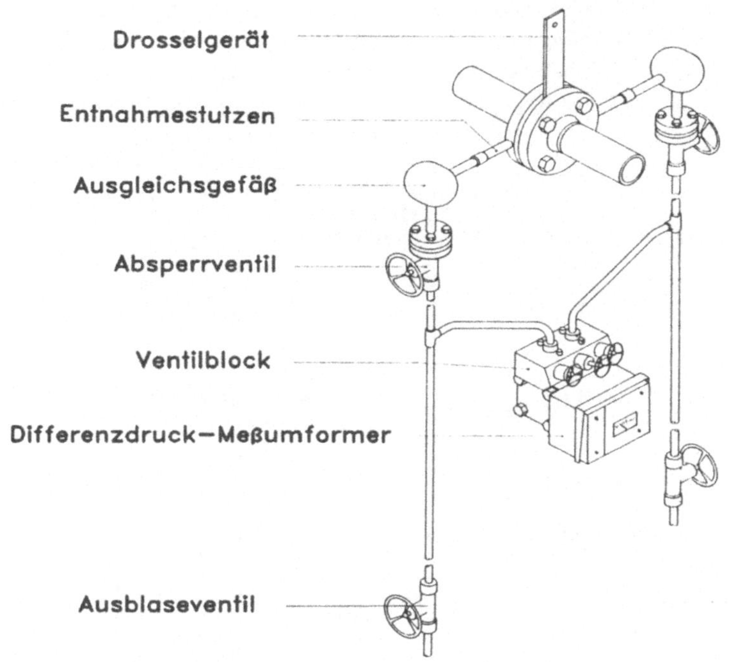

Abbildung 4.50: Druckentnahme an Dampfleitungen (Siemens)

zu berücksichtigen, daß statischer und totaler Druck um den Geschwindigkeitsanteil $(\rho/2) \cdot c^2$ voneinander abweichen (siehe Kapitel 7 „Strömungsmessung").

4.7.7 Indikatoren

Indikatoren dienen zum Aufschreiben schnell veränderlicher Drücke. Indizieren ist ein dynamischer Vorgang, bei dem die Eigenfrequenz des Gerätes (Meßsystem) die Einsatzmöglichkeit begrenzt. Das Haupteinsatzgebiet ist das Aufschreiben des periodischen Druckverlaufes im Arbeitszylinder einer Kolbenmaschine. Mechanische Indikatoren eignen sich für maximale Maschinendrehzahlen von n = 1.500 1/min. Durch Sonderkonstruktionen läßt sich diese Grenze nur geringfügig verschieben. Bei höheren Änderungsgeschwindigkeiten (höhere Drehzahlen) müssen elektrische Indikatoren verwendet werden.

Als Meßergebnis erhält man das Indikatordiagramm. Es zeigt den Druck im Maschinenzylinder als Funktion des Kolbenweges und entspricht damit dem p,v-Diagramm. Die Fläche des Indikatordiagrammes beschreibt die zwischen Kolben und Arbeitsmedium ausgetauschte Arbeit, aus der man die indizierte Leistung berechnen kann. Aus der Form des Diagrammes oder einzelner Kurvenabschnitte kann man auf den Ablauf von Einzelvorgängen (Verbrennungsablauf) oder das Arbeiten von Steuereinrichtungen (Ventileinstellzeiten) schließen. Beide Meßaufgaben machen die Indizierung bei der Entwicklung und Betriebsüberwachung von Kolbenmaschinen unentbehrlich.

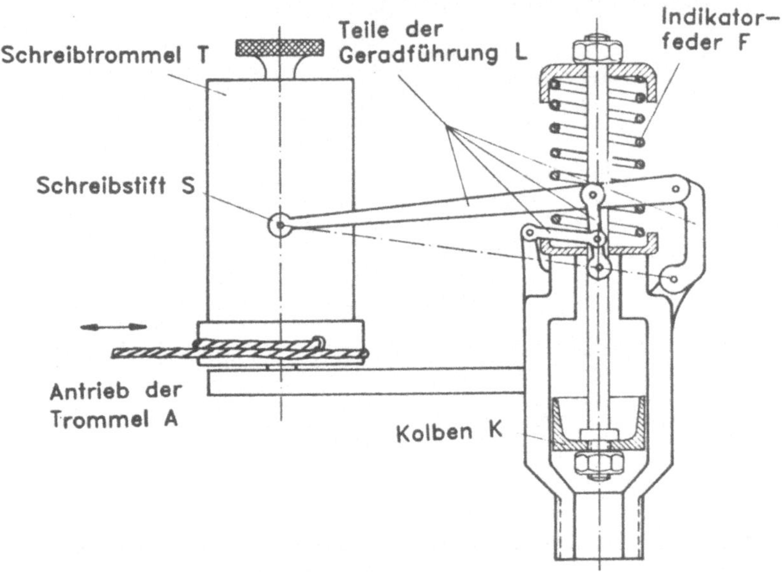

Abbildung 4.51: Mechanischer Indikator

Ein Indikator muß zwei Meßgrößen verarbeiten, besitzt also für Zylinder-Druck und Kolbenweg jeweils einen Meßfühler. Abb. 4.51 zeigt einen mechanischen Indikator für niedrige Maschinendrehzahlen (n < 1.000 1/min). Die Schreibtrommel T wird von einem Schnur- oder Bandantrieb (A) proportional der Kolbenbewegung bewegt. Ein Federzug in der Trommel besorgt den Rücklauf, d.h. die Spannung der Schnur. Der Druckmeßfühler besteht aus dem Kolben (K) mit der Feder (F). Die Kolbenbewegung wird von einem Lenkgetriebe (L) übersetzt und vom Schreibstift S auf einem Spezialpapier auf der Trommel aufgezeichnet. Für verschiedene Druckmeßbereiche kann man die Feder und die Paarung Kolben/Zylinderbüchse des Indikators austauschen.

Beide Meßwerte ergeben auf der Trommel eine Aufzeichnung in einem rechtwinkeligen Diagramm ($p = f(s)$), da die Trommel im Sinne des Kolbens bewegt wird und die Kolbenbewegung den Schreibstift auf einer Geraden in Richtung der Trommelachse bewegt. Man erhält ein geschlossenes Diagramm (Abb. 4.52), das p,v-

Diagramm für den Maschinenzylinder, aus dem nach entsprechender Skalierung die indizierte Arbeit bestimmt werden kann.

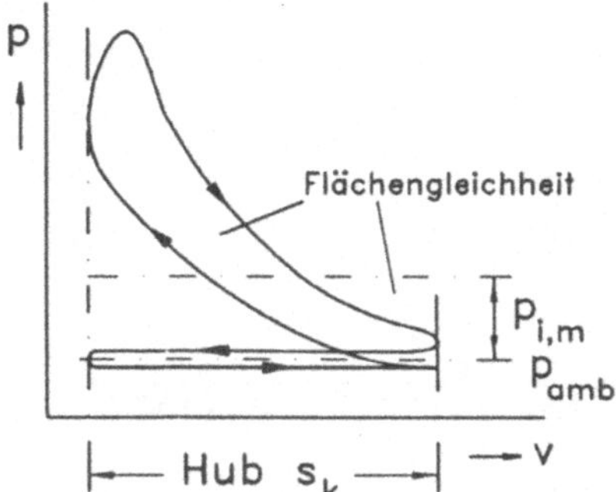

Abbildung 4.52: Indikatordiagramm eines 4-Takt-Motors

Elektrische Indikatoren dienen zur Messung sehr schneller Druckänderungen. Als Druckfühler wird meist ein piezo-elektrischer Fühler verwendet. Will man mit dieser Anordnung ein geschlossenes p,v-Diagramm schreiben, so benötigt man einen zusätzlichen Meßkanal für den Kolbenweg. Hierzu benutzt man häufig ein Ersatzgetriebe, das das gleiche Weggesetz wie der Kolben liefert. Diese Aufgabe wird von einer exzentrisch gelagerten kreisrunden Scheibe erfüllt, die induktiv abgetastet wird. Die Anzeige erfolgt über ein Oszilloskop im x-y-Betrieb, die Registrierung und Auswertung wird heute meist über Digitalisierung von einem Rechner durchgeführt.

Aus Platzgründen oder wegen unzulässiger Temperaturen kann der Druckfühler nicht immer direkt mit der Innenwand des Druckraumes abschließen. Dann werden Verbindungskanäle nötig, wobei zu beachten ist, daß diese mit dem Totraum im Druckaufnehmer einen Helmholtzschen Resonator bilden und das Meßergebnis erheblich beeinflussen können.

Kapitel 5

Messung mechanischer Schwingungen

5.1 Theoretische Grundlagen

Schwingungsbeanspruchungen spielen im Maschinenbau eine große Rolle. Ihre meßtechnische Erfassung ermöglicht es, die Entstehungsursachen zu erkennen und Änderungen zu ihrer Beseitigung vorzunehmen. Schwingungsmessungen in der Fertigung und im Betrieb müssen unerwünschte oder unzulässige Schwingungs- oder gar Resonanzerscheinungen anzeigen und verhindern helfen. Dabei handelt es sich um periodische, nichtperiodische oder sonstige Bewegungen um eine Gleichgewichtslage.

Die periodische, freie und ungedämpfte Bewegung x eines Massenpunktes, abhängig von der Zeit t, kann man beschreiben durch:

$$x = \hat{x} \cdot sin(\omega t + \varphi_0) \tag{5.1}$$

mit $\hat{x}$ als maximaler Auslenkung, ω als Kreisfrequenz ($\omega = 2\pi \cdot f$) in 1/s, φ_0 als Phasenwinkel (Anfangsbedingung) sowie f als Frequenz in Hz.

Diese Schwingungsform wird als Sinusschwingung bezeichnet. In Abb. 5.1 ist ein Modell dargestellt, welches solche Schwingungen auszuführen vermag. Praktisch vorkommende Schwingungen, die häufig sinusähnlich sind, lassen sich nach Fourier als eine Summe von Sinusschwingungen mit einer Grundfrequenz und solchen mit ganzzahligen Vielfachen dieser Grundfrequenz darstellen.

Auch verlaufen praktisch vorkommende Schwingungen meist gedämpft, d.h. ihre Amplitude wird von Periode zu Periode kleiner. Die bei gedämpften Schwingungen auftretenden physikalischen Zusammenhänge und Größen sind im Kapitel 3 „Meßgenauigkeit“ bei der Behandlung des dynamischen Verhaltens von Meßgeräten erörtert worden. Auf eine wiederholte Behandlung wird deshalb hier verzichtet.

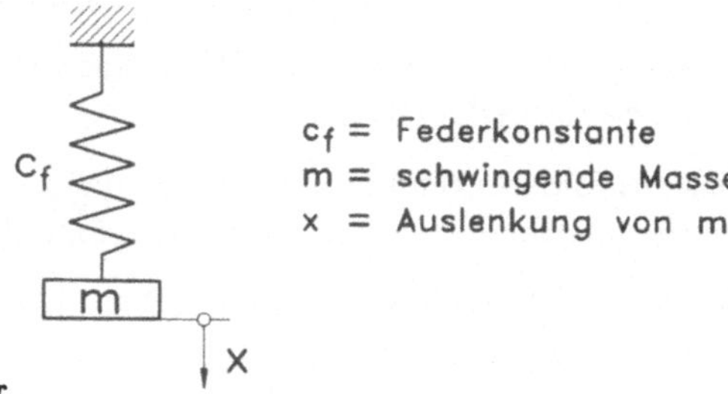

Abbildung 5.1: Linearer ungedämpfter Schwinger

Bei den bisher betrachteten Schwingungsformen war der Schwinger bis auf die Auslenkung zu Beginn der Schwingung ohne eine weitere Anregung von außen sich selbst überlassen (freie Schwingung). Beim Messen von Schwingungen wird der Schwingungsaufnehmer aber dauernd vom zu messenden Körper angeregt. Es liegt dabei also eine erzwungene Schwingung vor. Der Feder (Abb. 5.2, Fall a), dem Dämpfer (Fall b) oder beiden (über ein gemeinsames Gehäuse, Fall c) wird dabei periodisch ein Weg aufgezwungen. Weiterhin ist noch eine Anregung durch rotierende Unwuchten möglich (Fall d), welches aber eine Bewegungsgleichung des gleichen Typs wie bei Gehäuseerregung (Fall c) ergibt.

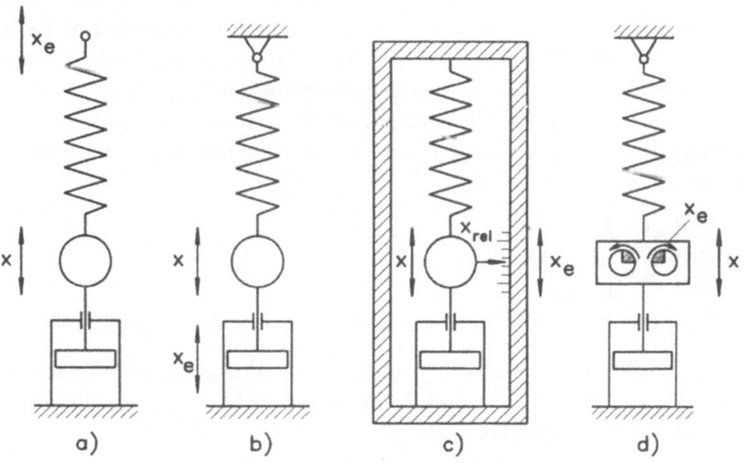

Abbildung 5.2: Schwingungsaufnehmer

An den Schwingungsaufnehmer werden zwei Hauptanforderungen gestellt:

- Der Aufnehmer soll in dem Frequenzbereich, in dem er eingesetzt wird, eine gleichbleibende Empfindlichkeit besitzen.
- Der Aufnehmer soll in seinem Einsatzfrequenzbereich das Meßsignal phasengetreu wiedergeben.

Diese Anforderungen können Schwingungsaufnehmer jeweils nur in einem bestimmten Frequenzbereich erfüllen, der außerhalb ihrer Eigenfrequenz liegt.

Um die Amplituden- und Phasenverhältnisse zu untersuchen, müssen die Differentialgleichungen der Schwingbewegungen angesetzt und gelöst werden. In Form einer dimensionslosen Bewegungsgleichung aufgestellt, unterscheiden sich die Differentialgleichungen für die in Abb. 5.2 betrachteten Fälle nur durch den Faktor E auf der rechten Seite vor der Kosinusfunktion:

$$\ddot{x} + 2D\dot{x} + x = x_0 \cdot E \cdot \cos\eta \cdot \tau \tag{5.2}$$

mit der normierten Frequenz $\eta = \omega/\omega_0$ und der normierten Zeit $\tau = \omega_0 \cdot t$.

Die Mechanik liefert als Lösung dieser Gleichung für die Vergrößerungsfunktion V:

$$V = \frac{E}{\sqrt{(1-\eta^2)^2 + 4D^2\eta^2}} \tag{5.3}$$

Dabei bedeutet ω die Kreisfrequenz der anregenden Bewegung und ω_0 die Eigenfrequenz des Meßsystems. Das Verhältnis $V = x_0/y_0$ ist das Verhältnis der Amplitude x_0 der im Aufnehmer schwingenden Masse zur Amplitude der anregenden Bewegung y_0. Man nennt es Vergrößerungsfunktion V. Im ungedämpften Resonanzfall, d.h. bei $\eta = 1$ und $D = 0$, wird $V \to \infty$. Abb. 5.3a-c zeigt den Verlauf der Vergrößerungsfunktionen V bei den verschiedenen Anregungsarten, Abb. 5.3d den Phasenwinkel zwischen Erregung y und Auslenkung x. Der Faktor E, durch den sich die Vergrößerungsfunktionen V bei den verschiedenen Anregungsarten unterscheiden, hat folgende Werte:

Fall a) $E = 1$
Fall b) $E = 2D\eta$
Fall c) $E = \eta^2$
Fall d) $E = -\kappa\eta^2$ (mit $\kappa = \frac{m_u}{m+m_u}$ und m_u als Unwuchtmasse)

Der Phasenwinkel φ beschreibt die gegenüber der Erregung nachhinkende Schwingung. Sein Wert ist nur von η und D abhängig (Abb. 5.3d), nicht aber von der Anregungsart. Er läßt sich berechnen zu

$$\varphi = \arctan\frac{2D\eta}{1-\eta^2}. \tag{5.4}$$

Die zeitliche Verschiebung erhält man aus $\Delta t = K \cdot \frac{\varphi}{\omega}$. Die erhaltenen Ergebnisse helfen bei der Auswahl des Meßgerätes.

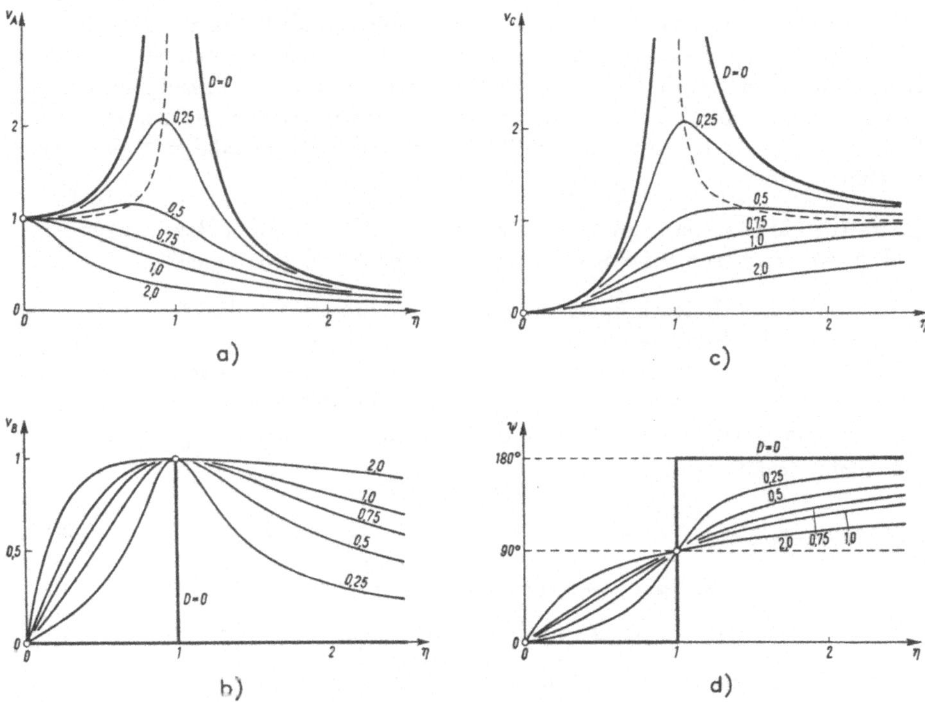

Abbildung 5.3: Verlauf der Vergrößerungsfunktion für verschiedene Werte der Dämpfung (Bilder a, b, c), Verlauf des Phasenwinkels φ (Bild d)

In Abbildung 5.3 sind die Lösungen der Differentialgleichungen bei den verschiedenen Anregungsarten in Diagrammform dargestellt. Die oben aufgestellten Hauptanforderungen an einen Schwingungsaufnehmer lassen sich mit den Formelzeichen der Gleichung 5.3 ausdrücken zu

$$V(\eta) = 1 \quad \text{und} \quad \varphi(\eta) = 0. \tag{5.5}$$

Wie aus den Diagrammen in Abb. 5.3 ersichtlich ist, läßt sich dies nicht exakt erreichen, näherungsweise nur in bestimmten Teilbereichen von η. Im Anregungsfall c) wird aber $V \approx 1,0$ und $\varphi \approx 180°$, wenn $\eta \gg 1,0$ bzw. $\omega \gg w_0$.

Ein solches Gerät besitzt eine im Vergleich zur zu messenden Frequenz niedrige Eigenfrequenz und liefert als Anzeige eine Wegmessung. Die Messung erfolgt überkritisch (Erschütterungsmesser). Der Aufnehmer Fall c) kann auch für unterkritische Messungen ($\eta \ll 1,0$) verwendet werden. Dabei sind dann m und D klein und die Federkonstante c_f groß. Das System wird beschleunigungsempfindlich, und es werden die Beschleunigungskräfte bei geringer Deformation der Feder gemessen.

Wird ein Aufnehmertyp nach Fall a) verwendet, so stimmen Meßgröße y und Anzeigewert x nur dann exakt überein ($V(\eta) = 1$ und $\varphi(\eta) = 0$), wenn $\eta = 0$ ist, also statische Messungen durchgeführt werden. Für den Meßeinsatz genügt die Einschränkung $\eta \ll 1,0$ oder $\omega \ll \omega_0$. Man hat dann einen Aufnehmer mit hoher Eigenfrequenz bezüglich der zu messenden Frequenz, d.h. die Messung erfolgt unterkritisch. Für eine Dämpfung von $D \approx 0,6$ wird im Bereich $0 < \eta < 1,0$ die Bedingung $V(\eta) \approx 1,0$ recht gut erfüllt. Der Phasenwinkel φ ist dabei immer größer als Null.

Diese Aufnehmerart ermöglicht relative Messungen. Es werden Bewegungen eines Meßobjektes in bezug auf einen wählbaren Festpunkt aufgenommen.

In den bisherigen Betrachtungen trat neben der Frequenz f die *Amplitude* x der Schwingung als bestimmende Größe auf. Ebenso können jedoch die *Schwinggeschwindigkeit* v und die *Beschleunigung* a der schwingenden Masse m (auch Spule oder Kern s.u.) zur Beschreibung der Schwingung herangezogen werden. Der physikalische Zusammenhang ergibt sich aus Gleichung 5.1, wobei $v = \frac{dx}{dt}$ und $a = \frac{dv}{dt} = \frac{d^2x}{dt^2}$. Damit erhält man für

$$v = \omega\hat{x}\cos(\omega t + \varphi_0) = \hat{v}\cos(\omega t + \varphi_0) \tag{5.6}$$

$$\text{und} \quad a = -\omega^2\hat{x}\sin(\omega t + \varphi_0) = -\hat{a}\sin(\omega t + \varphi_0) \tag{5.7}$$

$$\text{bzw.} \quad \hat{v} = \omega\hat{x} \quad \text{und} \quad \hat{a} = \omega^2\hat{x} \quad \text{oder} \quad a = -\omega^2 x \tag{5.8}$$

Mit der Beschleunigung a hängt die auf die schwingende Masse m wirkende Kraft F zusammen:

$$F = a \cdot m \tag{5.9}$$

Schwingungen können damit über die Schwingungsgrößen Amplitude (Weg), Geschwindigkeit und Beschleunigung (Kraft) gemessen werden.

5.2 Meßgeräte

Die früher verwendeten mechanischen Schwingungsmeßgeräte waren auf die Messung der Amplitude beschränkt. Da diese maximal einige Millimeter beträgt, durchaus aber auch nur im μm-Bereich liegen kann, mußten die Meßsignale durch entsprechende Hebelübersetzungen vergrößert werden, um brauchbare Diagramme zu erhalten. Heute geschieht die Schwingungsmessung ausschließlich mit elektrischen Aufnehmern.

Folgende Bauarten sind in Gebrauch:

- Elektrodynamischer Aufnehmer; eine Spule schwingt im Feld eines Permanentmagneten,
- induktiver Aufnehmer; der Kern schwingt in einer Spule bzw. einer Zwei-Spulen-Brücke,

- kapazitiver Aufnehmer; die Schwingungsamplitude verändert den Plattenabstand eines Kondensators und damit dessen Kapazität (Einsatz bei störenden Magnetfeldern),
- Dehnungsmeßstreifen-Aufnehmer; die Dehnung der Oberfläche des Meßobjekts wird in eine Änderung des Ohmschen Widerstandes der aufgeklebten DMS umgewandelt,
- piezoelektrischer Aufnehmer; die auf die Aufnehmermasse wirkende Beschleunigungskraft wird vom piezoelektrischen Material in eine der Kraft proportionale Ladung umgeformt.

Bezüglich des Aufbaus der Aufnehmer und der Funktion im Detail wird auf das Kapitel 4 „Messung mechanischer Größen“ verwiesen.

Das Ausgangssignal des Aufnehmers wird von den weiteren Gliedern der Schwingungsmeßkette verstärkt und angezeigt bzw. gespeichert oder weiter verarbeitet (Abb. 5.4).

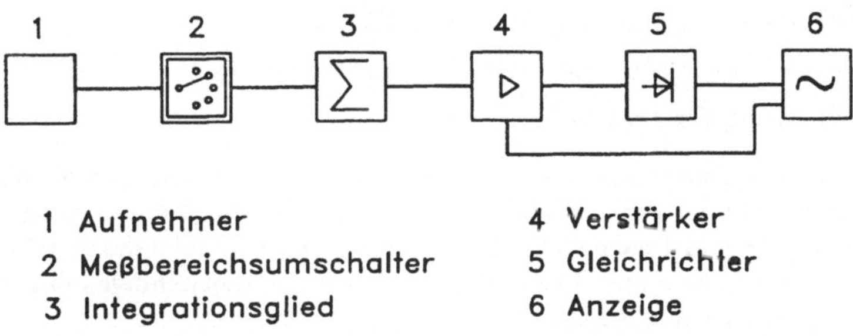

Abbildung 5.4: Meßkette zur Schwingungsmessung

Dabei muß beachtet werden, daß die Meßsignale von Geschwindigkeits- bzw. Beschleunigungsaufnehmern wegen des Zusammenhangs gemäß den Gleichungen 5.6 bis 5.8 zuvor integriert werden müssen, um ein der Amplitude proportionales Signal zu erhalten.

Die Ausgabe kann erfolgen als

- direkter Diagrammaufschrieb z.B. mit einem Lichtstrahlschreiber auf UV-empfindlichem Papier,
- Diagrammdarstellung mit dem Oszilloskop,
- Darstellung diskret verteilter Frequenzen im Amplitudenspektrum (FFT-Analysator),
- Anzeige des Effektivwertes der Amplitude mit einem Meßgerät,
- Darstellung nach digitaler Weiterverarbeitung.

5.3 Das Wuchten

5.3.1 Allgemeine Anmerkungen

Ein großer Teil der Maschinenschwingungen hat seine Ursache in der ungleichmäßigen Massenverteilung der Rotoren. Das Auswuchten eines Rotors dient dazu, die umlauffrequenten Lagerreaktionen in vorgegebenen Grenzen zu halten. Dabei werden an den rotationssymmetrischen Massen die Ungenauigkeiten der Fertigung durch Materialabtragung oder Anbringung von Wuchtgewichten ausgeglichen.

Beim Auswuchten rotierender Maschinenteile verfolgt man verschiedene Ziele:

- Verringerung der Lagerbeanspruchung einer Maschine
- Verringerung der Gefahr von Ermüdungs- oder Gewaltbrüchen
- Aufrechterhaltung des Reibschlusses an Schraub- und Keilverbindungen (auch zum Fundament)
- Erhöhung der Fertigungsqualität (bei Werkzeugmaschinen)
- Erhöhung der Gebrauchssicherheit (Fahrzeugvibration, Handschleifer usw.)
- Verringerung der Larmbelästigung.

Das Auswuchten erhöht also die Sicherheit, Lebensdauer und Gebrauchsfähigkeit von Maschinen. Es ist deshalb nicht nur aus technischen, sondern auch aus wirtschaftlichen und ökologischen Gründen notwendig. Allerdings ist die erzielte Schwinggüte (Laufruhe) ein Kompromiß zwischen dem technisch notwendigen und dem wirtschaftlich vertretbaren Aufwand.

5.3.2 Der ausgewuchtete Rotor

Ein Rotor gilt als vollkommen ausgewuchtet, wenn er auf seine Lager keine Fliehkräfte überträgt und wenn die Lager frei von Schwingungen sind, welche der Drehzahl des Rotors entsprechen. Die an den einzelnen Massenteilen des Rotors angreifenden Fliehkräfte heben sich so gegenseitig auf. Dabei beanspruchen sie zwar den Rotorwerkstoff, treten aber nach außen hin nicht in Erscheinung. Dieser Zustand ist gegeben, wenn *eine* der zentralen Hauptträgheitsachsen des Rotors mit seiner Drehachse zusammenfällt. Die Begriffe „ausgewuchtet“ oder „unwuchtig“ gelten also nicht für den Rotor allein, sondern immer nur in bezug auf seine durch die Lager gegebene Drehachse. Ein Körper, der frei im schwerelosen Raum rotiert, kann keine Kräfte auf die Umgebung übertragen. Bei ihm müssen also Drehachse und eine zentrale Hauptträgheitsachse identisch sein. Erst durch eine Lagerung in einem raumfesten System wird dem Körper eine Drehachse aufgezwungen, die von der bei freier Rotation abweichen kann und dann eine Unwucht zur Folge hat. Richtiges Auswuchten ist deshalb nur möglich, wenn der Rotor in seinen betriebsmäßigen Lagern rotiert.

Wellen von Schleifmaschinen sollten deshalb in ihren eigenen Wälzlagern gewuchtet werden, deren Innenringe danach weder abgenommen noch gegenüber der Welle verdreht werden dürfen. Autoräder lassen sich genauer am Fahrzeug selbst wuchten.

5.3.3 Definition der Unwucht

Auswuchten bedeutet, die Masseverteilung eines Rotors so zu verändern, daß seine längsgerichtete zentrale Hauptträgheitsachse mit der Drehachse zusammenfällt. Die Unwucht läßt sich damit als Schwerpunktverlagerung beschreiben.

An einem scheibenförmigen Körper der Masse m betrage die unausgeglichene Masse U. Mit den Bezeichnungen aus Abb. 5.5 erhält man für den Abstand e des Schwerpunktes S von der Symmetrieachse

$$m \cdot e = U(r - e). \qquad (5.10)$$

Mit $e \ll r$ kann man schreiben:

$$e = \frac{U \cdot r}{m} \qquad (5.11)$$

Man muß dabei allerdings beachten, daß sich nicht nur der Schwerpunkt um e verschiebt, sondern auch die zentrale Hauptträgheitsachse. Im einfachsten Fall (Abb. 5.5) handelt es sich um eine Parallelverschiebung.

Die Größe e (Exzentrizität) benutzt man zur Beurteilung der Auswuchtgüte. Da sich ein bezüglich seiner Drehachse ideal ausgewuchteter Körper technisch nicht realisieren läßt, gibt man für jede Maschinenart eine vertretbare Restunwucht vor (Tabelle 5.1). Die darin enthaltenen Auswuchtgütestufen berücksichtigen außer der Masse auch die Betriebsdrehzahl des Wuchtkörpers. Damit ergibt sich $Q = e \cdot \omega$.

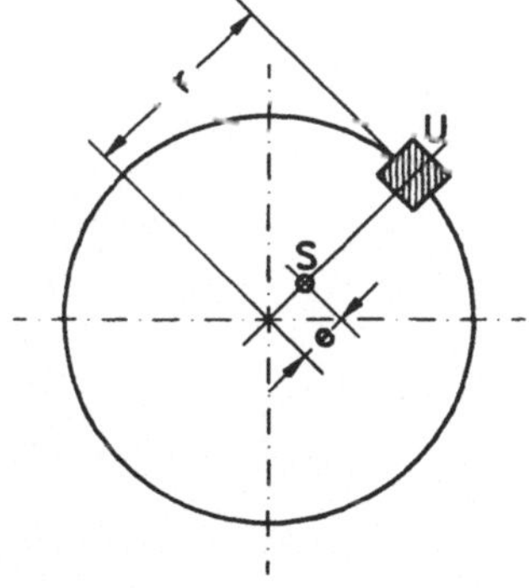

Abbildung 5.5: Definition der Unwucht

5.3.4 Der Auswuchtvorgang

Das Auswuchten kann statisch oder dynamisch vorgenommen werden. Bei scheibenförmigen Körpern für geringe Drehzahlen kann man statisch auswuchten. Durch Hinzufügen oder Wegnehmen von Material wird der Wuchtkörper auf einer Schneidenlagerung austariert, bis $e = 0$ wird (Abb. 5.6).

Gütestufe	Läuferart
Q0,4 (Feinstwuchtung)	Hochtourige Kreisel, Feinschleifmaschinen
Q1 Feinwuchtung	Hochtourige Kleinmotorenanker, Gasturbinen, Schleifmaschinen
Q2,5	Kleinmotorenanker, Ladegebläse, Turbinen, Turbogeneratoren
Q6,3	Anker von handelsüblichen Elektromotoren, Ventilatoren, Maschinenbauteile, Kurbelwellen für 4- und Mehrzylindermaschinen
Q16	Kardanwellen, Kurbelwellen für 1-bis 3-Zylindermaschinen,
Q40	Autoräder, Felgen, Radsätze

Tabelle 5.1: Wuchtkörpergruppen und Auswuchtgütestufen VDI 2060

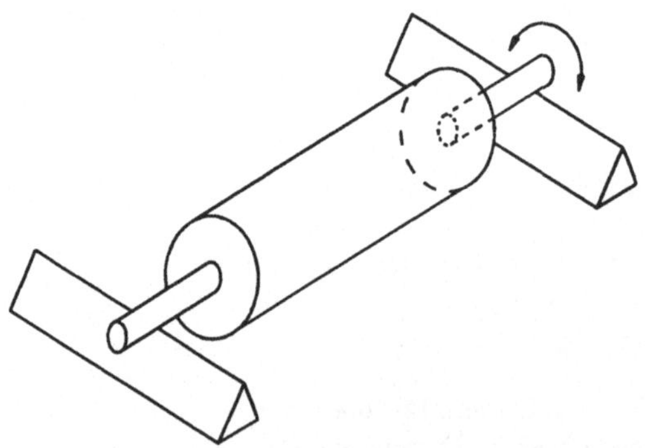

Abbildung 5.6: Statisches Auswuchten eines Rotors

Bei langgestreckten Rotoren kommt es häufig vor, daß trotz statischen Auswuchtens noch keine rotationssymmetrische Massenverteilung entsteht, weil sich die Teilunwuchten und die Ausgleichsmassen in verschiedenen Ebenen senkrecht zur Drehachse befinden. Die zentrale Hauptträgheitsachse ist dabei nicht lediglich parallel verschoben, sondern verläuft windschief zur Drehachse oder schneidet sie mit einem bestimmten Winkel. Bei der Betriebsdrehzahl treten dann dynamische Unwuchten auf, die unerwünschte Lagerreaktionen erzeugen. Zum Ausgleich dieser „dynamischen“ Unwucht genügt es nicht mehr, *eine* Ausgleichsmasse U auf dem Rotor anzubringen.

Das *dynamische Auswuchten* wird vielmehr durch Massenausgleich in zwei oder mehreren parallelen Ebenen (Ausgleichsebenen) vorgenommen. Es erfolgt auf speziellen Auswuchtmaschinen oder im Betriebszustand an der Maschine direkt.

Gilt für den Rotor bei zwei Ausgleichsebenen:

$$U_1 \cdot r_1 = U_2 \cdot r_2 \tag{5.12}$$

mit U_1 als Unwuchtmasse und U_2 als zu U_1 um 180° versetzte Ausgleichsmasse, ist er statisch ausgewuchtet. Bei der Betriebsdrehzahl entstehen aber Zentrifugalkräfte

$$F_1 = U_1 \cdot r_1 \cdot \omega^2 \quad \text{und} \quad F_2 = U_2 \cdot r_2 \cdot \omega^2, \tag{5.13}$$

die ein umlaufendes Moment und damit umlaufende Lagerkräfte erzeugen. Zum

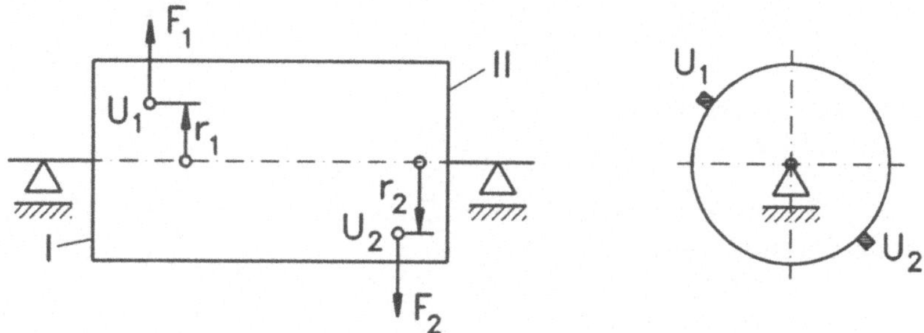

Abbildung 5.7: Dynamische Unwucht

Auswuchten müssen diese Kräfte nach Größe und Richtung bestimmt und durch Anbringen von Ausgleichsgewichten in den Ebenen I und II ausgeglichen werden.

Bei den Auswuchtmaschinen unterscheidet man grundsätzlich zwei Bauarten. Die *überkritische Maschine* besitzt eine weiche Lagerung. Dadurch können die durch Unwucht auftretenden Schwingungen, genauer Schwinggeschwindigkeiten, in den beiden Lagern mit Hilfe von Tauchspulensystemen gemessen werden (Abb. 5.8). Eine direkte Ermittlung der Unwucht bzw. der zu ihrer Beseitigung erforderlichen Ausgleichsmassen anhand der gemessenen Lagerschwingungen ist jedoch nicht möglich, da der Trägheitstensor des unwuchtigen Körpers unbekannt ist. Vielmehr wird an einem Probekörper mit minimaler Restunwucht der Einfluß von „künstlichen Unwuchten" in den vorgesehenen Ausgleichsebenen auf die Lagerschwingungen untersucht (Tarierung). Da eine Zusatzmasse in einer Ausgleichsebene Auswirkungen auf *beide* Lagerebenen hat, ist zur eindeutigen Zuordnung von Lagerebenen und Ausgleichsebenen eine Hilfskonstruktion erforderlich.

Zur Verdeutlichung zeigt Abb. 5.9 das Funktionsprinzip einer Auswuchtmaschine mit mechanischem Rahmen. Der Rahmendrehpunkt kann wechselweise in den Punkten 1 oder 2 liegen, wobei der jeweilige andere Punkt lose bleibt. Liegt der Rahmendrehpunkt bei 1, ermöglicht dies das Wuchten in Ebene II. Verschiebt man den Drehpunkt nach 2, kann in Ebene I ausgewuchtet werden, bis der Rahmen in Ruhe bleibt. Diese Maschine läßt sich mit einer Kompensationsautomatik ausstatten, d.h.

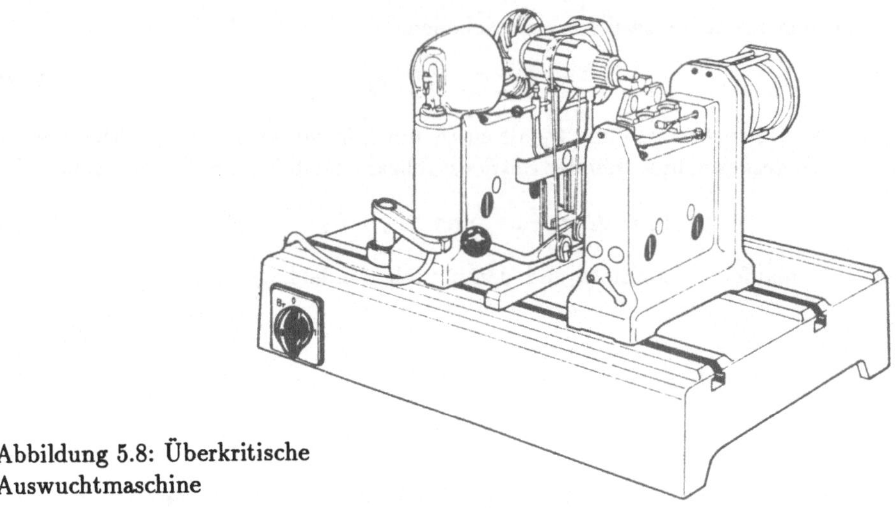

Abbildung 5.8: Überkritische Auswuchtmaschine

man erzeugt Gegenkräfte, bis die Lager in Ruhe sind. Diese Gegenkräfte sind ein Maß für die Unwuchtkräfte.

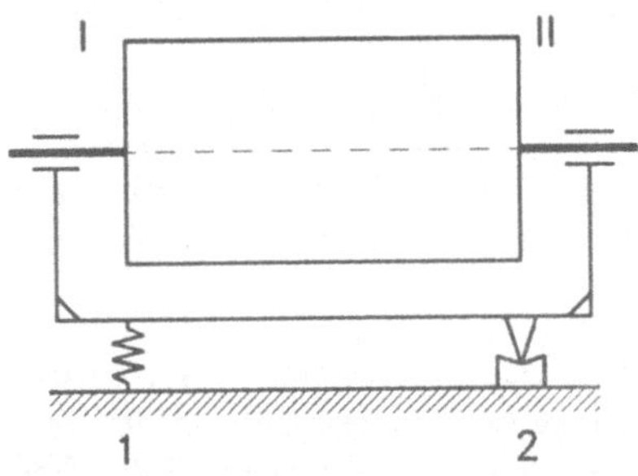

Abbildung 5.9: Wuchtmaschine mit Schwingrahmen

Maschinen mit automatischer Anzeige der Kräfte nach Größe und Richtung besitzen einen „elektrischen Rahmen".

Um die Unwucht nach Wert und Lage auf dem Umfang in den Auswuchtebenen I und II ermitteln zu können, ist mit dem Wuchtkörper ein Zweiphasen-Winkelaufnehmer gekuppelt, der zwei um 90° phasenverschobene Sinusspannungen liefert. Mit zwei Meßgeräten, die im Aufbau einem Wattmeter ähnlich sind, ist es möglich, die Phasenlage der Unwucht zu ermitteln.

Über induktive Wegaufnehmer wird der Schwingweg in eine der Unwucht proportionale Wechselspannung übergeführt. Diese Wechselspannung gelangt an die Drehspulen zweier Wattmeter, die zwei Wechselspannungen vom Phasenwinkelgeber an deren Feldspulen (Abb. 5.10). In den Wattmetern werden durch Multiplikation von Winkel und Amplitude alle nicht drehfrequenten Anteile des Amplitudensignals unterdrückt und der für die entsprechende Schwingrichtung maßgebende Effektivwert gebildet. Die beiden um 90° verschobenen Komponenten des Unwuchtsignals sind die Komponenten der Lage und Größe der Ausgleichsmassen. Üblicherweise wird die vektorielle Addition von Winkel und Betrag von einem besonderen Anzeigeinstrument, dem Vektorzeiger, durchgeführt (Abb. 5.11). Die Anzeige erfolgt dann in Polarkoordinaten, aus welchen die Winkellage und die Beträge der unausgeglichenen

Massen in beiden Ebenen direkt abgelesen werden können.

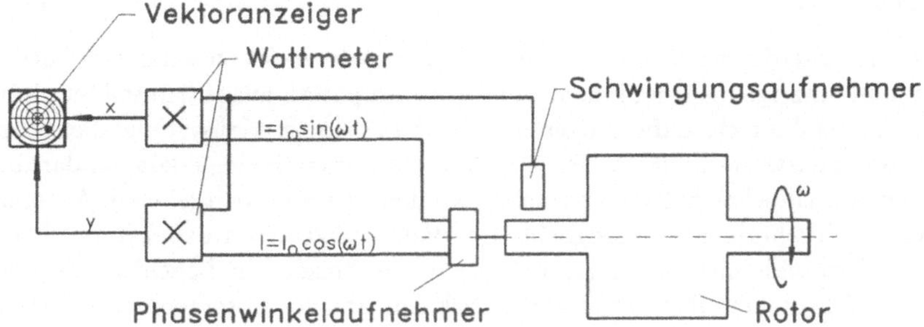

Abbildung 5.10: Aufbau eines wattmetrischen Unwucht-Vektormessers (Prinzipskizze)

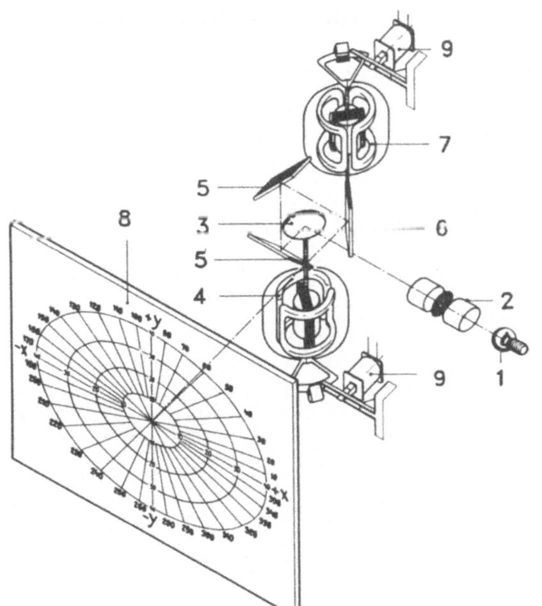

1) Lichtquelle
2) Fokussieroptik
3) Drehspiegel für y–Komponente
4) Erregerstromspule für y–Komponente
5) Umlenkspiegel
6) Drehspiegel für x–Komponente
7) Erregerstromspule für x–Komponente
8) Skale in Polarkoordinaten
9) Feststelleinrichtung

Abbildung 5.11: Lichtpunkt-Vektorgerät einer Auswuchtmaschine

Bei der *unterkritischen Bauart* werden die dynamischen Kräfte in den starren Lagern über Kraftmeßdosen direkt gemessen. Durch den Einsatz hochgenauer piezoelektrischer Kraftmeßdosen verdrängt die unterkritische Maschine die überkritische Bauart mehr und mehr. Bei den kraftmessenden Maschinen entfällt die Tarierung, da die notwendigen Ausgleichsmassen über eine Momentenbeziehung aus den Lagerkräften berechenbar sind.

Heute ist man allerdings dazu übergegangen, im Zuge der elektronischen Meßwertgewinnung und -anzeige mehr und mehr mit Mikrocomputern ausgerüstete Meßgeräte einzusetzen, die die recht aufwendigen und teuren analogen Meßsysteme durch den Einsatz von Software nachbilden. Diese rechnergestützten Systeme können darüber hinaus mit individueller Software versehen werden, die eine weitgehende Automatisierung des Wuchtablaufes ermöglicht. Der Vektorzeiger wird dabei durch hochauflösende Farbbildschirme ersetzt, auf denen die Anzeige in Leuchtbalken oder Lichtpunkt-Vektordarstellung erscheint. Durch Eingabe der Rotorgeometrie können nach einem Wuchtlauf direkte Angaben über Ort und Betrag der Korrekturmassen gemacht werden.

Besondere Sorgfalt erfordert das Wuchten von wellenelastischen Rotoren (z.B. Rotoren von Turbomaschinen). Diese müssen in mehreren Ebenen ausgewuchtet werden, deren Lage nach den Eigenschwingungsformen bestimmt wird. Die Ausgleichsebenen werden dabei so gewählt, daß die inneren Momente infolge der Unwuchtkräfte möglichst klein werden.

Kapitel 6

Schallmessungen

6.1 Theoretische Grundlagen

Die Akustik ist die Lehre vom Schall, d.h. von den mechanischen Schwingungen in festen, flüssigen und gasförmigen Medien, die das menschliche Ohr bezüglich ihrer Frequenz und Amplitude wahrnehmen kann. Der Hörbereich eines jungen Menschen mit normalem Gehör umfaßt dabei Schwingungen in einem Frequenzbereich von ca. 16 Hz bis 16 (max. 20) kHz bei Schallwechseldrücken von etwa $2 \cdot 10^{-5}$ Pa (Hörschwelle im Frequenzbereich, in dem das Gehör seine höchste Empfindlichkeit aufweist) bis ca. 10^2 Pa (Schmerzschwelle). Die Amplituden der schwingenden Luftteilchen betragen ca. 10^{-5} μm bis 1 mm. Auch vom Ohr nicht mehr wahrnehmbare, aber dem Hörbereich benachbarte Gebiete werden noch als Schall bezeichnet. So nennt man kleinere Frequenzen als 16 Hz Infraschall, größere als 16 kHz Ultraschall (Abb. 6.1).

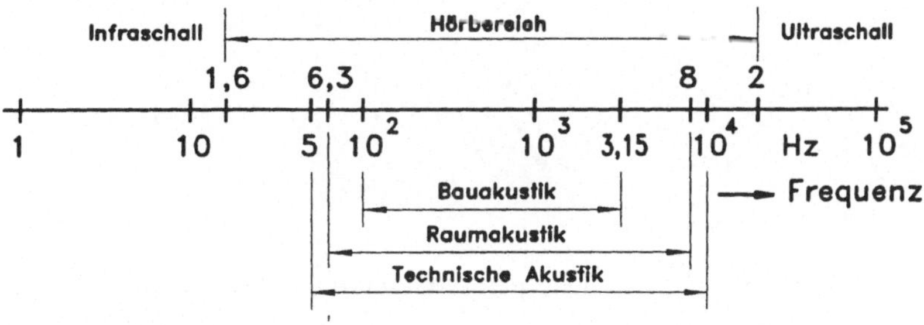

Abbildung 6.1: Einteilung des akustischen Frequenzbereichs

Der Mensch sollte nach Möglichkeit aber nicht Infraschall größerer Amplituden ausgesetzt sein, da in diesem Bereich die Resonanzfrequenzen einiger Organe liegen

(Eingeweide 3 Hz, gesamter Körper 4-6 Hz, Kopf 20 Hz, Augen 40-100 Hz).

Je nach dem Aggregatzustand des schwingenden Mediums wird zwischen Luftschall (in Luft und anderen Gasen), Flüssigkeitsschall und Körperschall (Festkörperschwingungen) unterschieden.

Die Schallwellen sind elastische Wellen in einem deformierbaren Medium. In Gasen und Flüssigkeiten treten nur Longitudinalwellen auf, d.h. die Teilchen schwingen in Wellenausbreitungsrichtung. In unendlich ausgedehnten Festkörpern sind außerdem auch Transversalwellen möglich - die Teilchen schwingen senkrecht zur Wellenausbreitungsrichtung -, da Festkörper Schubkräfte aufnehmen können. Während im unendlich ausgedehnten Festkörper nur diese beiden Wellenarten vorkommen, entstehen in endlich großen Festkörpern - bedingt durch die Geometrie - weitere Wellenarten. Beispielhaft seien die Torsions- und die Biegewelle genannt (Abb. 6.2). Letztere ergibt sich aus einer Transversalschwingung gekoppelt mit einer Querschnittsdrehung und ist für die Luftschallabstrahlung von Festkörpern von besonderer Bedeutung.

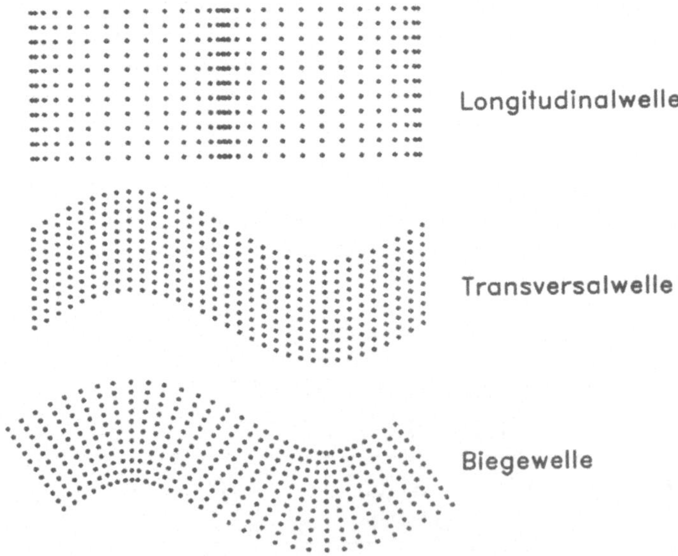

Abbildung 6.2: Wellentypen in Gasen und Flüssigkeiten

Das vom zu untersuchenden Schall ausgefüllte Raumgebiet bezeichnet man als Schallfeld. Es wird durch eine zeitliche und räumliche Änderung des Druck- und Bewegungszustandes eines Mediums gebildet.

Der Schallerzeugungsmechanismus kann dabei recht vielfältig sein. Am häufigsten treten feste Körper als Schallquellen auf. In Form von Musikinstrumenten wird mit ihnen meist „angenehmer Schall" erzeugt, wobei jede Schallquelle (= Musikinstrument) durch ihre besondere Form oder ihr Material einen charakteristischen Klang hat, welcher durch den Gehalt an Oberwellen gebildet wird. Ungewollt und damit lästig, sogar schädlich in seiner Auswirkung, kann Schall werden, der beim Betrieb von Maschinen aller Art oder bei der Benutzung von Werkzeugen erzeugt wird. Es sind dabei jeweils die schwingenden Oberflächen der Körper, die die umgebende Luft zum Mitschwingen anregen.

Ebenfalls als Schallquellen treten schwingende Luftsäulen und -volumina auf. Bei gleichbleibendem Querschnitt über die Säulenlänge (z.B. bei Orgelpfeifen) ergibt sich die Frequenz aus der Säulen- bzw. Rohrlänge und den Randbedingungen (einseitig oder beidseitig offen). Bei veränderlichem Querschnitt über die Luftsäulenlänge - erst recht bei zwischengeschalteten Volumina - entstehen andere Schwingungsfrequenzen, die sich vereinfacht als Feder-Masse-Schwinger betrachten lassen (z.B. Helmholtz-Resonator).

Strömende Medien können unter bestimmten Bedingungen ebenfalls Schall erzeugen. Es werden dabei je nach den Strömungsverhältnissen drei Fälle der aerodynamischen Geräuscherzeugung unterschieden (Abb. 6.3).

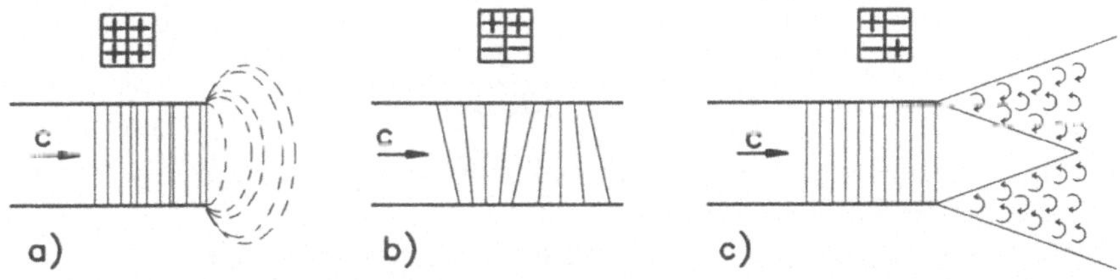

Abbildung 6.3: Schallentstehungsmechanismen bei strömenden Gasen

Bei der *Monopolquelle* (Abb. 6.3a) tritt eine Schwankung der Ausströmgeschwindigkeit über dem gesamten Strahlquerschnitt auf. Die Schalleistung P wächst dabei mit der 4. Potenz der Strahlgeschwindigkeit. Als Beispiel einer technischen Ausführung sei die Sirene genannt.

Bei der *Dipolquelle* (Abb. 6.3b) tritt eine rhythmische Schwankung der Ausströmrichtung auf. Dies führt zur periodischen Ausbildung von Wirbeln („Kármánsche Wirbelstraße"). Die abgestrahlte Schalleistung wächst mit der 6. Potenz der Strömungsgeschwindigkeit. Dieser Entstehungsmechanismus liegt den Schneiden- und Hiebtönen zugrunde („singende" Stromleitungen, Klarinette etc.).

Die *Quadrupolquelle* (Abb. 6.3c) ist dadurch charakterisiert, daß bei ihr Schwankungen der Impulsstromdichte in der Vermischungszone zwischen der Strömung und dem umgebenden ruhenden Medium auftreten. Der turbulente Freistrahl ist wohl das Beispiel, bei welchem sich diese Schallentstehungscharakteristik besonders lästig auswirkt (Strahltriebwerke, Entspannung von Hochdruckdampf etc.). Im Unterschallbereich wächst die Schalleistung einer Quadrupolquelle mit der 8. Potenz der Strahlgeschwindigkeit.

Die Ausbreitung der Wellenfront erfolgt mit der Schallgeschwindigkeit c. Sie ist eine für das Medium (bei einem bestimmten Zustand) typische Größe. Die Schallgeschwindigkeit ist aus den Stoffgrößen berechenbar. Für Longitudinal- und Transversalwellen gilt:

$$c = \sqrt{\frac{k}{\rho}} \tag{6.1}$$

mit k als Kennzeichnung der elastischen Eigenschaft - allgemein N/m^2 - und ρ als Dichte in kg/m^3.

Es wird für feste Körper $k = E$ (Elastizitätsmodul) bzw. G (Schubmodul), für Flüssigkeiten $k = \frac{1}{K}$ (K = Kompressibilität) und für Gase $k = p \cdot \frac{c_p}{c_v} = p \cdot \kappa$. Damit gilt für Gase entsprechend den Regeln der Thermodynamik:

$$c = \sqrt{\kappa \cdot \frac{p}{\rho}} \quad \text{oder mit} \quad \frac{p}{\rho} = RT\text{:} \quad c = \sqrt{\kappa \cdot R \cdot T}. \tag{6.2}$$

Für Luft ergibt sich damit

$$c_L = 331,3 \cdot \sqrt{1 + \frac{\vartheta}{273,15}} \text{ m/s} \tag{6.3}$$

mit ϑ als Temperatur in °C. Für die Longitudinalwellengeschwindigkeit in verschiedenen Medien gelten folgende Werte:
$c_{Luft}/20° = 343{,}8$ m/s, $c_{Wasser}/15° = 1.440$ m/s, $c_{Stahl} = 5.050$ m/s.

Die Schallgeschwindigkeit c darf nicht verwechselt werden mit der Schwinggeschwindigkeit (bzw. Schallschnelle) $\vec{v}$ der Teilchen des vom Schall durchflossenen Mediums.

Für einfache Schallfelder, wie beispielsweise die ebene Welle, reduziert sich der Vektor der Schallschnelle auf eine Komponente v_n. Für die ebene Welle und das Fernfeld einfacher Schallquellen (d.h. im Abstand einiger Wellenlängen) gilt außerdem der einfache Zusammenhang zwischen der Schnellekomponente v_n und dem Schalldruck p:

$$\frac{p}{v_n} = \rho \cdot c \tag{6.4}$$

Das Produkt $\rho \cdot c$, Schallkennwiderstand Z_0 genannt, charakterisiert dabei den Widerstand, den das Medium der Schallausbreitung entgegensetzt.

Die Schallintensität $\vec{I}$ ergibt sich als Produkt aus dem Schalldruck p und der Schallschnelle $\vec{v}$:

$$\vec{I} = p(t) \cdot \vec{v}(t) \tag{6.5}$$

Mit Gleichung 6.4 läßt sich p durch v_n ausdrücken. Die Schallintensitätskomponente I_n ergibt sich dann im Fernfeld zu

$$I_n = \frac{p^2}{\rho \cdot c} \quad \text{bzw.} \quad I_n = v_n^2 \cdot \rho \cdot c. \tag{6.6}$$

Die durch ein Hüllflächenelement fließende Schalleistung dP ergibt sich zu

$$dP = \vec{I} \cdot d\vec{S}. \tag{6.7}$$

und die gesamte abgestrahlte Schalleistung als Integral von dP über die gesamte, die Schallquelle ganz umschließende Hüllfläche S:

$$P = \oint_S I_n \cdot dS. \tag{6.8}$$

Die Größe I_n ist dabei die flächennormale Komponente der Schallintensität (Abb. 6.4).

Die allgemeine Schallausbreitung kann man nach dem Huygensschen Prinzip als Überlagerung von Kugelwellen auffassen. Zur mathematischen Beschreibung der Wellenfront in einem idealen, reibungsfreien Medium unterscheidet man als einfache Grundtypen die Kugelwelle, die Zylinderwelle und die ebene oder Planwelle, ausgesandt von einer Punkt-, Linien- oder Flächenquelle. Schwingende Oberflächen von Maschinen können dagegen kompliziert aufgebaute Schallfelder erzeugen.

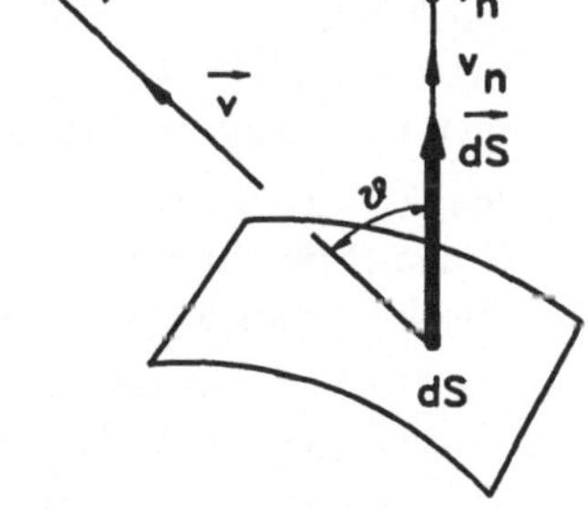

Abbildung 6.4: Schallabstrahlung eines Oberflächenelements

Da sich die abgestrahlte Schalleistung bei der Punkt- und Linienquelle mit wachsender Entfernung von der Quelle auf immer größere Flächen verteilt, sinkt die Schallintensität gemäß dem Zusammenhang zwischen Radius und Oberfläche der Welle (Abb. 6.5). Die Schalleistung P als Produkt aus der Schallintensitätskomponente $\overline{I_n}^S$ und der durchströmten Fläche S ist konstant.

$$\overline{I_n}^S = \frac{P}{S} \sim \frac{1}{S} \tag{6.9}$$

Kugelwelle:	$S = 4\pi \cdot r^2$,	damit $\overline{I_n}^S \sim \frac{1}{r^2}$
Zylinderwelle:	$S = 2\pi \cdot r \cdot l$	damit $\overline{I_n}^S \sim \frac{1}{r}$

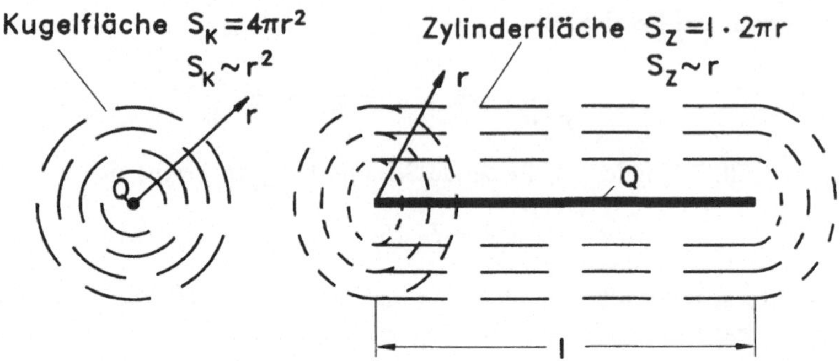

Abbildung 6.5: Abstrahlverhältnisse einer Punkt- und Linienquelle

Die gebräuchlichste Charakterisierung eines Schallereignisses erfolgt mit Hilfe seines Frequenzspektrums. Es wird dabei eine Zerlegung in die einzelnen Frequenzanteile vorgenommen, deren Amplitude und Phase über der Frequenz aufgetragen werden, wobei in der Praxis häufig nur die Amplitude interessiert. Man unterscheidet:

- den *Ton* als Druckschwankungen der Luft $p = p_0 \cdot \sin(\omega \cdot t + \varphi)$ mit der Frequenz $f = \omega/2\pi$. Ein solches Schallereignis wird auch als *Sinuston* bezeichnet. Dem Ohr klingt er farblos und indifferent.
- den *Klang* als einen Grundton mit Obertönen. Die Obertöne verleihen dem Grund-(Sinus)ton die charakteristische Klangfarbe, die z.B. für bestimmte Musikinstrumente typisch ist.
- das *Geräusch* als ein Tongemisch, bei dem sich Amplituden, Frequenzen und Phasenlagen φ ständig ändern können.

Die Fourier-Analyse bildet die mathematische Grundlage für die Darstellung einer beliebigen periodischen Funktion als Summe harmonischer Sinus- und Kosinus-Anteile. Sie liefert für einen reinen Sinus-Ton nur eine einzige Frequenz f (Linienspektrum). Andere Schallsignale werden durch ein Frequenzspektrum beschrieben (Linienspektrum oder kontinuierliches Spektrum, Abb. 6.6).

Der Hörvorgang, die Schall- und Schwingungsübertragung im Ohr über die Reiz(Nerven)-Fortleitung bis zum Hörzentrum im Gehirn ist sehr kompliziert. Die quantitativen Zusammenhänge werden aber näherungsweise vom Weber-Fechnerschen Gesetz beschrieben. Danach ist

$$\frac{\Delta L}{L} = \text{const.,} \tag{6.10}$$

d.h., das Verhältnis eines gerade noch wahrnehmbaren Zuwachses eines Reizes ΔL - z.B. Lautstärkeerhöhung - zur Stärke des schon vorhandenen Reizes L ist konstant. Integriert ergibt sich die Aussage

$$\text{Empfindung} \quad = \log \frac{\text{Reiz}}{\text{Schwelle}} \tag{6.11}$$

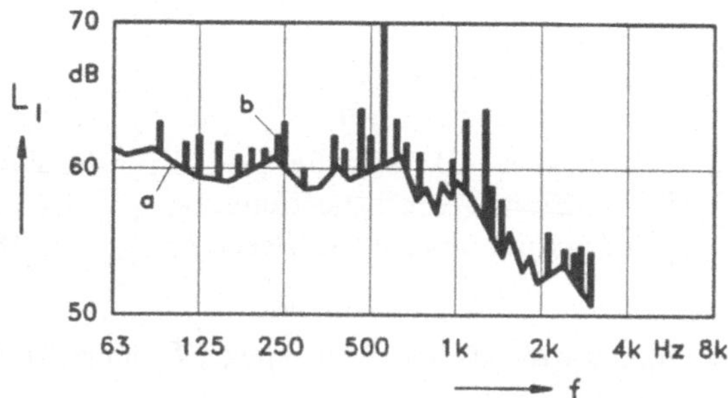

Abbildung 6.6: Kontinuierliches (a) und Linienspektrum (b)

d.h., die Empfindung ändert sich mit dem Logarithmus der Reizstärke. Dieser Zusammenhang trifft übrigens auch für andere, nichtakustische Wahrnehmungen zu.

6.2 Definition der Meßgrößen und ihrer Einheiten

Ein Ton wird beschrieben durch seine Amplitude, seine Phasenlage und seine Frequenz. In der Praxis genügen dabei meist die Amplitude, meist als Pegel ausgedrückt (s.u.), und die Frequenz. Für die Frequenz f und die Schwingungszeit T gelten die Zusammenhänge wie bei anderen mechanischen Schwingungen:

$$\text{Frequenz } f = \frac{1}{T} \text{ gemessen in Hertz (Hz} = 1/\text{s)} \tag{6.12}$$

Die Kreisfrequenz (Winkelgeschwindigkeit) wird damit

$$\omega = 2\pi f. \tag{6.13}$$

Die Schallintensität I beträgt an der Hörschwelle $I_0 = 10^{-12}$ W/m^2 (zunächst verabredet für einen Ton von 1 kHz). Die für das menschliche Ohr höchste ertragbare Beschallung beträgt $I_{max} = 10$ W/m^2. Darüber liegt die Schmerzempfindung. Damit beträgt der Dynamikbereich des Ohres:

$$\frac{I_{max}}{I_0} = 10^{13} \tag{6.14}$$

Neben dem Weber-Fechnerschen Gesetz spricht diese sehr große Spanne von 13 Zehnerpotenzen ebenfalls für eine logarithmische Aufteilung des Meßbereichs.

Die *Dezibel-Skale* berücksichtigt diesen logarithmischen Zusammenhang und beschreibt die Schallintensität, bezogen auf die Hörschwelle, als Schallintensitätspegel L_I:

$$L_I = 10 \log \frac{I}{I_0} \text{ dB} \tag{6.15}$$

mit $I_0 = 10^{-12}$ W/m^2. Das Dezibel (dB) ist dabei eine dimensionslose Einheit, die eine Rechenvorschrift (Bel = Einheit von logarithmierten physikalischen Größen) angibt. Mit $I_{max} = 10^{13} \cdot I_0$ erhält man einen Pegel $L_{I,max}$ von 130 dB für die Schmerzschwelle.

Ausgehend von Gleichung 6.6 wird als Schalldruckpegel L_p eingeführt:

$$L_p = 10 \cdot \log \frac{\tilde{p}^2}{p_0^2} = 20 \cdot \log \frac{\tilde{p}}{p_0} \text{ dB} \tag{6.16}$$

mit $p_0 = 2 \cdot 10^{-5}$ Pa und $\tilde{p}$ dem Effektivwert des Schallwechseldruckes.

Der Umgang mit der logarithmischen Skale ist zunächst ungewohnt:

- Die Verdoppelung des Schalldruckes p entspricht der Zunahme von L_p um 6 dB.
- Die Verzehnfachung des Schalldruckes p entspricht der Zunahme von L_p um 20 dB.
- Die Verdoppelung der Schallintensität I entspricht der Zunahme von L_I um 3 dB.
- Die Verzehnfachung der Schallintensität I entspricht der Zunahme von L_I um 10 dB.

Neben diese objektiven physikalischen Gegebenheiten tritt die subjektive Empfindung des menschlichen Gehörs. Die zwischen objektiver und subjektiver Ebene bestehenden Zusammenhänge sind u.a. auf statistischem Wege durch Untersuchungen an einem großen repräsentativen Kreis von Versuchspersonen zu ermitteln. Aus derartigen Untersuchungen ergab sich beispielsweise, daß eine Pegelerhöhung um 10 dB dem subjektiven Eindruck einer Lautheitsverdopplung entspricht.

Die *Phon-Skale* beschreibt die subjektive Schallbewertung gleichlaut empfundener Töne verschiedener Frequenz. Das menschliche Ohr besitzt seine größte Empfindlichkeit im Frequenzbereich zwischen 2 und 4 kHz. Tiefere und höhere Frequenzen gleichen Schalldrucks werden als leiser empfunden. Um Geräusche (gehörrichtig) beurteilen zu können, gilt es also, das Meßergebnis des objektiv messenden Schallmeßgeräts und den subjektiven Höreindruck des Ohres in Zusammenhang zu bringen. Diese früher gebräuchliche Zuordnung des Höreindrucks zur Dezibel-Skale, die auch in die Normblätter aufgenommen wurde, geht auf Barkhausen zurück. Man ordnet dabei dem Höreindruck die „Meßgröße“ *Lautstärke* mit der Einheit *Phon* zu. Zur Quantifizierung dieser subjektiven Empfindungsstärke bedient man sich eines

Vergleichsverfahrens. Es läßt sich nämlich recht genau beurteilen, ob ein akustisches Signal leiser oder lauter als ein Vergleichssignal ist.

Ein Geräusch hätte danach die Lautstärke n Phon, wenn es von einem normalhörenden Beobachter (mit beiden Ohren hörend) als gleichlaut beurteilt wird wie ein reiner Ton von 1.000 Hz, dessen Schalldruckpegel n dB beträgt. Die Hörcharakteristik des Ohres bei verschiedenen Frequenzen wurde also durch den subjektiven Eindruck „gleichlaut wie ein 1.000 Hz-Ton von n dB" beschrieben. Als Bezugsfrequenz wurde dabei stets eine Frequenz von 1.000 Hz benützt. Daraus ergab sich, daß bei 1.000 Hz der Schalldruck in dB und die Lautstärke in Phon identisch sind.

Die auf diesem Wege gewonnenen Kurven gleicher Lautstärke (Isophonen) sind in Abb. 6.7 für reine Töne dargestellt. Daraus ist z.B. ersichtlich, daß ein Ton von

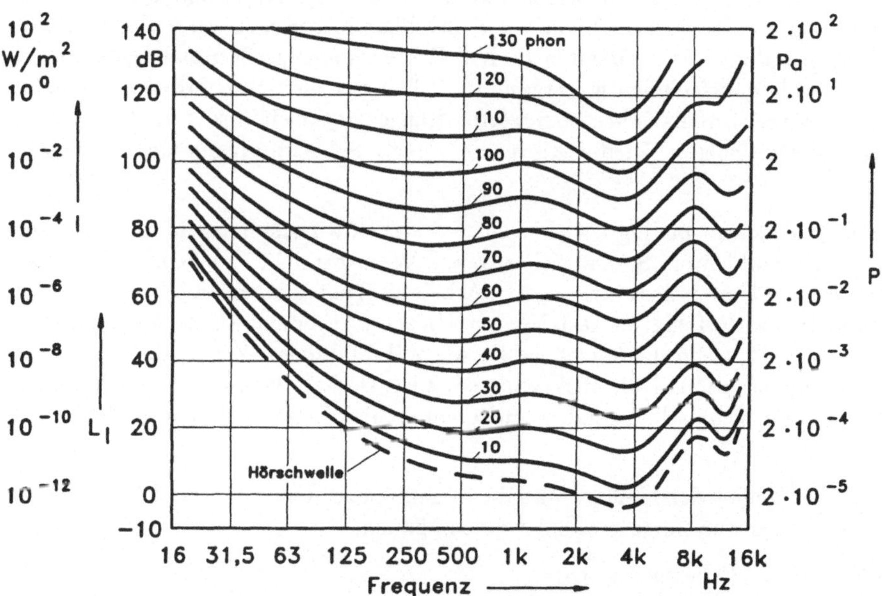

Abbildung 6.7: Kurven gleicher Lautstärke (Isophonen) für reine Töne

35 Hz und dem Schalldruck $p = 2 \cdot 10^{-2}$ Pa gleichlaut empfunden wird wie ein 1.000 Hz-Ton mit $p = 2 \cdot 10^{-4}$ Pa Schalldruck. Für beide Schallsignale beträgt die Lautstärke aber $L_S = 20$ Phon.

Für eine Messung der Lautstärke L_S bei beliebigen Geräuschen wäre das Vergleichsverfahren zu aufwendig. Deshalb wird in handelsüblichen Meßgeräten ein elektrisches Filternetzwerk eingesetzt, das die beschriebene subjektive Lautstärkewahrnehmung näherungsweise berücksichtigt (s.u.).

Es sei an dieser Stelle darauf hingewiesen, daß das Lautstärkeempfinden des Ohres nur *einen* Aspekt der komplexen subjektiven Wahrnehmung von Schallsignalen beschreibt und damit eine gehörrichtige Beurteilung von Schallsignalen weit über die Berücksichtigung des subjektiven Lautstärkeempfindens hinausgehen muß. Auf Basis der digitalen Signalverarbeitung sind mittlerweile Meßsysteme entwickelt worden, die die komplexen Eigenschaften des menschlichen Gehörs weitgehend berücksichtigen und damit eine gehörrichtige Schallbeurteilung erlauben.

6.3 Schall-Meßverfahren

Erst in den beiden letzten Jahrzehnten hat die Medizin erkannt, welch großen Einfluß das den Menschen dauernd umgebende Schallfeld auf sein körperliches Wohlbefinden und seinen Gesundheitszustand hat. Zwar zeigte sich auch, daß der Lästigkeitsgrad eines Geräusches objektiv nur unvollkommen erfaßt werden kann, da die innere Einstellung des Belästigten zu dem Geräusch eine große Rolle spielt. Immerhin wurde aber auch eindeutig festgestellt, daß längere Geräuscheinwirkungen neben einer erhöhten Unfallgefahr, verringerter Konzentrationsfähigkeit und Sehschärfe auch bleibende Folgeschäden wie Schwerhörigkeit, Schlafstörungen u.ä. verursachen können.

Durch Arbeitslärm bedingte Gehörschäden stehen an erster Stelle der anerkannten Berufskrankheiten. So hat sich z.B. aus Versuchsreihen ergeben, daß die nach achtstündiger Geräuscheinwirkung (ein Arbeitstag) entstandene *vorübergehende* Verminderung der Hörfähigkeit nach Verlauf von zehn Arbeitsjahren als *bleibende* Schädigung auftritt, wenn die betroffene Person während dieser Zeit täglich einem Geräuschpegel von ca. 85 - 90 dB(A) ausgesetzt ist. Deshalb kommt der Schallmessung nicht nur von technischer, sondern auch von medizinischer Seite her größte Bedeutung zu.

Zu diesem Gebiet der Meßtechnik gibt es zahlreiche Richtlinien und Normblätter, von denen hier nur einige erwähnt werden können:

DIN	1311	Schwingungslehre
DIN	1318	Lautstärkepegel
DIN	1320	Akustik, Grundbegriffe
DIN	1332	Akustik, Formelzeichen
DIN	4109	Schallschutz im Hochbau
DIN	18005	Schallschutz im Städtebau
DIN	45630	Grundlagen der Schallmessung
DIN	45633	Präzisionsschallpegelmesser
DIN	45635	Geräuschmessung an Maschinen
DIN	45636	Außengeräuschmessungen an Kraftfahrzeugen
DIN	45641	Ermittlung des äquivalenten Dauerschallpegels
DIN	45642	Messung des Verkehrsgeräusches

DIN	45643	Fluglärmüberwachung
DIN	52210	Bauakustische Prüfungen (auch DIN 52212/18)
VDI	2058	Beurteilung von Arbeitslärm in der Nachbarschaft
VDI	2560	Persönlicher Schallschutz
VDI	2573	Schutz gegen Verkehrslärm

DIN 45635 umfaßt dabei über 50 Teile, in denen jeweils auf die besonderen Meßbedingungen an bestimmten Maschinenarten eingegangen wird.

In der Praxis interessieren häufig folgende Schallgrößen:

- Gesamtpegel von Schalldruck und/oder Schalleistung
- Zeitlicher Verlauf des Geräusches (z.B. Impulshaltigkeit)
- Frequenzanalyse des Schallsignals.

Der Zweck der Messung bestimmt die Angabe des Meßwertes in unbewerteter Form (dB) oder mit einer am Gehör orientierten Bewertung (dB(A)).

Der prinzipielle Aufbau einer Meßkette zur Bestimmung akustischer Meßgrößen ist in Abb. 6.8 dargestellt. Das erste Glied dieser Meßkette, das Mikrophon, kann

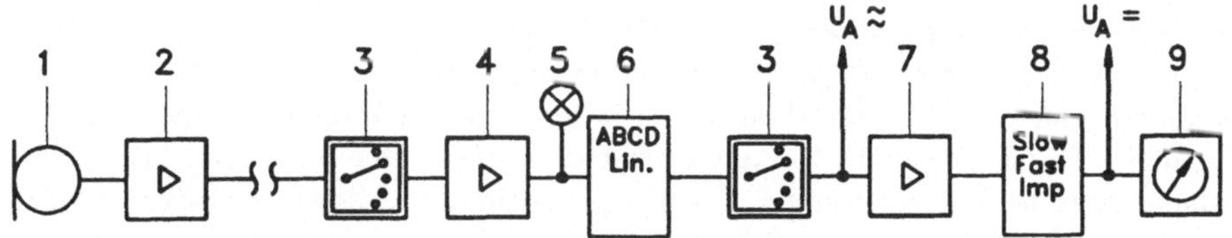

1 Mikrophon
2 Impedanzwandler
3 Meßbereichsumschalter
4 Vorverstärker
5 Übersteuerungskontrolle
6 Frequenzbewertung
7 Nachverstärker
8 Zeitbewertung
9 Anzeige

Abbildung 6.8: Meßkette zur Bestimmung akustischer Größen

nach verschiedenen Prinzipien arbeiten: elektromagnetisch, elektrodynamisch, piezoelektrisch oder elektrostatisch. Für meßtechnische Aufgaben wird vorzugsweise das nach dem elektrostatischen Prinzip arbeitende Kondensatormikrophon benutzt (Abb. 6.9). Sein elektrischer Aufbau entspricht einem Kondensator, der aus einer sehr dünnen schwingfähigen Membranelektrode (Dicke wenige μm) und einer starren Gegenelektrode besteht, beide elektrisch leitend. Beide Elektroden sind in sehr geringem Abstand (ca. 10-20 μm) angeordnet. Die dazwischen befindliche Luftschicht stellt das Dielektrikum dar. Beim Auftreffen von Schall auf die Membran wird diese

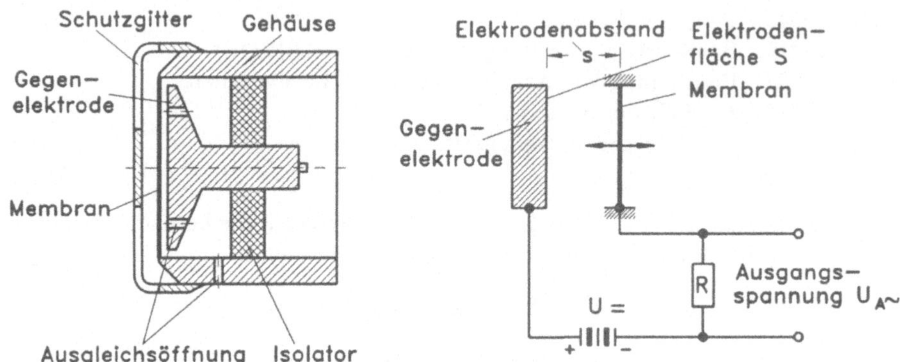

Abbildung 6.9: Kondensatormikrophon, Schnittbild und Schaltung

aus ihrer Ruhelage ausgelenkt, ihr Abstand zur Gegenelektrode ändert sich und damit auch die Kapazität des Kondensators. Durch eine entsprechende Schaltung wird das Mikrophon mit einer Gleichspannung von $U_= = 100 \div 200$ V polarisiert. Die Kapazitätsänderungen verursachen dann einen Strom, der am Widerstand R die Ausgangsspannung $U_{A\sim}$ erzeugt (Abb. 6.9). Der Raum hinter der Membran ist bis auf eine Kapillare zum Druckausgleich bei Änderung des statischen Luftdrucks allseitig geschlossen. In dieser Anordnung mißt das Mikrophon den Schallwechseldruck des auftreffenden akustischen Signals. Der Frequenzgang und die Richtcharakteristik sind vom Durchmesser der Membran, ihrer Masse, dem Luftpolster hinter der Membran und den Ausgleichsbohrungen in der Gegenelektrode und dem Gehäuse abhängig. Durch geeignete Kombination dieser Parameter wird erreicht, daß bei entsprechend hoch abgestimmter Eigenfrequenz (je nach Mikrophongröße zwischen ca. 8 - 160 kHz) in einem weiten Frequenzbereich ein lineares Übertragungsverhalten und Richtungsunempfindlichkeit (Kugelcharakteristik) vorliegen. Je kleiner der Mikrophondurchmesser, umso größer ist dieser Frequenzbereich. Er reicht beim 1"-Mikrophon von wenigen Hz bis etwa 10 kHz und umfaßt beim 1/8"-Mikrophon Frequenzen bis ca. 140 kHz. Demgegenüber nimmt die Empfindlichkeit mit dem Mikrophondurchmesser zu. Es ist also letztlich von der konkreten Aufgabenstellung abhängig, welches Mikrophon einzusetzen ist.

In neuerer Zeit werden die Kondensatormikrophone auch in anderer Bauart hergestellt. Dabei ist es nicht mehr notwendig, die hohe Gleichspannung aufzubringen. Ermöglicht wird dies durch ein elektrisch permanent polarisiertes Dielektrikum, das sogenannte Elektret, welches ständig ein elektrisches Feld aufrecht erhält. Als Elektretmaterial werden bestimmte hochisolierende Kunststoffolien wie z.B. Teflon eingesetzt. Die Polarisierung wird durch ein entsprechendes Herstellungsverfahren erzeugt (z.B. auf hohe Temperaturen erwärmen und nachfolgend in einem starken elektrischen Gleichfeld langsam abkühlen). Sie entspricht einer Vorspannung $U_=$ von $150 \div 200$ V. Die Elektretfolie kann entweder als Membran dienen oder auf die Gegenelektrode aufgebracht werden (Abb. 6.10).

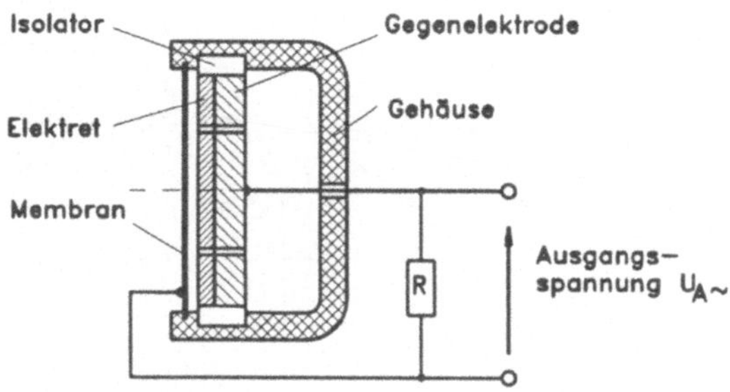

Abbildung 6.10: Elektretmikrophon

Um auch noch sehr tiefe Frequenzen übertragen zu können, müssen der Mikrophonwiderstand R und der Eingangswiderstand des nachfolgenden Verstärkers R_e sehr hochohmig sein ($R_e \geq 200$ MΩ). Zur Vermeidung von Störungseinflüssen über das Mikrophonkabel und zur Erzielung einer niedrigen Ausgangsimpedanz (Ausgangswiderstand) wird die erste Verstärkerstufe deshalb im Mikrophongehäuse untergebracht.

Über das Mikrophonkabel und den ersten Meßbereichsumschalter wird das Meßsignal dem Eingangsverstärker des Meßgeräts zugeführt (siehe Abb. 6.8). An dessen Ausgang steht das Meßsignal als dem Schalldruck proportionale Wechselspannung zur Verfügung.

Um näherungsweise eine subjektive Bewertung des Meßsignals durchzuführen, muß das ermittelte Schalldruckpegelspektrum das nachgeschaltete Bewertungsfilternetzwerk durchlaufen. Die Übertragungsmaße der Filter sind den Kurven gleicher Lautstärke entnommen (Abb. 6.7). Dazu wurde das Kurvenfeld in drei Lautstärkebereiche unterteilt und jeder dieser Bereiche durch eine mittlere Kurve approximiert, was schließlich zu den drei Bewertungskurven A, B und C führt (Abb. 6.11). Eine Reihe von Gründen hat letztlich dazu geführt, daß in der akustischen Praxis von den drei Bewertungen fast ausschließlich nur die A-Bewertung zum Einsatz kommt, so daß einfachere akustische Meßgeräte vielfach nur mit einem A-Bewertungsfilter ausgestattet sind. Speziell im Bereich des Fluglärms gibt es darüber hinaus noch die D-Bewertung (Abb. 6.11).

Im Ausgangsverstärker des Meßgeräts wird das Meßsignal schließlich auf den zur Anzeige oder Weiterverarbeitung notwendigen Wert verstärkt.

Um der häufig sehr unterschiedlichen Charakteristik der Zeitfunktion technischer Schallsignale Rechnung tragen zu können, sind für die Anzeigedynamik von Schallpegelmessern drei Zeitbereiche (Anzeigearten) festgelegt worden (siehe auch DIN 45633).

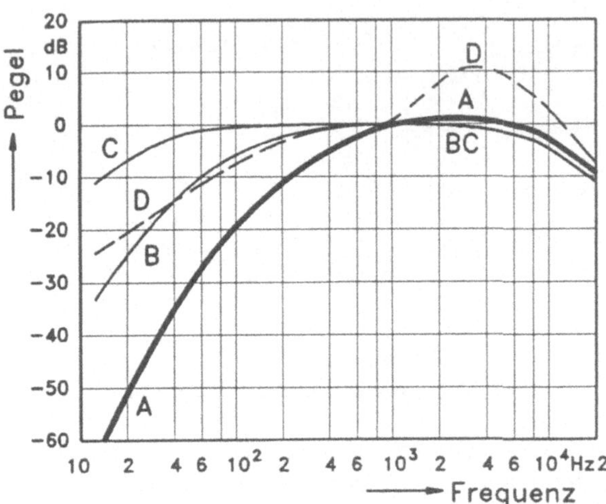

Abbildung 6.11: Bewertungskurven

Die für diese Anzeigearten verwendeten Bezeichnungen lauten „Schnell (Fast)“, „Langsam (Slow)“ und „Impuls“. Bei der Anzeigeart „Schnell“ beträgt die Zeitkonstante des Gleichrichters und der folgenden Schaltung einschließlich des Anzeigeinstruments $\tau = 125$ ms sowohl für den Anstieg als auch für den Abfall des Signals, so daß Schallsignale, die nicht kurzandauernd oder impulshaltig sind, damit gut gemessen werden können. Diese Anzeigeart wird häufig auch für die Bestimmung des Schalleistungspegels eingesetzt.

In der Stellung „Langsam“ beträgt die Zeitkonstante $\tau = 1.000$ ms für Signalanstieg und -abfall. Auf diese Weise wird die Mittelung der Anzeige erleichtert. Diese Anzeigeart eignet sich für Schallsignale mit langsam veränderlichem Pegel, sie ist ebenfalls gebräuchlich für Messungen zur Bestimmung des Schalleistungspegels. Sie ist nur zulässig, wenn die Schwankungsbreite geringer als 5 dB bleibt.

In der Stellung „Impuls“ sind die Zeitkonstanten für Anstieg und Abfall des Signals verschieden. Im Anstieg beträgt sie nur 35 ms, kann also sehr schnellen Pegeländerungen folgen, im Abfall dagegen 1,5 s. Diese Anzeigeart gibt damit bei impulshaltigen Geräuschen den subjektiven Störeindruck auf das Gehör am besten wieder.

Auch wenn die beschriebenen Zeitbewertungen die diesbezüglichen Ohreigenschaften nur approximativ erfassen können, so schaffen sie doch eine unverzichtbare Grundlage für den Vergleich von Meßwerten.

Noch nicht genormt, aber in komfortablen, modernen Analysatoren bereits in der Anwendung, ist eine noch schnellere Anzeigeart „Spitze“ mit einer Zeitkonstanten von nur 0,05 ms. Damit können knallartige Geräusche in voller Höhe erfaßt werden. Durch eine elektrische Speicherung des Meßwertes hat das Anzeigegerät Zeit, sich auf den Wert einzustellen. Der Abfall erfolgt sehr langsam (3 dB/s), oder die Anzeige bleibt auf dem Meßwert stehen (Höchstwertspeicherung „Hold"), bis sie wieder gelöscht wird.

Im baurechtlichen und arbeitsmedizinischen Bereich interessiert häufig der Schallpegelverlauf über längere Zeiträume, z.B. über 8 Stunden während der Nacht (22.00 bis 6.00 Uhr) oder während einer Arbeitsschicht. Da es dabei zu großen Pegelschwankungen kommen kann, muß ein geeignetes Mittelungsverfahren angewendet werden, um aus dem gesamten zeitlichen Verlauf einen einzigen Wert, den Beurteilungspegel, bilden zu können (DIN 45641). Der Grundgedanke dabei ist, während des Meßzeitraumes die gesamte Schallenergieimmission zu summieren und daraus den energieäquivalenten Dauerschallpegel $L_{A,eq}$ zu bilden. Einwirkdauer und Pegel werden also nach dem Prinzip der Energieäquivalenz behandelt, d.h. bei einem 3 dB höheren Pegel, aber halbierter Einwirkungszeit, ergibt sich eine gleich hohe Wirkung auf den Menschen. Im Zuge der Umstellungen im Hinblick auf den europäischen Binnenmarkt ist mittlerweile statt des bisherigen äquivalenten Dauerschallpegels $L_{A,eq}$ der Expositionspegel L_{EX} eingeführt worden, der mit $L_{A,eq}$ folgendermaßen zusammenhängt:

$$L_{EX} = L_{A,eq} + 10 \lg \frac{T_e}{T_0} \text{ dB}, \tag{6.17}$$

wobei T_e die Expositionszeit und T_0 die Bezugszeit mit acht Stunden ist. Bei Verwendung derartiger Einzahlwerte muß aber hingenommen werden, daß ein Teil der Information, z.B. der Schwankungsbereich des Schallsignals, verloren geht.

Bei der Analyse von Maschinengeräuschen interessiert neben der Intensität hauptsächlich die Zusammensetzung des Geräuschs bzgl. seiner Frequenzanteile. Mögliche Ziele einer solchen Frequenzanalyse sind z.B. die gezielte Lärmminderung zur Einhaltung vorgegebener Grenzwerte, die Schadensverhütung oder -analyse, die Erhöhung des Gebrauchswertes durch gezielte Unterdrückung besonders störender Frequenzanteile oder die Abstimmung von tragenden und dämmenden Bauelementen im Hochbau.

Bei der Frequenzanalyse zerlegt man das ganze Spektrum in einzelne Frequenzbänder. In der Akustik verwendet man dabei vorzugsweise Oktav- und Terzbänder, also Frequenzbänder mit relativ konstanter Bandbreite, und erhält auf diesem Weg dann Oktav- bzw. Terzspektren. Bei der Oktave gilt für die bandbegrenzenden Frequenzen f_u und f_o:

$$f_o = 2 \cdot f_u \quad \text{bzw.} \quad \frac{f_o}{f_u} = 2 = \text{const.} \tag{6.18}$$

und bei der Terz

$$f_o = \sqrt[3]{2} \cdot f_u \quad \text{bzw.} \quad \frac{f_o}{f_u} = \sqrt[3]{2} = \text{const.}, \tag{6.19}$$

d.h. eine Oktave umfaßt drei Terzen. Gekennzeichnet werden Oktaven und Terzen durch ihre Mittenfrequenz f_m, die sich aus den Werten f_u und f_o ergibt als

$$f_m = \sqrt{f_o \cdot f_u} \tag{6.20}$$

Diese Mittenfrequenzen sind standardisiert (siehe DIN 45651 und DIN 45652):
Oktavmittenfrequenzen in Hz:

f_m = 31,5 63 125 250 500 1.000 2.000 4.000 8.000 16.000

Terzmittenfrequenzen in Hz:

f_m = 31,5 40 50 63 80 100 125 160 200 250 315 ...

In Abb. 6.12 sind beispielhaft die Terzfrequenzspektren dreier Schallquellen gezeigt.

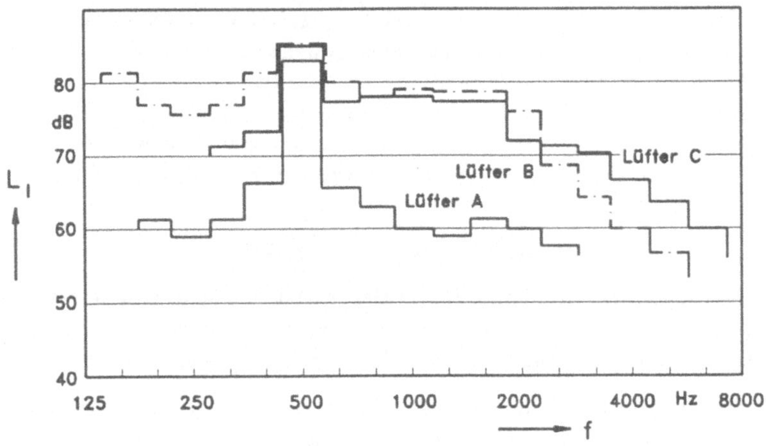

Abbildung 6.12: Frequenzspektren dreier ähnlicher Schallquellen

Zur Frequenzanalyse können aktive und passive Filter benutzt werden. *Passive* Terz- oder Oktavfilter aus Spulen und Kondensatoren werden zwar noch verwendet, gebaut werden heute aber nur noch die *aktiven* Filter. Es sind Verstärkerschaltungen mit dem *Verstärkungsfaktor 1* für die Frequenzen innerhalb des interessierenden Frequenzbandes und mit *starker Dämpfung* für alle übrigen Frequenzen (DIN 45651/52). In komfortablen, modernen Analysatoren sind diese Filter mittlerweile als parallele, digitale Filterbank realisiert. Damit können dann auch Schallsignale mit zeitlich veränderlichem Charakter einer Echtzeitfrequenzanalyse unterzogen werden. Bei handelsüblichen Schallpegelmessern müssen die einzelnen Frequenzbänder nacheinander aktiviert werden, so daß damit primär Schallsignale mit stationärem Charakter frequenzanalysiert werden können.

Bei der Bestimmung der von einer Schallquelle abgestrahlten Schalleistung werden an bestimmten Punkten einer die Quelle ganz umhüllenden Meßfläche die Schalldruckpegel gemessen. Daraus wird die Schalleistung errechnet (Hüllflächenverfahren nach DIN 45635, Teil 1). Dabei wird von der Näherung nach Gleichung 6.6 Gebrauch gemacht und die Schallintensität und damit die gesuchte Schalleistung (s. Gl. 6.8) allein durch den Schalldruck dargestellt („p^2-Methode"). Der Schalldruck als skalare Größe setzt für eine zuverlässige Schalleistungsbestimmung möglichst ideale Umgebungsbedingungen bei der Messung voraus, d.h. freie Schallausbreitung (keine Reflexionen usw.) und keine Störgeräusche. Wie aus DIN 45635, Teil 1, zu entnehmen, läßt dieses Meßverfahren weniger ideale Umgebungsbedingungen nur in sehr engen Grenzen zu.

Gerade Messungen an größeren Maschinen müssen aber i.a. am Betriebsort dieser Maschinen, also häufig in Gegenwart erheblicher, nicht beseitigbarer Raumrückwirkungen und Fremdgeräusche durchgeführt werden. Unter derartigen Bedingungen können die Grenzen des Meßverfahrens nach DIN 45635, Teil 1, schnell erreicht sein.

Hier ergab sich nun in den letzten Jahren durch das Verfahren der direkten Schallintensitätsmessung, basierend beispielsweise auf dem Einsatz einer Zwei-Mikrophon-Sonde, ein wesentlicher Fortschritt (Abb. 6.13). Werden zwei Mikrophone A und B

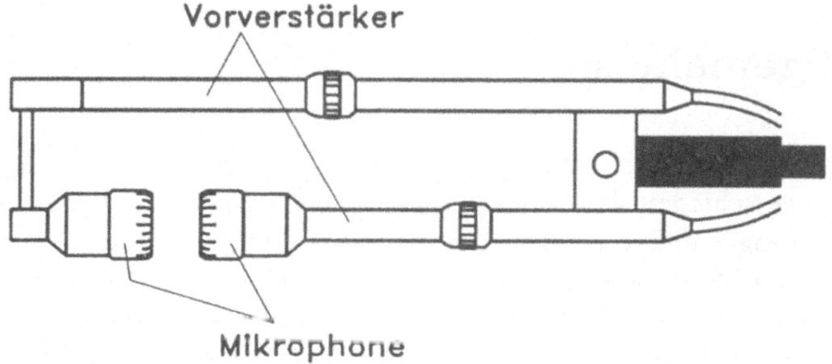

Abbildung 6.13: Zwei-Mikrophon-Sonde zur direkten Schallintensitätsmessung

in kleinem Abstand d zueinander positioniert, so ergibt sich unter gewissen Voraussetzungen die Normalkomponente der Schallintensität:

$$I_n = -\frac{1}{\rho_0 \cdot d} \cdot \overline{\frac{p_A + p_B}{2} \int (p_B - p_A)\, dt}^{\,t} \qquad (6.21)$$

Die Normalkomponente der Schallintensität läßt sich damit also durch Messung der Schalldrücke p_A und p_B und die entsprechende Weiterverarbeitung der Meßsignale nach Gl. 6.21 bestimmen.

Der große Vorteil des Schallintensitäts-Meßverfahrens liegt - infolge des vektoriellen Charakters der Schallintensität - darin, daß bei der Messung auf einer die interessierende Schallquelle umschließenden Meßfläche letztlich nur die Leistung der zu messenden Schallquelle erfaßt wird, während alle Umgebungseinflüsse (Raumrückwirkungen und Fremdgeräusche) kompensiert werden. Einzige Voraussetzung dabei ist, daß im Raum zwischen Meßfläche und Schallquelle keine Verluste (Absorption) auftreten.

Kapitel 7

Strömungsmessung

7.1 Allgemeines

Der Vektor der Strömungsgeschwindigkeit - Richtung, Betrag - kann in Strömungsfeldern örtlich verschieden sein. Zudem können an einem Ort zeitabhängige Schwankungen des Betrages und/oder der Richtung auftreten. Zur Bestimmung des Strömungsvektors werden im wesentlichen pneumatische, elektrothermische und berührungslos messende optische Verfahren eingesetzt, wobei die meisten Geräte nur die zeitlichen Mittelwerte der Strömungsgrößen erfassen können. Lange Zeit konnten sehr schnell erfolgende zeitliche Veränderungen der Meßwerte nur vom elektrothermischen Verfahren aufgelöst werden. Erst die Entwicklung von Miniaturdruckaufnehmern auf Halbleiterbasis und deren Anordnung direkt im Kopf von Strömungsmeßsonden ermöglicht nun auch den Einsatz pneumatisch messender Sonden für instationäre Messungen.

7.2 Pneumatische Verfahren

7.2.1 Grundlagen

Diese Verfahren benutzen die energetischen Beziehungen der Strömung (Bernoulli-Gleichung), denen zufolge sich an einer Strömungssonde - wie auch beispielsweise an in Rohren eingebauten Blenden oder Düsen - die Anteile an kinetischer bzw. statischer Druckenergie ändern. Aus diesen Veränderungen kann dann die örtliche Strömungsgeschwindigkeit errechnet bzw. mit Düsen oder Blenden der Massendurchfluß bestimmt werden.

In strömenden Medien werden die Drücke

$$p_{ges} \; = \; \text{Gesamt- (oder Total-)druck,}$$
$$p_{st} \; = \; \text{statischer Druck und}$$
$$p_d \; = \; \text{dynamischer Druck} = (\rho/2) \cdot c^2$$

unterschieden (Abb. 7.1), die über die Bernoulli-Gleichung wie folgt miteinander verknüpft sind:

$$p_{st} + p_d + \rho \cdot g \cdot h = const. = p_{ges}, \tag{7.1}$$

wobei h die geodätische Höhe darstellt. Zwischen zwei beliebigen Meßorten 1 und

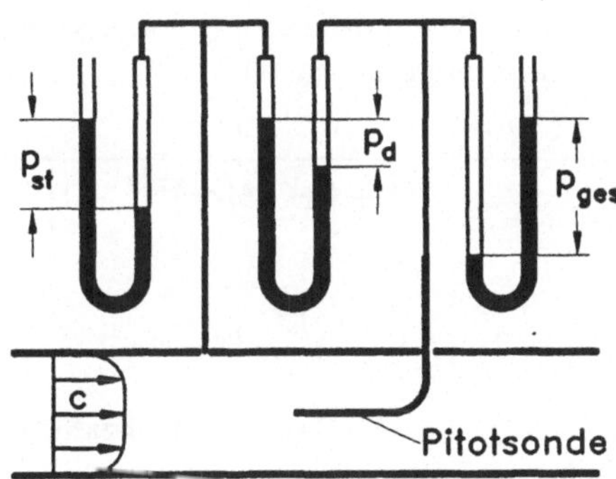

Abbildung 7.1: Druckmessung in strömenden Medien

2 längs eines Stromfadens gilt demzufolge unter Voraussetzung einer stationären, reibungsfreien Strömung

$$(p_{st} + p_d + \rho \cdot g \cdot h)_1 = (p_{st} + p_d + \rho \cdot g \cdot h)_2. \tag{7.2}$$

Die Terme $\rho \cdot g \cdot h$ können bei Gasen aufgrund der geringen Dichte ρ i.a. vernachlässigt werden.

Für einen Staupunkt in einer Strömung - gekennzeichnet dadurch, daß die Geschwindigkeitsenergie in Druckenergie umgewandelt wird und daß damit im Staupunkt die Geschwindigkeit $c = 0$ ist - ergibt sich aus Gl. 7.1:

$$p_{st} = p_{ges}. \tag{7.3}$$

Damit folgt aus Gl. 7.2 (Punkt 2 = Staupunkt):

$$(p_{st} + p_d)_1 = (p_{st})_2 = p_{ges} \tag{7.4}$$

bzw.

$$p_{ges} - p_{st} = p_d = \frac{\rho}{2} \cdot c^2. \tag{7.5}$$

Die Strömungsgeschwindigkeit c ergibt sich hieraus für den als inkompressibel anzusehenden Bereich ($c \ll a$, a = Schallgeschwindigkeit) zu:

$$c = \sqrt{\frac{2}{\rho} \cdot p_d} = \sqrt{\frac{2}{\rho} \cdot (p_{ges} - p_{st})}. \tag{7.6}$$

Bei hohen Unterschallgeschwindigkeiten ist die Dichteänderung beim Aufstau nicht mehr zu vernachlässigen, so daß die Geschwindigkeit c aus dem Integral

$$\frac{c^2}{2} = \int_{p_{st}}^{p_{ges}} \frac{1}{\rho}\, dp \tag{7.7}$$

bestimmt werden muß. Hierin ist $\rho = f(p)$.

Wird für den Aufstau isentrope Zustandsänderung vorausgesetzt, d.h. $p = konst. \cdot \rho^{\kappa}$, ergibt sich nach einigen Umformungen:

$$\frac{c^2}{2} = \frac{p_d}{\rho} \cdot \frac{\kappa \cdot Ma^2}{2} \cdot \frac{1}{\left[\left(1 + \frac{\kappa-1}{2} \cdot Ma^2\right)^{\frac{\kappa}{\kappa-1}} - 1\right]} = \frac{p_d}{\rho} \cdot \epsilon^2 \tag{7.8}$$

bzw.

$$c = \epsilon \cdot \sqrt{\frac{2}{\rho} \cdot p_d}. \tag{7.9}$$

Der Koeffizient ϵ berücksichtigt den Einfluß der Machzahl, wobei $\epsilon > 0,99$ für Ma $< 0{,}28$ und $\epsilon > 0,97$ für Ma $< 0{,}50$.

Druckmessungen in Überschallströmungen gehorchen wieder anderen Gesetzen, da sich vor der Sonde eine Verdichtungsstoßwelle ausbildet, die mit einem Gesamtdruckverlust verbunden ist.

Pneumatisch messende Sonden besitzen nun Druckmeßbohrungen, mit denen näherungsweise der statische Druck p_{st} und der Gesamtdruck p_{ges} aufgenommen werden können.

7.2.2 Prandtl-Staurohr

Mit dem Staurohr nach Prandtl („Prandtl-Rohr") werden in einer Strömung der statische Druck p_{st} und der Gesamtdruck p_{ges} erfaßt (Abb. 7.2). Konstruktiv bedingt sind die Meßbohrungen in geringer Entfernung voneinander angeordnet. Über zwei getrennte Leitungen werden die Drücke dem Druckmeßgerät zugeführt, das meist als Differenzdruckmeßgerät ausgeführt ist und direkt den dynamischen Druck $p_d = p_{ges} - p_{st}$ anzeigt.

Da bei Schräganströmung Meßfehler auftreten, muß das Prandtl-Rohr in Strömungsrichtung stehen. Bei 12° Schräganströmung weicht der gemessene Gesamtdruck um 1 % vom Wert bei axialer Anströmung ab.

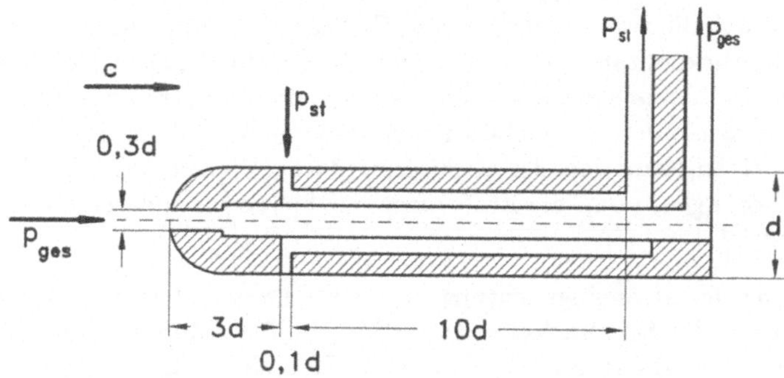

Abbildung 7.2: Prandtl-Staurohr

7.2.3 Sonden zur Bestimmung des Strömungsvektors

Für räumliche Richtungsmessungen werden Mehrlochsonden eingesetzt, die außer der Bohrung im Staupunkt in der Regel drei bis vier weitere Meßbohrungen aufweisen (Abb. 7.3).

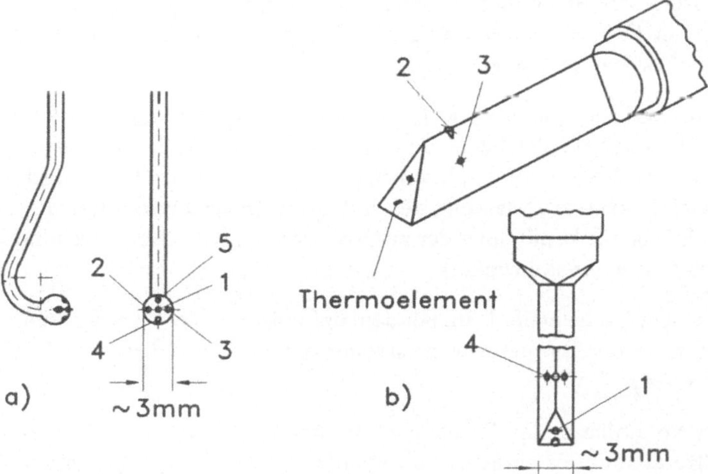

Abbildung 7.3: Pneumatisch messende Mehrlochsonden: a) Fünflochkugelsonde, b) Vierlochkeilsonde

Zur Bestimmung des Strömungsvektors im Raum genügt es, die Lage von zwei seiner Komponenten und seinen Betrag zu messen. In der Regel werden die beiden Komponenten in zwei aufeinander senkrecht stehenden Ebenen bestimmt. Durch die

Sondengeometrie wird die eine Ebene (E1) festgelegt, sie verläuft durch die Sondenschaftachse und durch die Totaldruckbohrung. Die zweite Ebene (E2) liegt senkrecht dazu, sie wird durch die zwei symmetrisch zu E1 liegenden Druckmeßbohrungen und durch die Totaldruckbohrung definiert. Damit ist das sondenfeste Koordinatensystem festgelegt. Stets muß darauf geachtet werden, daß der Strömungsvektor meist in einem maschinen- oder anlagenbezogenen anderen Koordinatensystem gesucht wird, was eine Transformation der Richtungsgrößen (Winkel) erforderlich macht. Dies kann nur gelingen, wenn die Einbaulage der Sonde im anderen Koordinatensystem bekannt ist.

Zur Bestimmung der Strömungsrichtung in der Ebene E2 („Gierwinkel") wird die Sonde solange um die Schaftachse gedreht, bis die Druckdifferenz zwischen zwei seitlich angeordneten Bohrungen zu Null wird (Beispielsweise zwischen den Bohrungen 2 und 3 einer Fünflochkugelsonde, Abb. 7.3a). Die Sonde steht dann genau in Richtung der einen gesuchten Strömungskomponente, ihre Stellung wird mit entsprechenden Winkelmeßvorrichtungen bestimmt. Die noch fehlende Richtungskomponente des Strömungsvektors in der Ebene E1 („Nickwinkel") wird anhand von aus Kalibrierdiagrammen abgeleiteten Funktionen aus der Druckdifferenz zwischen den vertikal angeordneten Druckmeßbohrungen (Bohrungen 4 und 5, Abb. 7.3a) ermittelt. Dies ist erforderlich, da weder eine völlige Symmetrie der Bohrungen bezüglich der Achse des Sondenkopfes noch eine Schwenkbarkeit des Sondenkopfes in der Ebene E1 realisiert werden können. Über die Meßgröße der Bohrung 1 wird der Totaldruck der Strömung ermittelt. Der statische Druck wird meist aus dem Mittelwert der Drücke aller Bohrungen außer der Bohrung für den Totaldruck über Kalibrierfunktionen berechnet.

Eine andere Bauform einer Mehrlochsonde hat einen keilförmigen Sondenkopf („Keilsonde", Abb. 7.3b). In der Schneide des Keils befindet sich die Bohrung zur Messung des Gesamtdrucks, auf den Flanken je eine Bohrung zur Richtungsbestimmung („Gierwinkel") sowie zur Messung des statischen Drucks und unter der Sonde eine weitere Bohrung zur Ermittlung der zweiten Komponente des Geschwindigkeitsvektors („Nick-" bzw. Anstellwinkel).

Thermoelemente, die ebenfalls im Sondenkopf untergebracht werden können, dienen zur Bestimmung der Temperatur des strömenden Mediums direkt an der Druckmeßstelle (Abb. 7.4).

Wegen der Volumina in den Leitungen zwischen den Druckmeßbohrungen und dem Druckmeßgerät und der daraus resultierenden Verfälschung sich zeitlich ändernder Signale werden pneumatisch messende Sonden üblicher Bauart nur für stationäre Messungen eingesetzt. Durch die mögliche Miniaturisierung von Druckmeßumformern mit hoher Grenzfrequenz auf Halbleiterbasis können diese nun aber direkt im Kopf von Strömungsmeßsonden angeordnet werden (Abb. 7.4). Dadurch werden die Totraumvolumina und die Verfälschungen sich zeitlich ändernder Signale minimiert, so daß derartige pneumatisch messende Sonden auch für instationäre Messungen eingesetzt werden können.

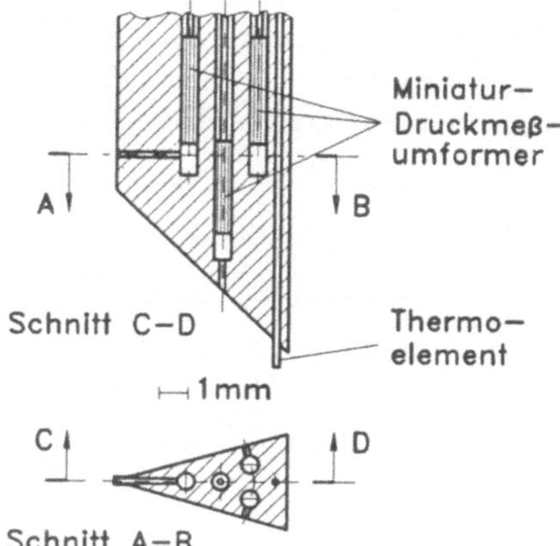

Abbildung 7.4: Sondenkopf einer pneumatisch, instationär messenden Keilsonde mit integriertem Thermoelement

7.3 Laser-optische Verfahren

Laser-optische Verfahren detektieren in der Strömung mitgeführte, natürlich enthaltene oder zugefügte Schwebeteilchen (Seeding), die der Strömung möglichst trägheitsfrei folgen sollten. Aus der zurückgelegten Wegstrecke der Teilchen und der dazu erforderlichen Zeit kann die Geschwindigkeit der Teilchen und damit der Strömung errechnet werden.

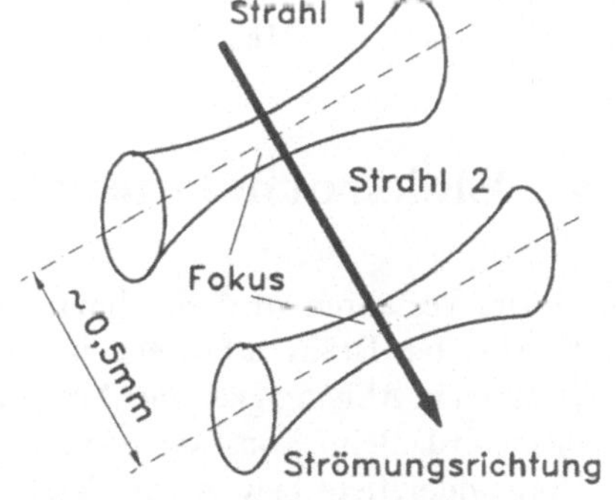

Abbildung 7.5: Meßschema beim L2F-Verfahren (Prinzipskizze)

Die Arbeitsweise des Laser-Zwei-Fokus-Verfahrens (L2F) beruht auf dem Prinzip der Lichtschranke (Abb. 7.5). Zwei Laserstrahlen - durch Teilung aus einem Strahl erzeugt - werden auf zwei Brennpunkte mit geringer Entfernung (ca. 0,5 mm) fokussiert. Beim Passieren der beiden Brennpunkte erzeugt jedes Teilchen Streulichtimpulse, die von geeigneten Meßgeräten als Start- und Stoppsignal für die Laufzeitmessung empfangen werden. Aus der gemessenen Laufzeit - im Bereich von Mikrosekunden - und dem Abstand der Fokuspunkte ergibt sich die Geschwindigkeit. Die Laufzeit selbst ist bei diesen Verfahren aus mehreren Gründen (Partikelgrößen, Turbulenz, ...) kein einheitlicher Meßwert, sondern weist eine Verteilung mit unterschiedlicher Häufigkeit auf. Die Auswertung beim L2F-Verfahren gelingt daher nur mit Hilfe einer speziellen Zähl-, Speicher- und Auswerteeinrichtung.

Beim Laser-Doppler-Anemometer (LDA) wird mit Hilfe zweier Laserstrahlen ein Interferenzgitter mit einem Abstand von einigen μm erzeugt (Abb. 7.6). Ein dieses Gitter kreuzendes Teilchen sendet nun einem Empfänger Streulicht mit einer Frequenz zu, die seiner Geschwindigkeit relativ zur Gitterebene proportional ist.

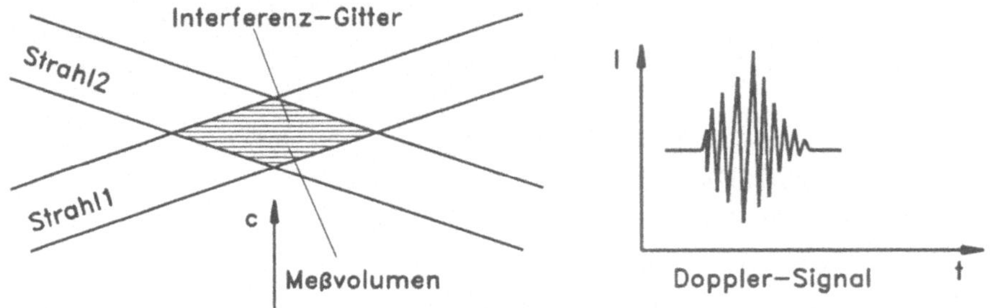

Abbildung 7.6: Meßschema beim LDA-Verfahren (Prinzipskizze)

Der Vorteil des L2F- gegenüber dem LDA-Verfahren ist die bessere Winkelauflösung, Meßmöglichkeit in Wandnähe und Detektierung auch sehr kleiner Teilchen, die von der Strömung praktisch schlupffrei mitgenommen werden.

Dagegen ermöglicht das Laser-Doppler-Verfahren auch instationäre Messungen sowie - bei Einsatz von Mehrfarbenlasern - dreidimensionale Strömungsmessungen.

7.4 Elektrothermisches Hitzdraht-Verfahren

Bei diesem Verfahren wird eine Sonde, die aus einem oder mehreren dünnen, elektrisch beheizten Drähten besteht, in die Strömung eingeführt (Abb. 7.7), wodurch den Drähten in Abhängigkeit der Anströmgeschwindigkeit mehr oder weniger Wärme entzogen wird. Beim Konstantspannungsverfahren ist die Drahttemperatur - damit der Drahtwiderstand bzw. der fließende Strom - das Maß für die Anströmgeschwindigkeit. Beim Konstanttemperaturverfahren wird dagegen die Spannung so geregelt, daß die Abkühlung kompensiert wird und die Drahttemperatur konstant bleibt. In diesem Fall dient die Höhe der Spannung als Maß für die Strömungsgeschwindigkeit.

Mehrdrahtsonden, bei denen die Drähte unterschiedlich geneigt sind und die dadurch unterschiedliche Abkühlungen erfahren, erlauben die Bestimmung des Geschwindigkeitsvektors.

Aufgrund des geringen Drahtdurchmessers (d $\approx$ 5μm) reagieren die Drähte sehr

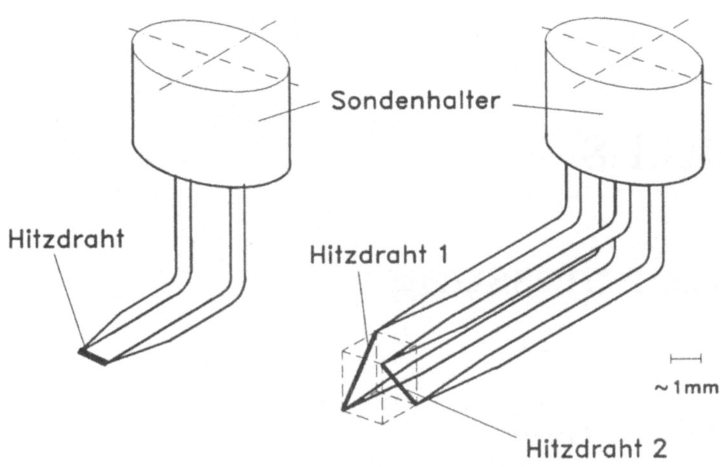

Abbildung 7.7: Ein- und Zwei-Draht-(X-)Hitzdrahtsonde

schnell auf Geschwindigkeitsänderungen - sie besitzen also eine sehr hohe Grenzfrequenz -, so daß Hitzdrahtsonden i.a. für instationäre Messungen eingesetzt werden.

Kapitel 8

Mengenmessung

8.1 Allgemeines

Hierunter soll die Messung bestimmter Mengen verstanden werden, die unabhängig von der Zeit ermittelt werden.

Die Menge fester Stoffe wird fast ausschließlich durch Wägung bestimmt, wobei sich auch Flüssigkeiten und Schüttgüter in Behältern auswiegen lassen.

Die Geräte zur Mengenmessung unterliegen der gesetzlichen Eichpflicht.

8.2 Wägeverfahren

Durch Wägung wird die Masse einer begrenzten Menge eines Stoffes bestimmt. Als Meßprinzipien der Waagen werden verwendet:

- Vergleich von Kräften an einem Hebelsystem (Hebelwaagen)
- Kraftmessung mit Hilfe elastischer Verformungen (Federwaagen)
- Kraftmessung über den Druck in Flüssigkeiten (hydraulische Waagen)

Hebelwaagen werden als gleicharmige Hebelwaage (Tafelwaage) oder ungleicharmige Hebelwaage (Laufgewichts -, Neigungs-, Brückenwaage) ausgeführt (Abb. 8.1).

Bei Durchbiegung der Hebel oder Balken nimmt die Empfindlichkeit ab, weshalb die angegebenen Höchstbelastungen einzuhalten sind. Bei größeren Lasten wird die Schneidenlagerung durch ein Stahlband ersetzt, das auf einer Kurve abrollt (Abb. 8.2).

Sonderformen von Waagen werden bestimmten Einsatzgebieten angepaßt (Band-, Schüttgut- und Dosierwaagen).

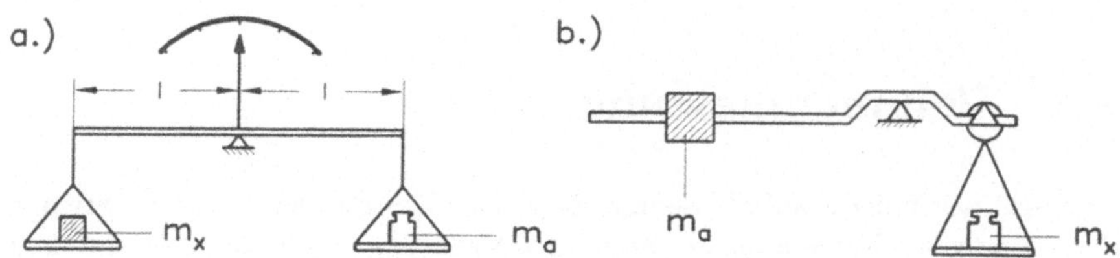

Abbildung 8.1: Hebelwaagen(Nullverfahren) a) gleicharmig b) mit Laufgewicht

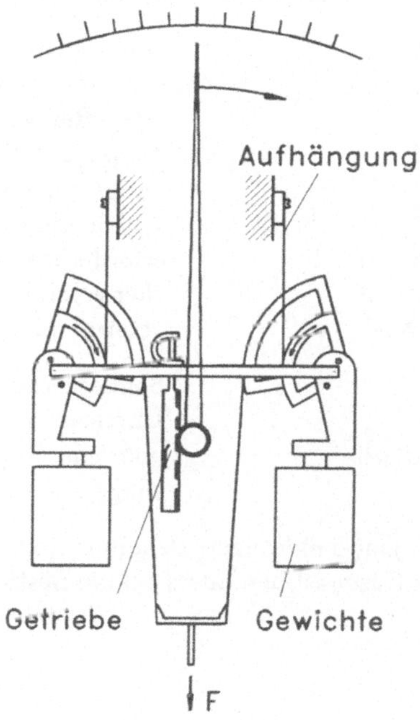

Abbildung 8.2: Neigungswaage mit Bändern (Ausschlagverfahren)

Im allgemeinen sind die mit Waagen erreichbaren Fehlergrenzen wesentlich kleiner als bei anderen Kraft- und Mengenmeßverfahren, so daß man - solange es die Meßaufgabe zuläßt - wägen sollte.

8.3 Volumenmessung

Die nichtkontinuierliche Volumenmessung von Flüssigkeiten erfolgt im Stichprober, der im wesentlichen aus einem geeichten Meßgefäß mit besonderer Zu- und Abflußeinrichtung besteht. Wird dazu die Stofftemperatur gemessen, kann die Dichte und daraus die Menge bestimmt werden. Besser ist jedoch die Wägung auf einer Spezialwaage mit Zwischenbehälter, wodurch die Mengenbestimmung über die Dichte vermieden wird.

Andere Verfahren der Volumenmessung werden zurückgeführt auf:

- Füllstandsmessung (Wasserstand in der Trommel eines Dampferzeugers)
- Messung des Bodendruckes bei Flüssigkeiten und Schüttgütern.

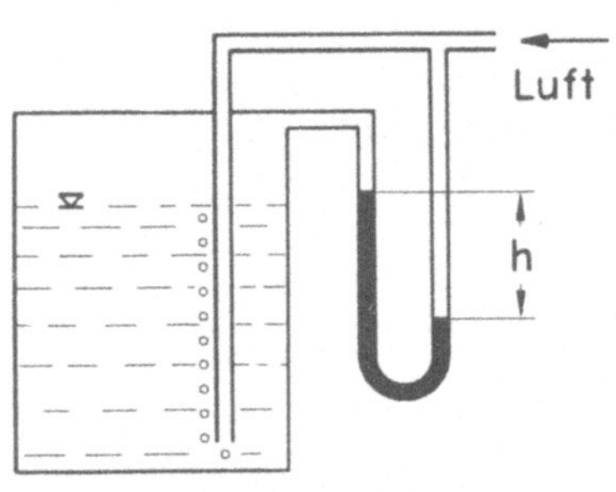

Abbildung 8.3: Pneumatische Standmessung

Die Füllstandsmessung erfolgt direkt mit Meßspiegel, Schau- oder Standglas. Bei geschlossenen Behältern ist die pneumatische Standmessung geeignet (Abb. 8.3). Bei Druckgefäßen (Kesseltrommeln) ist meist eine Fernanzeige erforderlich, wobei die Meßgröße üblicherweise in ein elektrisches Signal umgeformt wird.

Sonderverfahren benutzen radioaktive Durchstrahlung, Ultraschall (Echolot) oder eine Kapazitätsänderung zur Messung.

Gasvolumina werden in glockenförmigen Behältern mit Sperrflüssigkeit gemessen. Bei allen Messungen mit Gasen ist besonders auf die Bestimmung der Zustandsgrößen (p,T) zu achten.

Kapitel 9

Dichtebestimmung

9.1 Allgemeines

Den Zusammenhang zwischen der Masse m und dem Volumen V einer beliebigen Stoffmenge von homogener Zusammensetzung liefert die Dichte ρ mit

$$\rho = \frac{m}{V} \tag{9.1}$$

Sie ist eine Zustandsgröße, die prinzipiell aus einer Wägung und einer Volumenbestimmung ermittelt werden kann. Die Dichte von gasförmigen und flüssigen Stoffen hängt im wesentlichen von der Temperatur und dem Druck ab, d.h. bei diesen Stoffen ist nicht nur der Wert der Dichte anzugeben, sondern auch die Temperatur T und - vor allem bei Gasen - der Druck p, bei denen die Dichte bestimmt wurde. In bestimmten Fällen können Stoffe gleicher chemischer Zusammensetzung bei gleichen Drücken und Temperaturen unterschiedliche Dichten besitzen: am Tripelpunkt je die Dichte des festen, flüssigen und gasförmigen Aggregatzustands, im Siedezustand des flüssigen und gasförmigen Zustands und bei Sublimationspunkten die Zustände unterschiedlicher Sublimate.

9.2 Dichtebestimmung nicht strömender Medien

Für feste Körper kann die Dichte ρ Tabellenwerken als Funktion der Temperatur entnommen werden, wenn die Zusammensetzung der Substanz bekannt ist.

Bei Gasen wird die Dichte meistens aus der Zustandsgleichung

$$\rho = \frac{1}{Z} \cdot \frac{p}{R \cdot T} \tag{9.2}$$

bestimmt mit R der Gaskonstanten und Z dem Realgasfaktor. Der Realgasfaktor Z hängt von der Gasart sowie p und T ab, er beträgt für ideale Gase $Z = 1$.

Werden bei der Angabe der Dichte eines gasförmigen Stoffes bestimmter chemischer Zusammensetzung auch Druck und Temperatur angegeben, so ist der Zustand des Gases - d.h. seine Masse und sein Energieinhalt (innere Energie) - vollständig und eindeutig beschrieben. Da die Dichte bei unterschiedlichen Wertepaaren von Druck und Temperatur jedoch gleiche Werte annehmen kann, ist die Beurteilung einer Masse und zugleich ihrer inneren Energie stets auch von p und T abhängig.

Speziell bei Maschinenanlagen und verfahrenstechnischen Anlagen, die Luft aus der Atmosphäre benutzen, deren Wertepaare p/T (klimabedingt) orts- und zeitabhängig sind, wäre deren Leistungsverhalten als Funktion des Massenstroms nicht eindeutig beschrieben. Daher werden die Leistungsdaten solcher Anlagen stets auf den sogenannten Normzustand $T_n = 273,15$ K und $p_n = 1,01325$ bar bezogen:

$$\rho_n = \frac{1}{Z} \cdot \frac{p_n}{R \cdot T_n}. \tag{9.3}$$

Die Leistungsdaten (Leistung, Wirkungsgrad) werden also für den Fall angegeben, daß die der Atmosphäre entnommene Luft den Normzustand habe. Betriebseigenschaften oder Messungen (für Garantienachweise) bei davon abweichenden Atmosphärenzuständen p, T werden auf die Verhältnisse bei Normzustand umgerechnet entsprechend

$$\rho_n = \rho \cdot \frac{Z}{Z_n} \cdot \frac{p_n \cdot T}{p \cdot T_n} \tag{9.4}$$

d.h., die Leistungseigenschaften können dann ohne Atmosphäreneinfluß verglichen werden. Bei geschlossenen, atmosphärenunabhängigen Anlagen wird in gleicher Weise vorgegangen, es werden dann aber als Bezugsgrößen Auslegungswerte von p und T gewählt, z.B. bei Dampfprozessen die Frischdampfwerte.

Der Realgasfaktor kann Tafeln oder Diagrammen als Funktion von p und T oder der spezifischen Entropie s entnommen werden. Ob er zu beachten ist, hängt von dem Druck- und Temperaturbereich ab, der betrachtet wird. Beim Normzustand T_n, p_n ist meist $Z_n \sim 1$. Auch für einige reale Gase - beispielsweise Luft - kann Z bis zu mäßig hohen Drücken zu $Z = 1$ gesetzt werden. Generell gilt, daß reale Gase bei niedrigen Drücken und hohen Temperaturen, die jedoch noch keine thermische Dissoziation bewirken, als ideale Gase betrachtet werden können. Niedriger Druck und hohe Temperatur bedeuten im Einzelfall Zustände, die in Relation zu den Werten des jeweiligen kritischen Punktes zu sehen sind.

Bei Flüssigkeiten ist die Abhängigkeit der Dichte ρ von der Temperatur i.a. geringer als bei Gasen. Die Abhängigkeit vom Druck ist aufgrund der geringen Kompressibilität bei nicht zu hohen Drücken zu vernachlässigen.

Die Dichte von Flüssigkeiten wird häufig - z.B. für Mineralölprodukte - auf die Bezugstemperatur $t = 15$ °C umgerechnet.

Zur Dichtebestimmung von flüssigen Medien wird oft der Auftrieb benutzt. Als Meßgerät dient das Aräometer , ein spindelförmiger Schwimmkörper mit tief liegendem Schwerpunkt, aus dessen Eintauchtiefe die Dichte bestimmt wird.

9.3 Direkte Dichtebestimmung von strömenden Medien

In vielen Fällen, in denen beispielsweise der Massenstrom aus einer Volumenstrommessung und aus der Dichte bestimmt werden muß, reicht es nicht aus, die Dichte als konstant anzusehen. Es ist deshalb parallel zum Volumenstrom auch die Dichte zu messen. Indirekt kann die Dichtebestimmung über Druck- und Temperaturmessungen sowie durch Auswertung der zutreffenden Zustandsgleichung erfolgen.

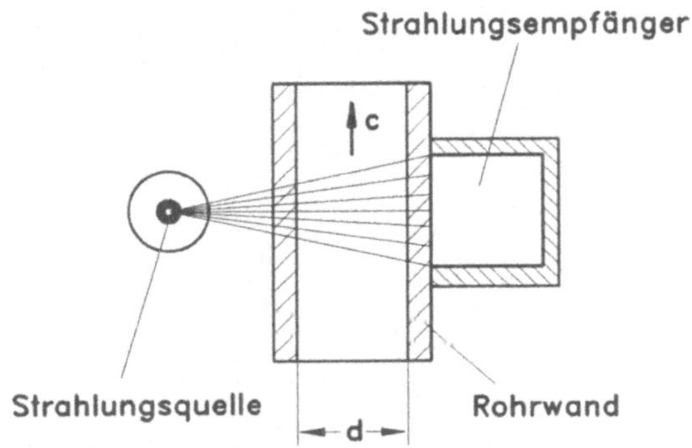

Abbildung 9.1: Radiometrische Dichtemessung

Bei der radiometrischen Dichtemessung wird die Rohrleitung zusammen mit dem zu vermessenden Fluidstrom durchstrahlt (Abb. 9.1). Da die Intensität von Gammastrahlung bei dem Durchdringen von Materie abgeschwächt wird, kann aus der Intensität I der im Detektor ankommenden Strahlung entsprechend

$$I = I_0 \cdot e^{-k \cdot \rho \cdot d} \tag{9.5}$$

auf die Dichte geschlossen werden (I_0 = Intensität der Quelle, d = Rohrdurchmesser, k = Extinktionskoeffizient). Da in der Rohrwandung die Strahlung sehr stark absorbiert wird, kann mit dieser Methode nur die Dichte von Flüssigkeiten bestimmt werden. Die Strahlungsabschwächung bei Gasen ist zu gering, um nachgewiesen werden zu können.

Die Kalibrierung der Geräte kann i.a. nicht absolut erfolgen, sondern nur in situ, d.h., das Gerät wird in die Meßstrecke eingebaut und mit einer anderweitig erfaßten

Dichtemessung verglichen. Die Meßgenauigkeit liegt bei 1 % vom Meßbereich. Einsatzgebiete für die radiometrische Dichtemessung sind im wesentlichen Flüssigkeiten unter hohem Druck und/oder hoher Temperatur, aggressive und sehr viskose Stoffe sowie Flüssigkeiten mit hohem Feststoffanteil oder mit einem Anteil an Gasblasen.

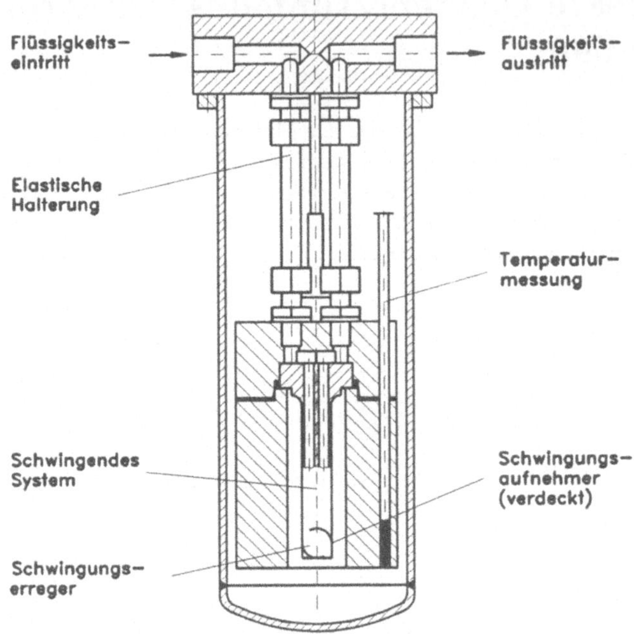

Abbildung 9.2: Flüssigkeitsdichtemeßgerät mit einem schwingenden System

Meßgeräte mit schwingenden Systemen zur Bestimmung der Dichte von Flüssigkeiten sind wie folgt aufgebaut (Abb. 9.2). Die zu vermessende Flüssigkeit wird einem schwingenden System - z.B. einer Art Stimmgabel - zugeführt, das im Inneren durchströmt wird. Über eine elastische Halterung erfolgt die Entkoppelung vom starren Rohrsystem. Das Schwingungssystem wird in seiner Eigenfrequenz angeregt, deren Wert ein eindeutiges Maß für die Masse und damit für die Dichte der Flüssigkeit darstellt, die sich im Schwingungssystem befindet.

Der erfaßbare Dichtebereich liegt zwischen 0,4 und 3 g/cm^3. Flüssigkeiten, die eine gasförmige Phase enthalten, können aufgrund der Kompressibilität dieser Phase und den dadurch hervorgerufenen Verfälschungen nicht vermessen werden. Ablagerungen und Korrosionen müssen vermieden werden, da sich dadurch die schwingende Masse und damit die Kalibrierung verändert. Die Genauigkeit dieser Systeme liegt bei 0,1 % vom Meßbereich.

Bei Gasdichtemessern mit schwingenden Systemen ist eine Abwandlung des bei den

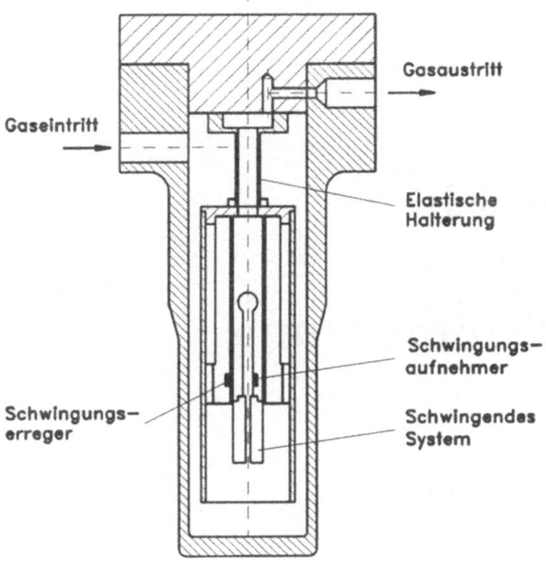

Abbildung 9.3: Gasdichtemeßgerät mit einem schwingenden System

Dichtemessern für Flüssigkeiten verwirklichten Prinzips erforderlich. Da die Kompressibilität von Gasen bewirkt, daß sich die Bewegungen des schwingenden Systems nicht vollkommen auf das im Innern sich befindliche Gas übertragen würden, wird bei Gasdichtemessern das schwingende System außen umströmt (Abb. 9.3). Als Meßeffekt wird dabei der Druckunterschied ausgenutzt, der durch die Kompression des Gases - in Schwingungsrichtung - an der Vorderseite des schwingenden Systems bzw. durch die Druckabsenkung an der Rückseite entsteht. Aus dieser dichteabhängigen Druckdifferenz resultiert eine Kraft auf das Schwingungssystem, die den Wert der Meßgröße Schwingfrequenz beeinflußt. Eine zusätzliche Beeinflussung entsteht durch die am Schwingungssystem anhaftende viskositätsabhängige Grenzschicht, was bei der Kalibrierung zu berücksichtigen ist.

Der meßbare Dichtebereich beträgt bei einer Meßgenauigkeit von + 0,1 ... 0,2 % des Meßbereichs ca. 2 bis 400 kg/m^3. Da die Masse und die Federkonstante des Schwingers konstant gehalten werden müssen, können keine Stoffe vermessen werden, die die Werte diese Größen beeinflussen, z.B. aggressive, verschmutzte oder feuchte Gase.

Kapitel 10

Durchflußmessung

10.1 Allgemeines

Unter der Durchflußmessung wird die meßtechnische Bestimmung des momentanen, durch einen bestimmten Querschnitt (Rohrleitung oder offenes Gerinne) strömenden Volumen- oder Massenstromes verstanden. Die Durchflußmessung ist eine der Grundlagen des Warenverkehrs (z.B. Erdgas); sie dient durch die zuverlässige Erfassung der Stoff- und der daraus abgeleiteten Energieströme zur optimalen Durchführung von Produktionsabläufen, von Energiewandlungsvorgängen; sie ist Grundlage der Beurteilung von Turbomaschinen, von Kraftwerken u.a.m.

Die Meßgeräte zur Volumenstrommessung werden als *Volumenzähler* bezeichnet. Sie zählen fortlaufend konstante Teilmengen des zu messenden Flüssigkeits-, Gas- oder Dampfvolumenstroms (Wasseruhr, Gaszähler). *Massendurchflußmeßgeräte* bestimmen den momentanen Massenstrom. Vielfach dienen diese Geräte auch zur Volumenstrommessung.

Es wird zwischen unmittelbaren und mittelbaren Durchflußmessern unterschieden. Bei unmittelbaren Verfahren muß zur Ermittlung der Meßwertes keine weitere Größe - z.B. die Dichte - bekannt sein, um den Massenstrom $\dot{m}$ bzw. den Volumenstrom $\dot{V}$ zu bestimmen. Bei den meisten Verfahren handelt es sich jedoch um mittelbare Verfahren.

Die Verfahren zur Durchflußmessung basieren auf den unterschiedlichsten physikalischen Prinzipien wie Ausnutzung der Strömungskräfte auf angeströmte Körper, Markierungsverfahren, thermische Meßverfahren, Wirbelablösung, Anwendung der Impulssätze der Mechanik, Ausnutzung der energetischen Beziehungen in strömenden Medien u.a. Teilweise werden auch Geschwindigkeitsmeßgeräte derart eingesetzt, daß der Meßort dorthin gelegt wird, wo im Querschnitt theoretisch die mittlere Geschwindigkeit herrscht.

10.2 Unmittelbare Volumenzähler

Bei der Volumenstrommessung durch Volumenzählung erfolgt die Messung im kontinuierlichen Stoffstrom, wobei die Meßkammern zwangsläufig durchströmt werden. An Verfahren werden unterschieden:

- Zähler mit konstanter Meßkammer (für Flüssigkeiten):

  Danaide (Ausflußmessung)

  Kippmesser (Abb. 10.1)

  Trommelmesser

- Zähler mit variablem Meßkammervolumen:

  Kolbenzähler (für Flüssigkeiten)

  Ovalradzähler (für Flüssigkeiten)

  Gaszähler (naß, trocken)

Diese beiden Gruppen werden als unmittelbare Volumenzähler bezeichnet, da sie beim Meßvorgang fortlaufend kleinere Volumina des Meßgutes abgrenzen und mittels eines Zählwerks die Anzahl der Durchgänge durch den Zähler bestimmen.

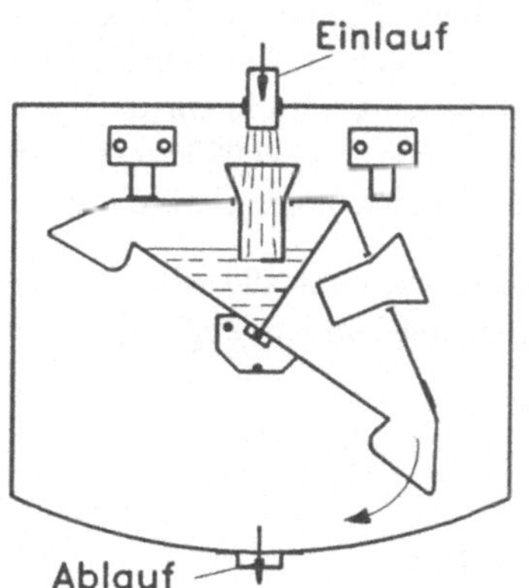

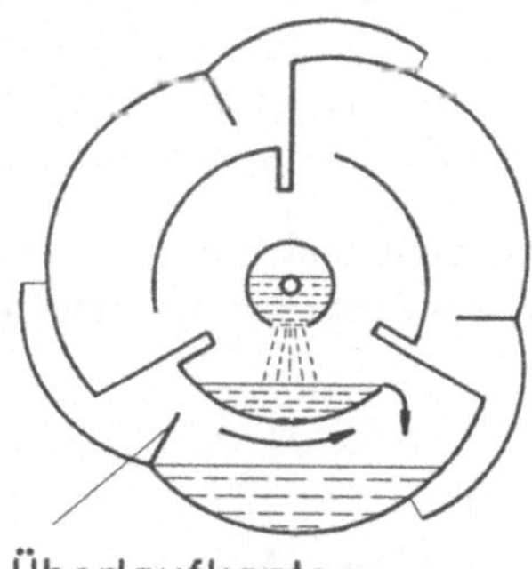

Abbildung 10.1: Volumenstromzähler mit konstanter Meßkammer: links Kippmesser, rechts Trommelzähler

Die Zähler mit festen Meßkammerwänden sind Auslaufzähler, mit denen Flüssigkeitsmengen bestimmt werden. Unter ihnen ist der Trommelzähler am weitesten verbreitet (Abb. 10.1), bei dem das Meßgut von der Mitte aus in eine der drei Meßkammern fließt. Nach Überschreiten der Überlaufkante entsteht durch Schwerpunktverlagerung ein Drehmoment, das die nächste Kammer in Füllstellung bringt, während sich die erste entleert. Die Meßfehler liegen unter ± 1 % und steigen bei Überlastung an (Meßbereich $\dot{V} = 0,002...10$ m^3/h).

Die Zähler mit variablem Meßkammervolumen sind Verdrängungszähler, die zur Messung von Flüssigkeits- und Gasvolumina geeignet sind. Auch hier wird die Volumenmessung auf eine Hub- oder Umdrehungszählung zurückgeführt. Ähnlich im Aufbau sind Ovalrad- und Drehkolbenzähler (Abb. 10.2), bei denen die außenlie-

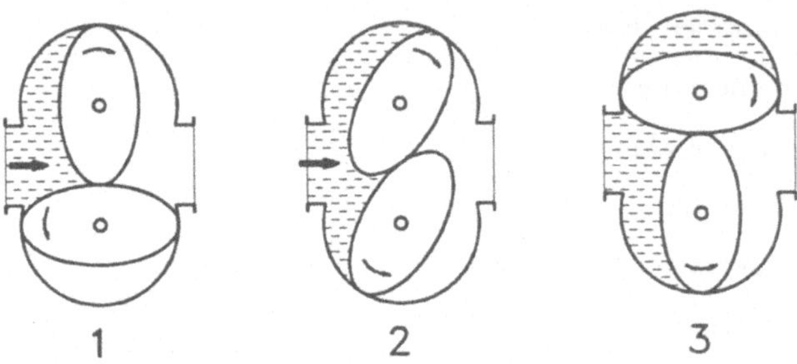

Abbildung 10.2: Drehkolbengaszähler

genden, sichelförmigen Meßräume durch umlaufende Trennwände abgegrenzt sind. Beim Ovalradzähler sind die Ovalräder verzahnt, beim Drehkolbenzähler wird der Gleichgang durch ein außenliegendes Zahnradpaar gesichert. Die Antriebsenergie wird der inneren Energie des Meßmediums entnommen, was sich in einem Druckverlust äußert. Drehkolbengaszähler sind für Volumenströme $\dot{V} < 30.000$ m^3/h ausführbar. Unterhalb einer Mindestmenge werden die Meßfehler dieser Geräte sehr groß.

Es werden nasse und trockene Gaszähler unterschieden, wenn die Abgrenzung des Meßvolumens durch eine Sperrflüssigkeit oder durch eine leicht bewegliche Membran erfolgt.

10.3 Mittelbare Volumenzähler

Die zweite große Gruppe, die mittelbaren Volumenstromzähler, führt die Volumenstrommessung auf Weg-, Geschwindigkeits- oder Drehzahlmessungen zurück, beispielsweise (Abb. 10.3):

- Flügelradzähler (radial angeströmt, für Flüssigkeiten)
- Woltmann-Zähler (axial angeströmt, für Flüssigkeiten)
- Schraubenrad-Gaszähler (axial angeströmt, für Gase)

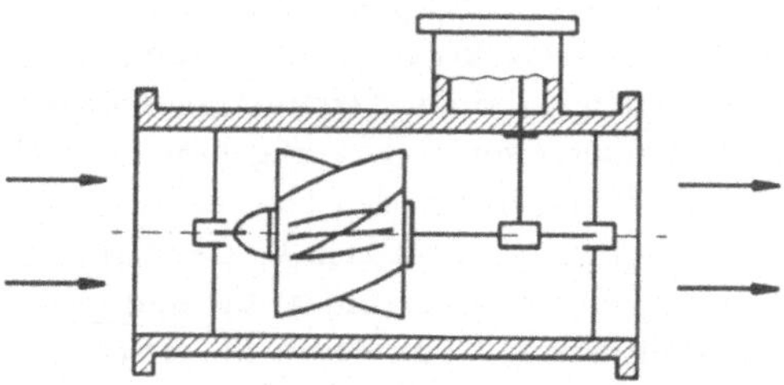

Abbildung 10.3: Woltmann-Zähler

Die dem Durchfluß proportionale Meßgröße wird abgegriffen und in das gewünschte Meßsignal umgeformt.

Bei bekannter Viskosität erreichen die Zähler hohe Genauigkeiten.

10.4 Schwebekörperdurchflußmesser

Der Schwebekörperdurchflußmesser besteht aus einem sich in Strömungsrichtung erweiternden Rohr und dem darin sich befindlichen Schwebekörper (Abb. 10.4). Bei Durchströmung des Meßrohres wird eine Kraft auf den Schwebekörper ausgeübt, so daß sich dessen Lage im Rohr ändert, bis Gleichgewicht zwischen Gewichtskraft einerseits und Widerstands- und Auftriebskraft andererseits herrscht. Zur direkten Ablesung kann das Rohr mit einer Skala versehen sein, die Lage des Schwebekörpers kann aber auch magnetisch oder induktiv erfaßt und angezeigt werden. Die Vorteile liegen u.a. darin, daß keine Ein- und Auslaufstrecken benötigt werden, in der einfachen Montage und der einfachen Funktionsweise. Nachteilig ist die Abhängigkeit von den physikalischen Eigenschaften Dichte und Viskosität des Mediums und die relativ geringe Genauigkeit.

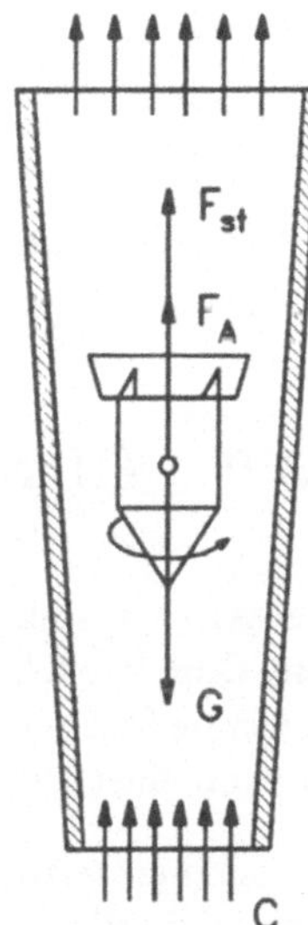

Abbildung 10.4: Schwebekörperdurchflußmesser

10.5 Magnetisch-induktiver Durchflußmesser

Das Faradaysche Induktionsgesetz besagt, daß in einem Leiter eine Spannung induziert wird, wenn sich der Leiter in einem Magnetfeld bewegt. Bei der magnetischinduktiven Durchflußmessung (Abb. 10.5) ist der Leiter das durch den Meßaufnehmer strömende, notwendigerweise elektrisch leitende Medium. Das Magnetfeld wird über zwei Erregerspulen erzeugt, die der Strömungsgeschwindigkeit proportionale induzierte Spannung wird über zwei isoliert angebrachte Elektroden abgegriffen. Vorteile sind u.a. die Unabhängigkeit von den physikalischen Eigenschaften des Mediums; keine Querschnittverengung, damit kein Druckabfall; keine bewegten mechanischen Teile; gute Genauigkeit bei guter Linearität und großem Dynamikbereich. Nachteilig ist die Mindestleitfähigkeit und damit die Beschränkung auf alle wässrigen Lösungen. Petrochemikalien wie Erdöl oder Benzin sind damit nicht meßbar.

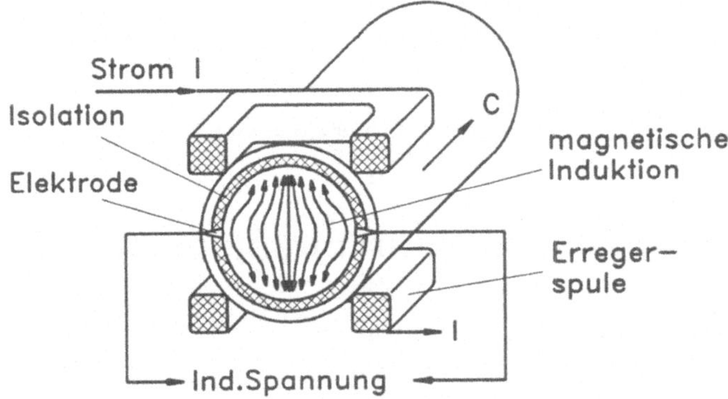

Abbildung 10.5: Magnetisch-induktiver Durchflußmesser

10.6 Ultraschalldurchflußmesser

Das Arbeitsprinzip dieser Durchflußmesser beruht auf der Laufzeitmessung oder dem Dopplereffekt (Abb. 10.6). Ein Sender gibt Ultraschallsignale in das zu vermessende Strömungsmedium ab, die von einem Empfänger detektiert, umgewandelt und von einer nachfolgenden Elektronik ausgewertet werden.

Bei der Laufzeitmessung wird ausgenutzt, daß die Ausbreitungsgeschwindigkeit einer Schallwelle in einem bewegten Medium abhängig ist von dessen Geschwindigkeit. Als Meßgröße dient a) der Laufzeitunterschied zwischen zwei Schallwellen, von denen eine in, die andere entgegen der Strömungsrichtung ausgesandt wird; b) die Phasendifferenz zwischen Sende- und Empfangssignal oder c) die Signalabschwächung.

Beim Dopplerverfahren wird die Frequenzverschiebung ausgenutzt, die entsteht, wenn eine Schallwelle auf einen bewegten Körper trifft und von diesem zurückgeworfen wird. Voraussetzung für diese Methode ist das Vorhandensein von Inhomogenitäten im Strömungsmedium, die die Schallwellen genügend reflektieren.

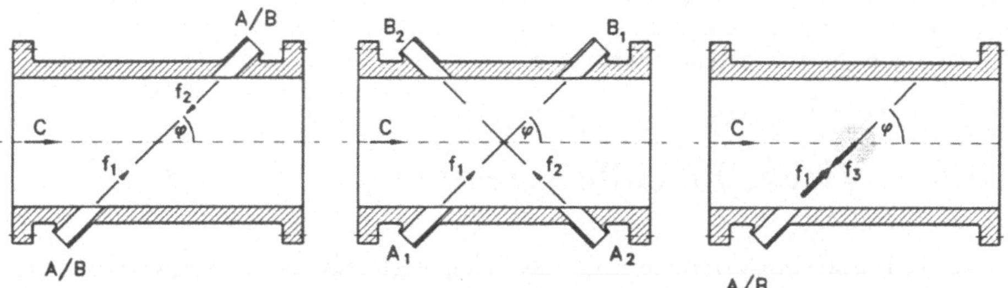

Abbildung 10.6: Ultraschalldurchflußmesser

Den wesentlichen Vorteilen - kein Druckverlust, unabhängig von den physikalischen Eigenschaften des Mediums - stehen der große Geräteaufwand, die mäßige Genauigkeit und die Abhängigkeit vom Strömungsprofil gegenüber.

10.7 Coriolis-Massendurchflußmesser

Bei diesem unmittelbaren Massendurchflußmesser wird ausgenutzt, daß auf ein sich in einem rotierenden System bewegenden Masseteilchen die Corioliskraft wirkt. In die Rohrleitung wird eine U-förmige Rohrstrecke eingebaut (Abb. 10.7), die - zur Simulation der Rotation - zu Schwingungen um die Rohrachse angeregt wird. Das Strömungsmedium bewegt sich in dem einen Schenkel von der Rohr- und damit von der Schwingungsachse weg, im anderen zur Schwingungsachse hin. Auf beide Schenkel wirken damit entgegengesetzt gerichtete Corioliskräfte $F_C = 2 \cdot m \cdot \vec{\omega} \times \vec{c}$, die ein Drehmoment um die Achse des U-Rohres und damit eine Verwindung hervorrufen. Die Verwindung ist direkt proportional zum Durchfluß.

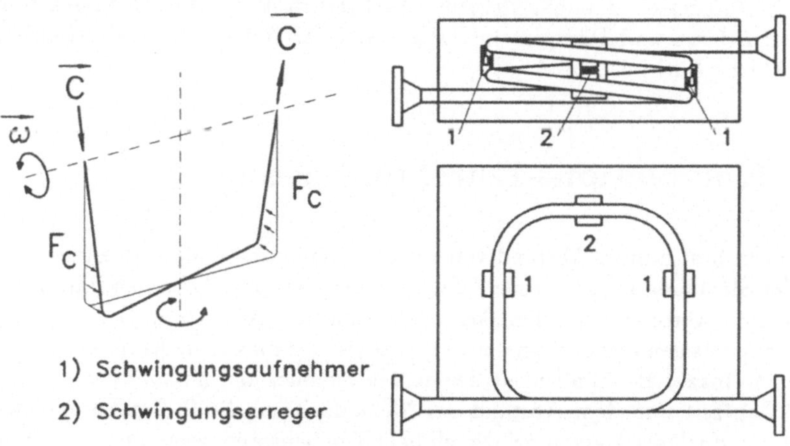

Abbildung 10.7: Coriolis-Massendurchflußmesser

Der Durchfluß wird unabhängig von Dichte, Viskosität oder Strömungsprofil mit hoher Genauigkeit gemessen. Relativ hohe Kosten und ein erheblicher Auswerteaufwand stehen diesen Vorteilen gegenüber.

10.8 Wirbeldurchflußmesser

Wird ein Körper umströmt, so kann das Strömungsmedium der Körperkontur nur bis zum Ablösepunkt folgen. Danach tritt Ablösung auf, verbunden mit einer Wirbelablösung (Kármánsche Wirbelstraße). Die Frequenz dieser Wirbelablösung ist in etwa proportional zur Strömungsgeschwindigkeit (Abb. 10.8).

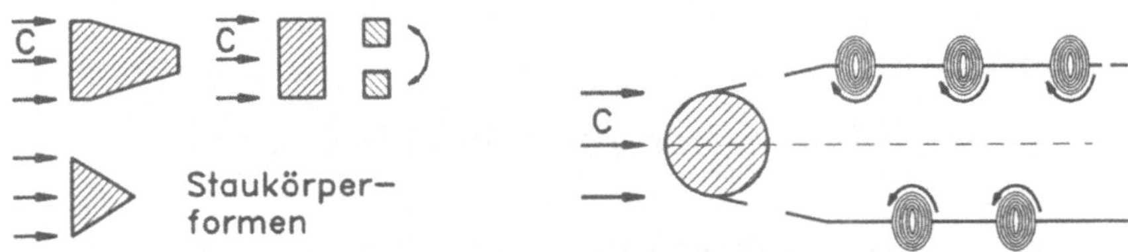

Abbildung 10.8: Wirbeldurchflußmesser

Auf dem Markt befindliche Produkte unterscheiden sich in der Form des Staukörpers, von der die Linearität der Beziehung $c \sim f$ abhängt, in der Stelle der Frequenzmessung sowie in der Art des Sensors zur Messung der Frequenz der abgelösten Wirbel - u.a. Drucksensoren, Dehnungsmeßstreifen, Thermistoren, Ultraschall.

Wirbeldurchflußmesser sind bei kleinem Druckverlust mit guter Genauigkeit für Flüssigkeiten, Gase und Dämpfe einsetzbar. Aus der Art des Sensors resultieren unterschiedliche Nachteile.

10.9 Korrelations-Durchflußmesser

Zwei in einem bestimmten Abstand voneinander angeordnete Meßaufnehmer erfassen mit der Strömung mitgetragene Schwankungen von physikalischen Parametern wie z.B. Dichte, Verteilung von Partikeln, Permeabilität (Abb. 10.9). Der Korrelator bestimmt nun aus den beiden Signalen $x(t)$ und $y(t)$ die maximale Korrelationsfunktion, d.h. die maximale Ähnlichkeit der beiden Signale, und aus der daraus resultierenden Laufzeit und dem Abstand der Meßaufnehmer die Strömungsgeschwindigkeit. Als Aufnehmer können prinzipiell beliebige Sensoren verwendet werden wie Hitzdrahtsonden, Ultraschall u.a.

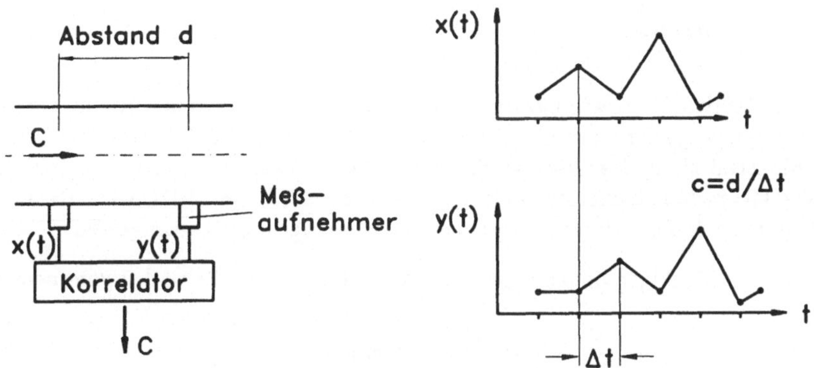

Abbildung 10.9: Korrelations-Durchflußmesser

Den Vorteilen der berührungslosen Messung stehen - je nach verwendetem Sensor - verschiedene Einsatzgrenzen entgegen.

10.10 Laminardurchflußmesser

Für laminare Strömungen ist gemäß dem Hagen-Poiseuilleschen Gesetz der durch eine Rohrleitung fließende Volumenstrom $\dot{V}$ proportional dem Druckabfall Δp über eine bestimmte Rohrstrecke l:

$$\dot{V} = \frac{\Delta p}{8 \cdot \eta \cdot l} \cdot \pi \cdot r^4 \tag{10.1}$$

Dies wird bei Laminardurchflußmessern derart ausgenutzt, daß der zu bestimmende Volumenstrom mehrfach unterteilt wird. Die Teilströme werden parallel durch Rohrleitungen geführt, die so bemessen sind, daß nie die kritische Reynoldszahl

$$Re_{kr} = \frac{c \cdot D}{\nu} \approx 2.300 \tag{10.2}$$

erreicht wird. Gemessen werden der Druckabfall Δp sowie zur Berücksichtigung des Zähigkeitseinflusses Druck und Temperatur.

Vorteilhaft ist die hohe Genauigkeit insbesondere bei kleinen Volumenströmen, nachteilig die Abhängigkeit von den physikalischen Eigenschaften des Strömungsmediums.

10.11 Durchflußmessung mit Strömungsmeßsonden

Zur punktuellen Geschwindigkeitsbestimmung stehen eine ganze Reihe Verfahren zur Verfügung (siehe Kapitel 7 „Strömungsmessung"). Die Durchflußbestimmung über die Ermittlung des Geschwindigkeitsprofils ist zwar aufwendig, für nicht kreisförmige Querschnitte aber oft die einzige Möglichkeit. In den VDI/VDE-Richtlinien 2640 sind die Anforderungen an solche Netzmessungen zusammengestellt.

Bei einem rechteckigen Strömungskanal (Abb. 10.10a) ergibt sich der Volumenstrom zu

$$\dot{V} = \int_0^B \int_0^T c(x,y)\ dx\ dy \tag{10.3}$$

mit $c(x,y)$ als der örtlichen Geschwindigkeit.

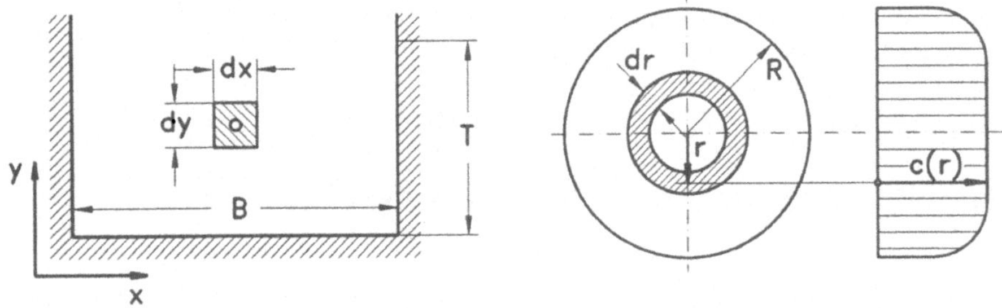

Abbildung 10.10: Durchflußmessung im rechteckigen und im kreisförmigen Strömungskanal

Bei Kreisquerschnitten ergibt sich

$$\dot{V} = \int_0^{2\pi} \int_0^R c(r,\alpha)\ r\ dr\ d\alpha \tag{10.4}$$

bzw. bei rotationssymmetrischem Strömungsprofil (Abb. 10.10b)

$$\dot{V} = 2\pi \int_0^R c(r)\ r\ dr \tag{10.5}$$

Das Integral kann graphisch bestimmt werden, indem die Fläche $c(r) \cdot r$ über r ausplanimetriert wird.

10.12 Durchflußmessung mit Drosselgeräten

Das in der Praxis am häufigsten eingesetzte Meßverfahren beruht darauf, daß durch eine definierte Verengung des Strömungsquerschnitts die Geschwindigkeit zu Lasten einer Absenkung des statischen Druckes erhöht wird (Abb. 10.11). Die Druckdifferenz zwischen normalem und verengtem Querschnitt - der Wirkdruck - ist ein Maß für die mittlere Geschwindigkeit an der Engstelle und damit für den Durchfluß.

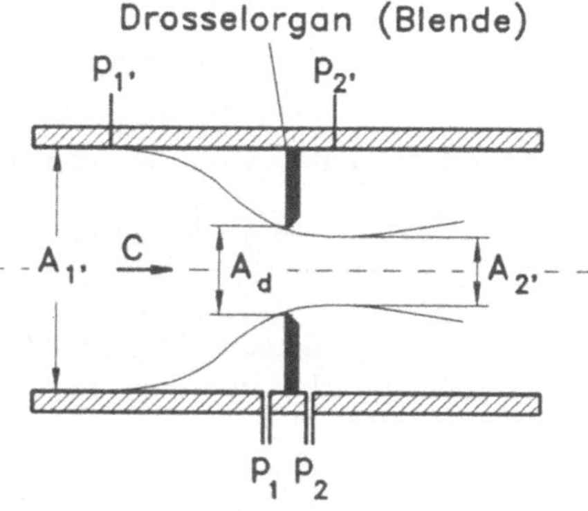

Abbildung 10.11: Drosselstelle

Zur Ableitung der Durchflußgleichung wird zwischen einem ungestörten Querschnitt vor der Drosselstelle ($A_{1'}$) und dem kleinsten Strahlquerschnitt $A_{2'}$ (Abb. 10.11) die Bernoulligleichung angesetzt, wobei zunächst ein inkompressibles Fluid betrachtet wird:

$$p_{1'} + \frac{\rho}{2} \cdot c_{1'}^2 = p_{2'} + \frac{\rho}{2} \cdot c_{2'}^2 \quad . \tag{10.6}$$

Außerdem ergibt die Kontinuitätsgleichung:

$$c_{1'} \cdot A_{1'} = c_{2'} \cdot A_{2'} = const \quad . \tag{10.7}$$

Da der engste Strahlquerschnitt $A_{2'}$ von der Öffnung A_d der Drosselstelle je nach der Formgebung der Drossel abweicht, wird die Einschnürungszahl μ entsprechend

$$A_{2'} = \mu \cdot A_d \tag{10.8}$$

eingeführt. Mit dem Öffnungsverhältnis

$$m = \frac{A_d}{A_{1'}} = \left(\frac{d}{D}\right)^2 \tag{10.9}$$

ergibt sich:

$$c_{1'} = \mu \cdot m \cdot c_{2'} \tag{10.10}$$

und mit der Bernoulligleichung:

$$c_{2'} = \frac{1}{\sqrt{1 - \mu^2 \cdot m^2}} \cdot \sqrt{\frac{2}{\rho} \cdot (p_{1'} - p_{2'})} \quad . \tag{10.11}$$

In dieser Gleichung, die für die reibungsfreie Strömung abgeleitet ist, sind noch einige Korrekturen erforderlich: Wegen der Reibung tritt nicht die ideale Geschwindigkeitsverteilung auf, vor allem jedoch werden die Drücke p_1 und p_2 direkt vor und hinter der Drosselstelle anstelle von $p_{1'}$ und $p_{2'}$ nach Definition erfaßt. Die damit verbundenen Abweichungen werden in dem Beiwert ζ zusammengefaßt, so daß sich für die Geschwindigkeit $c_{2'}$ im engsten Strahlquerschnitt ergibt:

$$c_{2'} = \frac{\zeta}{\sqrt{1-\mu^2 \cdot m^2}} \cdot \sqrt{\frac{2}{\rho} \cdot (p_1 - p_2)} = \frac{\zeta}{\sqrt{1-\mu^2 \cdot m^2}} \cdot \sqrt{\frac{2}{\rho} \cdot \Delta p_{Bl}} \qquad (10.12)$$

und für den Volumenstrom in der Drosselstelle:

$$\dot{V} = \mu \cdot A_d \cdot c_{2'} = \frac{\mu \cdot \zeta}{\sqrt{1-\mu^2 \cdot m^2}} \cdot A_d \cdot \sqrt{\frac{2}{\rho} \cdot \Delta p_{Bl}} \quad . \qquad (10.13)$$

Da die vielen Einflüsse nicht getrennt erfaßt werden können, werden sie summarisch zur Durchflußzahl α zusammengefaßt mit

$$\alpha = \frac{\mu \cdot \zeta}{\sqrt{1-\mu^2 \cdot m^2}} \quad . \qquad (10.14)$$

Wird weiterhin die Expansion des Strömungsmediums vom Druck p_1 auf p_2 durch die Expansionszahl ϵ berücksichtigt, ergibt sich der tatsächliche Volumen- bzw. Massenstrom zu

$$\dot{V} = \alpha \cdot \epsilon \cdot A_d \cdot \sqrt{\frac{2}{\rho_1} \cdot \Delta p_{Bl}} \quad \text{und} \quad \dot{m} = \alpha \cdot \epsilon \cdot A_d \cdot \sqrt{2 \cdot \rho_1 \cdot \Delta p_{Bl}} \quad . \qquad (10.15)$$

Für reproduzierbare Meßergebnisse ist nun die Durchflußzahl α genauer zu untersuchen. Da α von mehreren Parametern abhängig ist – $\alpha = f(D, \eta, \rho, c_1, m)$ –, entstünde ein sehr aufwendiges Meßproblem. Die Gesetze der Ähnlichkeitstheorie der Strömungsmechanik helfen, diese Aufgabe übersichtlicher zu machen, da sich die Abhängigkeiten reduzieren auf:

$$\alpha = f(m, Re, k/D). \qquad (10.16)$$

Darin ist m durch die Ausführung vorgegeben, die Reynoldszahl $Re = c \cdot D/\nu$ bleibt die einzige strömungstechnische Kenngröße, und der Ausdruck k/D gilt nur für rauhe Rohre (k = Rauhtiefe). Abb. 10.12 zeigt die Abhängigkeit $\alpha = f(m, Re)$. Oberhalb der Konstanzgrenze bleibt α = konst. und ist nur noch von $m = (d/D)^2$ abhängig. Bei der Bemessung eines Drosselgerätes ist m so zu wählen, daß die Messung in diesem Konstanzbereich erfolgt: Bei bekanntem Rohrdurchmesser D und vorgegebenem Meßbereich $\Delta p_{Bl,max}$ des Anzeigegeräts kann aus Gl. 10.15 die Größe $m \cdot \alpha$ berechnet werden:

$$m \cdot \alpha = \frac{\dot{V}}{A_1} \cdot \sqrt{\frac{\rho}{2 \cdot \Delta p_{Bl,max}}} \quad . \qquad (10.17)$$

Da aber $m \cdot \alpha = f(\alpha)$ ist, erhält man m und damit d. In Abb. 10.12 muß man sich noch überzeugen, daß sich für die Meßaufgabe eine Re-Zahl größer als die bei der Konstanzgrenze ergibt.

Die Expansionszahl ϵ ist im wesentlichen abhängig von m, der Gasart (κ) und p_1/p_2 (Abb. 10.13). Für Flüssigkeiten ist $\epsilon = 1.0$.

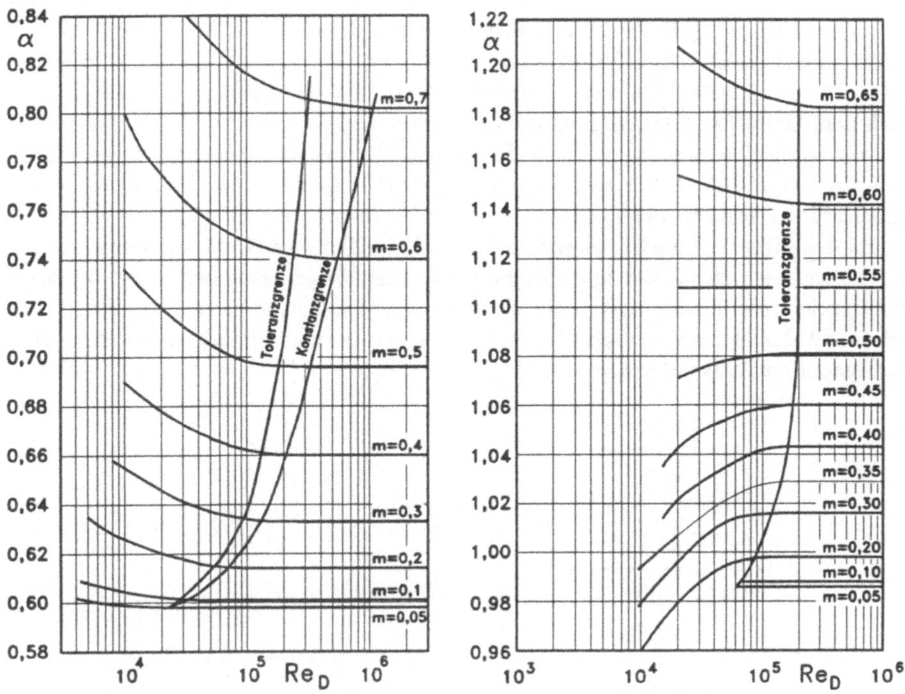

Abbildung 10.12: Durchflußzahl α für (a) Normblenden und (b) Normdüsen

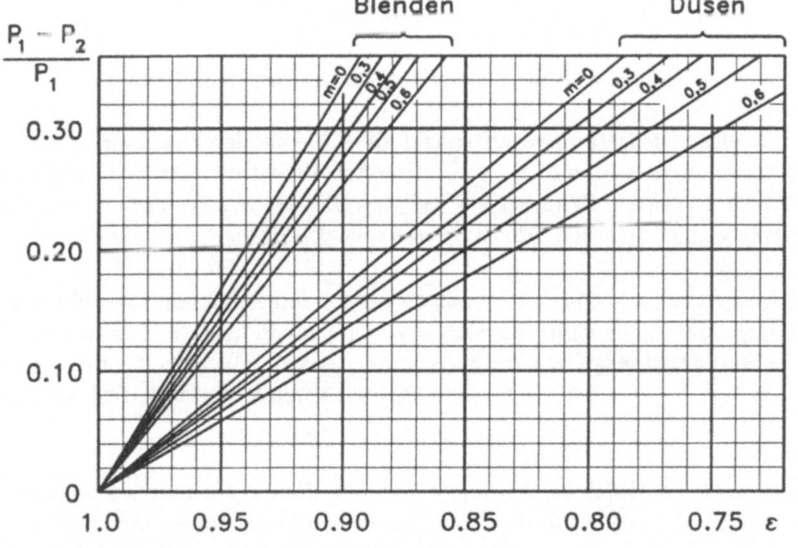

Abbildung 10.13: Expansionszahl ϵ für Blenden und Düsen (DIN 1952)

Werden die Drosselgeräte nach den Konstruktions- und Einbauvorschriften der DIN 1952 eingesetzt, ist keine Kalibrierung erforderlich. Voraussetzung ist ein störungsfreier Zu- und Auslauf, so daß bestimmte gerade Rohrstrecken vor (4...50 D) bzw. nach dem Gerät (2...4 D) vorgeschrieben werden. Die vorgeschriebenen Längen richten sich nach den Störungen durch Krümmer, Raumkrümmer, Armaturen u.ä. In DIN 1952 sind drei Drosselgerätearten festgelegt - Normblende, Normdüse, Normventuridüse (Abb. 10.14) -, deren α- und ϵ-Werte durch umfangreiche Versuchsreihen experimentell nachgewiesen sind. Die Normblende besteht aus einer Scheibe mit kreisrunder, scharfkantiger Öffnung, die zugehörigen Fassungsringe enthalten die Druckentnahmeöffnungen. Die Normventuridüse besteht aus einer Düse - sie entspricht der Normdüse - als Einströmteil, einem kurzen zylindrischen Rohrstück und einem nachfolgenden Diffusor.

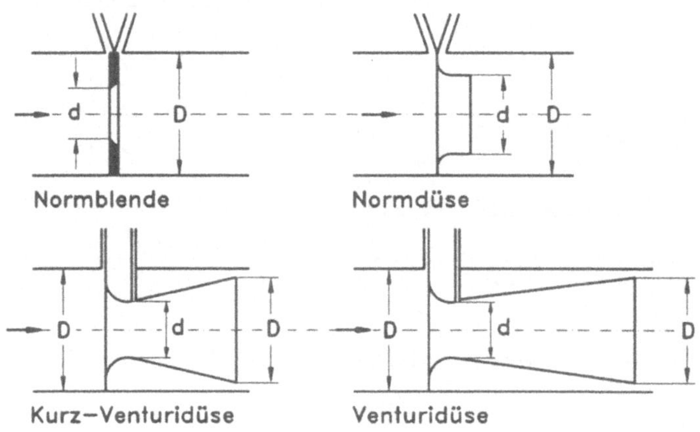

Abbildung 10.14: Drosselgerätearten nach DIN 1952

Der Einbau eines Drosselgerätes verursacht einen bleibenden Druckverlust, der von der Bauart abhängig ist und in einem bestimmten Verhältnis zum Wirkdruck steht. Am höchsten ist dieser Druckverlust bei der Blende, am geringsten infolge des Druckrückgewinns durch den Diffusor bei der Venturidüse.

Bei Strömungen mit sehr kleinen Re-Zahlen werden mit Erfolg die Viertelkreisdüsen verwendet, genannt nach dem Viertelkreis als Einlaufrundung. Sie besitzen eine untere und obere Konstanzgrenze und werden im Bereich unterhalb der Reynoldszahlen der Normgeräte eingesetzt. Für Öffnungsverhältnisse $m < 0,5$ wird die Durchflußzahl $\alpha = 1,0\ldots0,77$.

Neben den Vorteilen durch die Normung und dem damit verbundenen Entfall einer Kalibrierung ist als weiteres die einfache Handhabung und der weite Einsatzbereich zu nennen. Der Druckverlust, die Wurzelabhängigkeit von Wirkdruck und Durchfluß sowie der begrenzte Meßbereich sind als wesentliche Nachteile zu nennen.

10.13 Meßverfahren für offene Anlagen

Die bislang vorgestellten Meßverfahren behandeln die Durchflußmessung in geschlossenen Systemen. Wie nachfolgend beschrieben, werden in offenen Anlagen ebenfalls Methoden eingesetzt, die auf den energetischen Beziehungen in einer Strömung basieren. Ein häufiges Meßprinzip ist die Wehrmessung, bei der das Wasser durch einen Wehreinbau auf eine dem Mengenstrom entsprechende Überfallhöhe aufgestaut wird (Abb. 10.15).

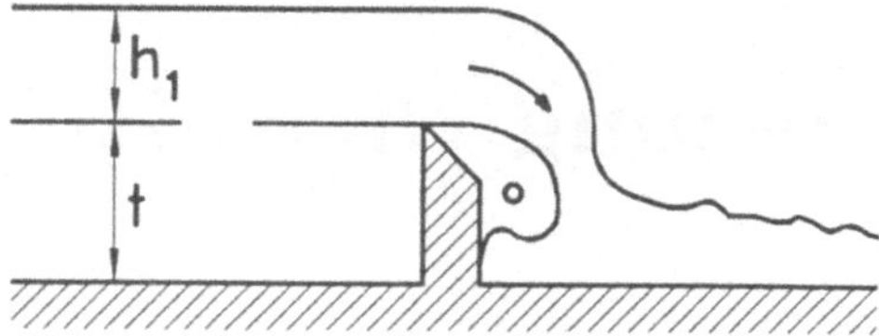

Abbildung 10.15: Plattenwehr

Mit der Wehrbreite b und der Überfallhöhe h_1 ergibt sich der Volumenstrom als

$$\dot{V} = \frac{2}{3} \cdot \mu \cdot b \cdot \sqrt{2 \cdot g \cdot h_1^3} \tag{10.18}$$

Aus umfangreichem Versuchsmaterial wurde μ von Rehbock bestimmt zu:

$$\mu = 0,6035 + 0,0813 \frac{h_1}{t} \tag{10.19}$$

Mit diesen Angaben sind Messungen mit 0,5 % Genauigkeit möglich.

Ähnlich arbeitet die Venturikanalmessung, die die einfachen Wehre in vielen Fällen verdrängt hat. Gibt man der seitlichen Kanalwand - meist auch dem Boden - die Form einer Venturidüse, kann aus der Spiegelabsenkung im engsten Querschnitt auf den Volumenstrom geschlossen werden (Abb. 10.16). Bei diesem Verfahren ist der bleibende Höhenverlust - er entspricht dem Druckverlust - geringer als beim scharfkantigen Überfallwehr.

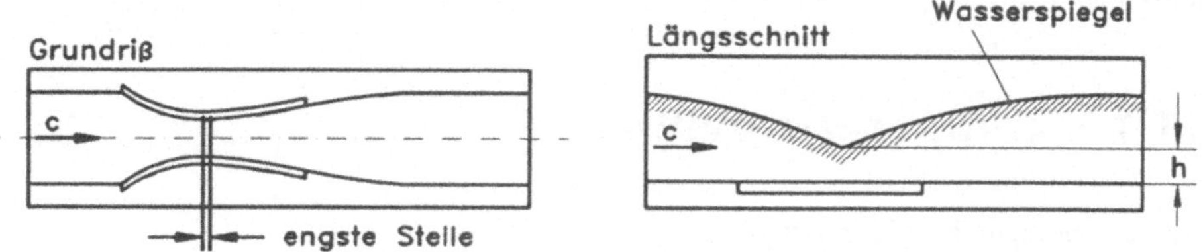

Abbildung 10.16: Venturikanal

Kapitel 11

Messung thermischer Größen

Neben der Druckmessung ist die Bestimmung der Temperatur eines Körpers eine der wichtigsten Meßaufgaben. Im technischen Bereich gibt es praktisch kein Versuchs- oder Überwachungsprogramm für eine Maschine, bei der nicht mindestens eine Temperatur gemessen wird. So wird die Temperaturmessung z.B. bei der Bestimmung der Leistungsverluste durch Messung der Lagerölerwärmung oder des Arbeitsmediums ebenso benötigt wie bei reinen Überwachungsfunktionen, z.B. der Lager- und Abgastemperatur einer Gasturbine oder der Kühlwassertemperatur im Auto, um bei auftretenden Fehlern Warnfunktionen einzuleiten und so größeren Schaden zu vermeiden.

Die technischen Temperaturfühler kann man unterscheiden in Berührungsthermometer und berührungslose Thermometer oder nach dem Meßeffekt in mechanische und elektrische Thermometer sowie Sondermeßverfahren. Abb. 11.1 zeigt eine Gliederung der unterschiedlichen Verfahren zur Temperaturmessung. Zu den berührenden Meßverfahren zählen die mechanischen Thermometer nach dem Ausdehnungsprinzip, die elektrischen Temperaturfühler auf der Basis von Widerstandsänderung oder Thermospannung sowie einige Sonderverfahren. Berührungslos arbeiten die Strahlungsmeßgeräte (Pyrometer). Die Anwendungsbereiche der verschiedenen Verfahren sind in Abb. 11.2 dargestellt.

11.1 Temperaturmaßstab

Die Temperatur ist für jeden Körper, ob flüssig, fest oder gasförmig, zunächst ein Maß für dessen innere Energie. Weiter beschreiben Druck und Temperatur zusammen mit der Dichte über die Gasgleichung (Gl. 11.1) den Zustand eines Körpers:

$$R = \frac{p}{\rho \cdot T} = \text{konst.} \tag{11.1}$$

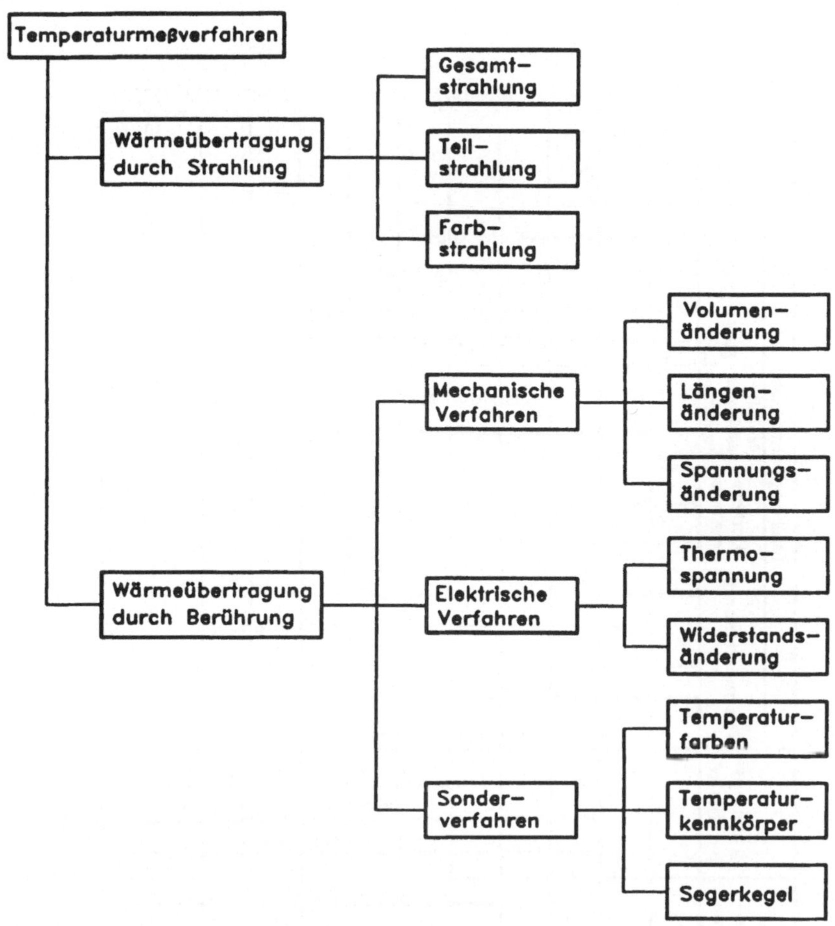

Abbildung 11.1: Gliederung der Temperaturmeßverfahren

Schließlich ist Wärme eine Energie, die von einem Körper hohen Temperaturzustandes auf einen Körper niedriger Temperatur übergeht. Somit hat die Temperatur eines Körpers eine sehr vielfältige Bedeutung bei verschiedenen Vorgängen.

Die übertragene Wärmemenge läßt sich aus der Temperaturdifferenz der Körper nach Gl. 11.2 bestimmen:

$$Q = m \cdot c \cdot \Delta T. \tag{11.2}$$

Zur Definition einer Temperaturskale, die sich jederzeit und überall mit der gleichen Genauigkeit reproduzieren läßt, können theoretisch temperaturabhängige physikalische Eigenschaften eines Körpers wie Druck, Volumen, elektrischer Widerstand, Ag-

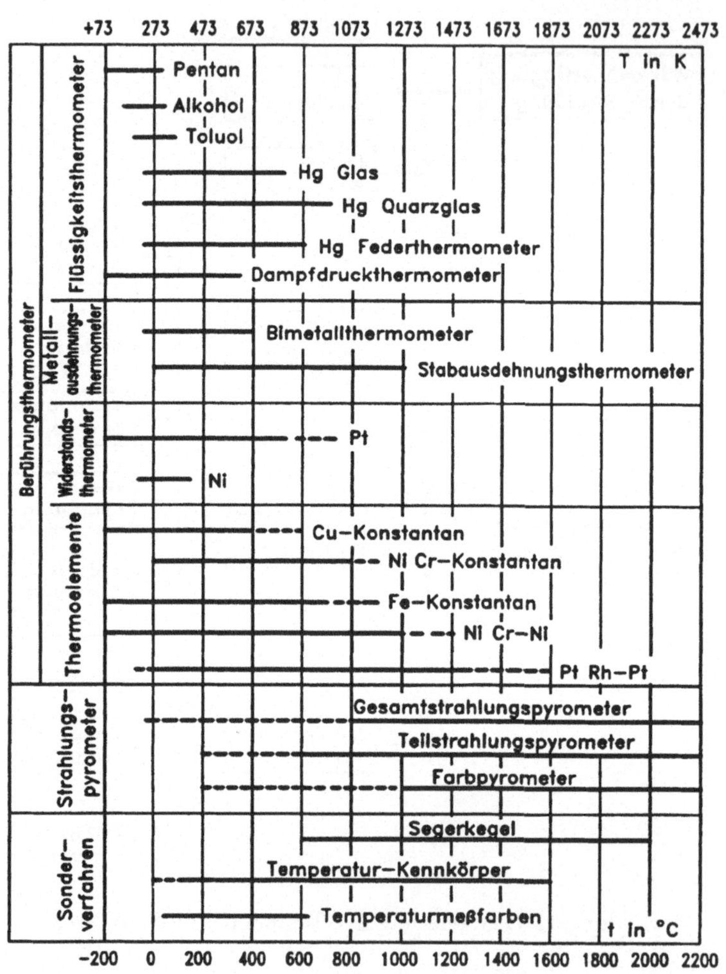

Abbildung 11.2: Anwendungsbereiche der einzelnen Temperaturmeßverfahren

gregatzustand usw. verwendet werden. Diese Eigenschaften ändern sich aber nicht linear mit der Temperatur, so daß eine exakte Definition einer Skale sehr schwierig ist.

Benutzt man den Carnot-Prozeß zur Beschreibung einer idealen Wärmekraftmaschine, so kann man diesen völlig reversiblen Kreisprozeß mit Hilfe der Temperatur

T beschreiben, z.B. in der Gleichung für den thermischen Wirkungsgrad des Prozesses

$$\eta_{th} = \frac{Q_1 - Q_2}{Q_1} = \frac{\Delta s \cdot T_1 - \Delta s \cdot T_2}{\Delta s \cdot T_1} = \frac{T_1 - T_2}{T_1}. \quad (11.3)$$

Da im geschlossenen Kreisprozess eine bestimmte Menge des im übrigen beliebigen Stoffes enthalten ist, gilt die obige Gleichung unabhängig von der Menge

$$\eta_{th} = \frac{q_1 - q_2}{q_1} = \frac{T_1 - T_2}{T_1} \quad \text{mit} \quad q = \frac{Q}{m}. \quad (11.4)$$

Aus Energieerhaltungsgründen kann η_{th} niemals > 1 werden, somit muß es eine niedrigste Temperatur $T_2 = 0$ geben, die nicht unterschritten werden kann. Damit gibt es einen Nullpunkt der thermodynamischen Temperaturskale, der ein absoluter Nullpunkt ist, daher der Name „absolute Temperatur" T. Sie hat die Einheit Kelvin [K] (ohne Grad). Der Nullpunkt liegt vor, wenn der Wärmeinhalt eines Körpers Null ist, was gleichbedeutend mit innerer Energie $= 0$ oder einem völlig bewegungslosen Zustand der Moleküle des betrachteten Stoffes ist. Dieser Zustand herrscht im vor Strahlung geschützten Raum des Weltalls.

Der Tripelpunkt des Wassers liegt bei $T = 273,16$ K. Er ist der zweite Fixpunkt der Temperaturskale, die in gleicher Weise wie die empirisch entstandene Celsiusskale eingeteilt wird, indem die Temperaturdifferenz zwischen dem Dampfpunkt des Wassers bei $1,013 \cdot 10^5$ Pa und dem Tripelpunkt in 100 gleiche Teile geteilt wird. Diese Punkte wurden gewählt, da sie sich eindeutig jederzeit reproduzieren lassen.

Genormte Temperatureinheiten sind Grad Celsius (°C) und Kelvin (K), im angelsächsischen Raum ist die nicht normgemäße Einheit Grad Fahrenheit (°F) in Gebrauch.

Zur Umrechnung zwischen diesen Einheiten gilt:

$$T = t_c + 273,16 \quad \text{sowie} \quad t_c = \frac{5}{9} \cdot (t_F - 32)$$

mit t_c = Temperatur in °C, T = Temperatur in K, t_F = Temperatur in °F.

Mit idealen Gasen, deren Stoffeigenschaften temperaturunabhängig sind, oder mit Spektralpyrometern ist man in der Lage, die Punkte der Skale meßtechnisch umzusetzen. Mit Wasserstoffthermometern, deren Medium fast ideales Gasverhalten aufweist, ist über Extrapolation die absolute Temperatur exakt zu bestimmen und somit die Definition einer reproduzierbaren Temperaturskale möglich. Im Laufe der Jahrzehnte hat man diese Meßverfahren stetig verfeinert, so daß eine immer bessere Anpassung der internationalen Skale an die thermodynamische Temperatur möglich wurde.

Der praktische Gebrauch von Gasthermometern ist jedoch sehr umständlich, weshalb man dieses Thermometer lediglich zur exakten Bestimmung einiger thermometrischer Fixpunkte einsetzt, die man als leicht reproduzierbare Gleichgewichtstemperaturen wählt. Tabelle 11.1 zeigt die ausgewählten Fixpunkte der *Internationalen Temperaturskale ITS-90.* Anhand dieser Skale können Thermometer beliebiger Bauart relativ einfach genau kalibriert werden. Sie wurde vom Internationalen Kommitee für Maße und Gewichte verabschiedet und ist seit 1. Januar 1990 auch in Deutschland gültig.

-273,15	°C	Absoluter Nullpunkt
-259,3467	°C	Tripelpunkt von Helium
-248,5939	°C	Tripelpunkt von Neon
-195,798	°C	Tripelpunkt von Stickstoff
-189,3442	°C	Tripelpunkt von Argon
-182,954	°C	Siedepunkt von Sauerstoff
-38,8344	°C	Tripelpunkt von Quecksilber
0,01	°C	Tripelpunkt von Wasser
29,7646	°C	Gallium schmilzt
156,5958	°C	Indium erstarrt
231,928	°C	Zinn erstarrt
419,527	°C	Zink erstarrt
660,323	°C	Aluminium erstarrt
961,78	°C	Silber erstarrt
1.064,18	°C	Gold erstarrt
1.084,62	°C	Kupfer erstarrt
1.773,0	°C	Platin schmilzt
3.388,0	°C	Wolfram schmilzt

Tabelle 11.1: Internationale Temperaturskale ITS-90

Die Skale ist in Bereiche unterteilt, für die Interpolationsmethoden festgelegt sind. Zwischen dem Siedepunkt des Sauerstoffs bei -182,954 °C und dem Erstarrungspunkt des Aluminiums bei 660,323 °C wird die Temperatur aus dem elektrischen Widerstand eines Platindrahtes vorgegebener Reinheit bestimmt, darüber bis zum Goldpunkt bei 1.064,18 °C dient die EMK eines Platin-PlatinRhodium(10%)-Thermoelementes zur Temperaturmessung. Oberhalb des Goldpunktes gilt eine Extrapolationsformel, die die Strahlungsmessung eines schwarzen Körpers benutzt. Diese genau definierten Temperaturmeßverfahren dienen also der Kalibrierung aller anderen Verfahren und Geräte.

11.2 Ausdehnungsthermometer

Bei Ausdehnungsthermometern wird die thermische Ausdehnung von festen, flüssigen oder gasförmigen Stoffen zur Anzeige herangezogen. Die gebräuchlichste Form sind die *Flüssigkeits-Glasthermometer* (Abb. 11.3), bei denen die Ausdehnung eines Flüssigkeitsvolumens über den Stand der Flüssigkeit in einer Glaskapillare ermit-

-200 ... +20 °C	Pentan	Glas
-110 ... +50 °C	Äthylalkohol	Glas
-70 ... +70 °C	Toluol	Glas
-38 ... +280 °C	Quecksilber (10 bar N_2)	Glas
-38 ... +600 °C	Quecksilber (20 bar N_2)	Glas
-38 ... +750 °C	Quecksilber (100 bar N_2)	Quarz

Tabelle 11.2: Füllstoffe für Flüssigkeitsthermometer

telt wird. Je nach Meßbereich verwendet man verschiedene Stoffe als Füllung und Kapillarwerkstoff (Tabelle 11.2).

Bei der Messung muß zwischen Thermometern, die vollständig eintauchend, und solchen, die teilweise eintauchend geeicht sind, unterschieden werden. Weichen Meß- und Eichzustand voneinander ab, hat durch die Fadenkorrektur eine Berichtigung der Anzeige zu erfolgen. Mit den Größen t_w (wahre Temperatur), t_m (abgelesene Temperatur) und t_f (mittlere Temperatur des herausragenden Fadens) sowie der Anzahl der herausragenden Skalenteile n und dem Ausdehnungskoeffizienten α der Kombination Glas-Füllmedium (bei Hg $\alpha = 0,16 \cdot 10^{-3}$ $1/K$) erhält man die wahre Temperatur zu:

$$t_w = t_m + n \cdot \alpha \cdot (t_m - t_f)\,. \qquad (11.5)$$

Abbildung 11.3: Flüssigkeits-Glasthermometer

Durch besondere Ausbildung der Kapillare kann man in beliebigen Meßbereichen eine gute Anzeigegenauigkeit erhalten, indem man Erweiterungen zur Unterdrükkung größerer Meßbereiche anbringt. Das *Beckmann-Thermometer* (Abb. 11.4) benutzt diese Methode, um kleinste Schwankungen ($\Delta t = 0,01$ K) im Bereich einer bekannten Temperatur zu messen. Den Meßfühler kann man aus einem an die Kapillare angeschlossenen Vorratsgefäß mit beliebigen Quecksilbermengen füllen und so die Temperatur verändern, bei der man kleine Schwankungen messen will.

Werden zwei Metallstreifen mit unterschiedlichen Wärmeausdehnungskoeffizienten Fläche an Fläche fest miteinander verbunden, erhält man ein Bimetallthermometer. Bei Temperaturänderung krümmt sich der Bimetallstreifen. Man findet Bimetallelemente in Meßgeräten mit geringen Genauigkeitsansprüchen. Das Arbeitsvermögen des Bimetallpaares ist zwar gering, da mit Bimetallthermometern jedoch recht einfach elektrische Schalterbewegungen ausgelöst werden können, kommen sie häufig

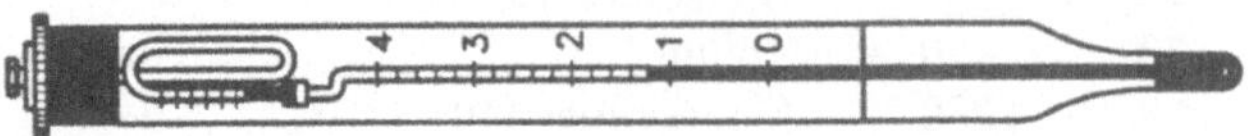

Abbildung 11.4: Beckmann-Thermometer

als Meßelement in einer Zweipunkt-Temperaturregelung (z.B. Temperaturschalter im Heizofen) zum Einsatz (Abb. 11.5). Um einen definierten, umspringenden Schaltpunkt zu erzielen, wird der Bimetallstreifen mit einem Federelement vorgespannt und so zu einem Schnappschalter ausgebildet. Variable Vorspannung der Feder ermöglicht das Einstellen unterschiedlicher Schalttemperaturen.

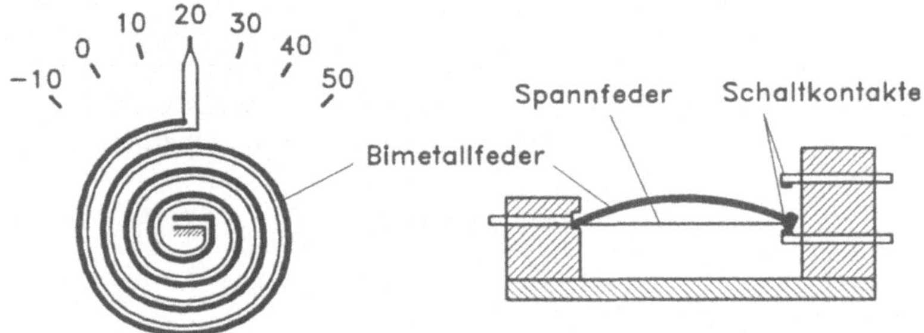

Abbildung 11.5: Bimetall-Thermometer, -Thermostat

Die Ausdehnung der Stoffe läßt sich auch in andere meßbare Größen umformen. So erhält man die *Flüssigkeitsdruckthermometer*, in denen die behinderte Ausdehnung der Füllflüssigkeit in eine Druckgröße umgewandelt wird (Abb. 11.6). Das Meßwerk entspricht dann dem eines Manometers. Die Meßanordnung besteht aus dem Meßfühler, einer Leitungskapillare und einem Federmeßwerk, gefüllt meist mit Quecksilber. Die Kapillare kann eine nicht allzu große Entfernung zwischen Meßort und Anzeige überbrücken. Die Geräte sind als Anzeige- und Registriergeräte ausführbar. Da die Temperatur der Leitungskapillare abhängig von deren Länge das Meßergebnis beeinflußt, muß man eine Kompensationseinrichtung vorsehen.

Dampfdruckthermometer arbeiten nach einem ähnlichen Meßprinzip. Sie schalten aber den Fehlereinfluß durch Temperaturschwankungen längs der Kapillare aus. Im Meßfühler befindet sich eine verdampfende Flüssigkeit, deren Dampfdruck als Maß für die Temperatur verwendet wird. Gemäß der Dampfdruckkurve erhält man eine nichtlineare Skale. Die Sicherheit der Meßergebnisse und der übersichtliche Meßwerkaufbau sowie die erzielbaren großen Stellkräfte ermöglichen die Verwendung in automatisch arbeitenden Reglern. Der Meßwert solcher Geräte ist vom Barometerstand abhängig. Die Länge der Leitung hat hier keinen Einfluß auf den Anzeigewert, nur auf die Anzeigeverzögerung.

Abbildung 11.6: Flüssigkeitsdruckthermometer

11.3 Widerstandsthermometer

Beim *Widerstandsthermometer* wird die Temperaturmessung auf die temperaturabhängige Änderung des elektrischen Widerstandes eines Leiters zurückgeführt. Abb. 11.7 zeigt den Zusammenhang zwischen Widerstand und Temperatur für unterschiedliche Leitermaterialien. Bemerkenswert ist die gegensätzliche Charakteristik von Metallen und Heißleitern (NTC, neg. Temp.-Koeff.).

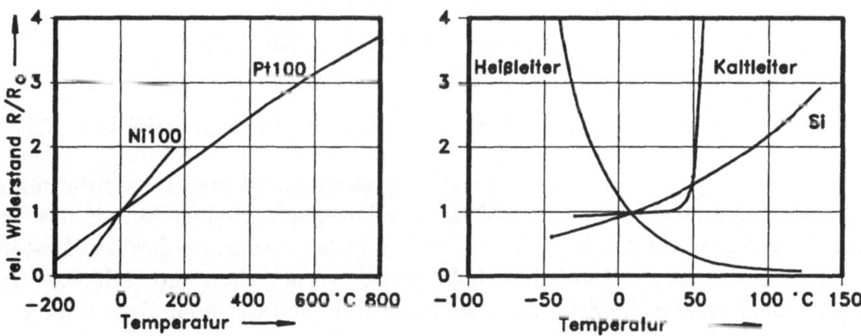

Abbildung 11.7: Temperaturabhängigkeit des elektrischen Widerstands

Mit Metallwiderstandsthermometern sind die genauesten Temperaturmessungen möglich. Die Temperaturabhängigkeit des elektrischen Widerstandes von Metallen läßt sich durch Gl. 11.6 beschreiben:

$$R_T = R_0 \cdot \left[1 + A \cdot (T - T_0) + B \cdot (T - T_0)^2\right] \tag{11.6}$$

mit R_T = Widerstand bei Temperatur T, R_0 = Widerstand bei T_0 = 273,15 K sowie A und B als Materialkonstanten. Für kleine Temperaturbereiche genügt oft Gl. 11.7 mit den materialabhängigen Größen α als mittlerem Temperaturbeiwert oder T_K

als Temperaturkoeffizient:

$$R_T = R_0 \cdot [1 + \alpha \cdot (T - T_0)] \quad \text{oder} \quad R_T = R_0 + T_K \cdot (T - T_0)\,. \tag{11.7}$$

Aufgrund ihrer sehr guten Eigenschaften werden vorwiegend Platin und Nickel als Widerstandsmaterialien verwendet. Heute kommen meist standardisierte Fühler zur Anwendung wie Pt 100, ein Platinwiderstand, dessen Widerstandswert bei 0 °C 100 Ω beträgt, Pt 1000, Ni 50 oder Ni 100. Für den Temperaturbereich von 0...100 °C gilt ein mittlerer Temperaturbeiwert $\alpha_{Pt} = 3{,}85 \cdot 10^{-3}$ 1/K für Platin sowie $\alpha_{Ni} = 6{,}17 \cdot 10^{-3}$ 1/K für Nickel. In Tabelle 11.3 sind entsprechend DIN IEC 751 die Grundwerte der Meßwiderstände für Pt 100 in 20 K-Schritten angegeben.

ϑ	Widerstand Ω				
° C	0	+20	+40	+60	+80
-200	18,49	27,08	35,53	43,87	52,11
-100	60,25	68,33	76,33	84,27	92,16
0	100,00	107,79	115,54	123,24	130,89
100	138,50	146,06	153,58	161,04	168,46
200	175,84	183,17	190,45	197,69	204,88
300	212,02	219,12	226,17	233,17	240,13
400	247,04	253,90	260,72	267,49	274,22
500	280,90	287,53	294,11	300,65	307,15
600	313,59	319,99	326,35	332,66	338,92
700	345,13	351,30	357,42	363,50	369,53
800	375,51	381,45	387,34	-	-

Tabelle 11.3: Grundwerte der Meßwiderstände Pt 100 nach DIN IEC 751

Werden hohe Ansprüche an die Genauigkeit gestellt, so ist eine Linearisierung der Meßwerte infolge des nicht zu vernachlässigenden quadratischen Anteils des Temperaturbeiwertes erforderlich. Während früher meist gewickelte Drahtwiderstände verwendet wurden, deren Herstellung hohe Kosten verursachte, werden heute immer häufiger Schichtwiderstände in der wesentlich kostengünstigeren Dünnfilmtechnik hergestellt. Auf einem Keramikträger wird eine dünne Platinschicht abgeschieden, die anschließend durch Ätzung in die richtige Form gebracht wird. Ein Abgleich mit einem Laserstrahl ermöglicht die einfache Justierung auf den spezifizierten Widerstandswert. Der Fühler selbst wird meist nicht direkt mit dem zu messenden Medium in Verbindung gebracht, sondern mit einem Schutzrohr versehen. Hierbei existiert eine Vielzahl von Bauformen, von denen ein großer Teil genormt ist. Beispielhaft zeigt Abb. 11.8 ein Widerstandsthermometer mit Schutzarmatur zum Einschrauben.

Wegen des größeren Meßeffektes und der geringeren Kosten werden bei mäßigen Genauigkeitsansprüchen Halbleiterwiderstände (Heißleiter (PTC), Kaltleiter (NTC), Thermistoren) verwendet. Diese weisen im Gegensatz zu den Metall-Widerstandsfühlern eine höhere Abweichung der Kennlinie von der Geraden auf, durch Beschal-

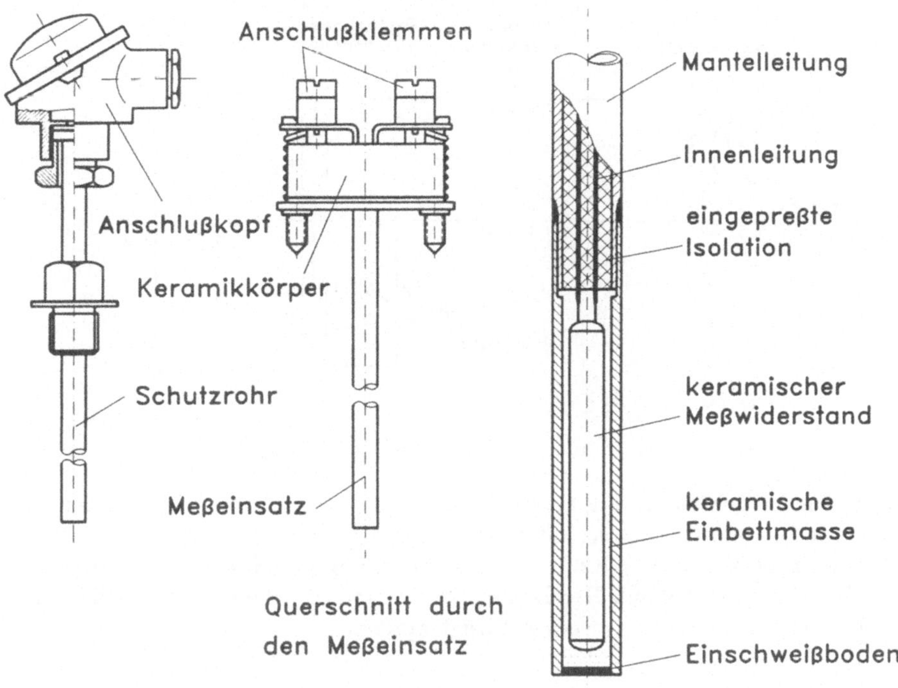

Abbildung 11.8: Widerstandsthermometer mit Einschraubhülse

tung mit Parallel- und Serienwiderständen läßt sich die Kennlinie jedoch in gewissen Bereichen weitgehend linearisieren. Der Temperaturkoeffizient von Halbleiterfühlern liegt i.a. etwa um den Faktor 10 über dem der Metall-Widerstände.

Zur Messung des temperaturabhängigen Widerstandes R_T wird ein elektrischer Kreis aufgebaut, in dem ein möglichst geringer Strom ($I < 10$ mA) fließt, damit die durch diesen Strom in den Fühler eingebrachte Leistung die Messung nicht verfälscht. Die Messung von R_T erfolgt üblicherweise in einer Brückenschaltung. Bei allen Widerstands-Meßverfahren gehen andere Widerstände sowie Widerstandsänderungen, die nicht durch die am Meßort vorherrschende Temperatur hervorgerufen werden, in das Meßergebnis ein. Solche Fehler werden z.B. durch die Widerstände der Zuleitung hervorgerufen. Durch geeignete Verschaltung kann der Einfluß derartiger Fehler eliminiert werden. Bei der *Zweileiterschaltung* (Abb. 11.9) gehen die Widerstände R_L der Zuleitungen in das Meßergebnis mit ein. Durch Abgleich der Ergänzungswiderstände R_A kann der Einfluß von R_L kompensiert werden (Leitungsabgleich), nicht jedoch temperaturabhängige Änderungen des Zuleitungswiderstandes.

Mit der *Dreileiterschaltung* (Abb. 11.10) kann der störende Einfluß der Zuleitungs-

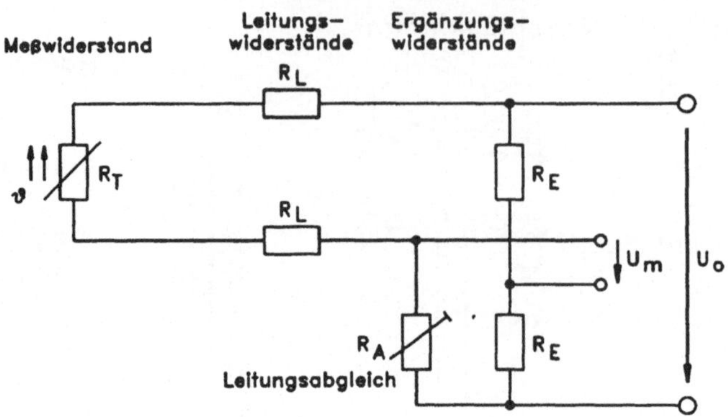

Abbildung 11.9: Zweileiterschaltung

widerstände in gewissem Grad ausgeschaltet werden. Da sich die beiden Leitungswiderstände R_{L1} und R_{L2} in zwei unterschiedlichen Abschnitten der Brückenschaltung befinden, hebt sich ihre Wirkung auf das Spannungspotential U_{m1} am Meßgerät weitgehend gegenseitig auf. Der Leitungswiderstand R_{L3} kann aufgrund der hochohmigen Spannungsmessung vernachlässigt werden.

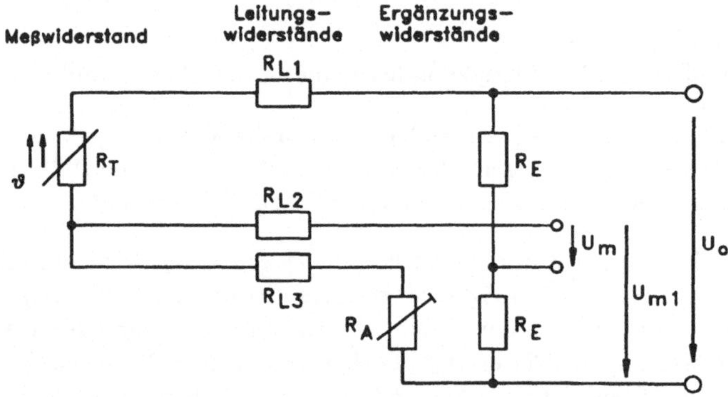

Abbildung 11.10: Dreileiterschaltung

Mit der Vierleiterschaltung (Abb. 11.11) können sämtliche Einflüsse vollständig beseitigt werden. Über ein Zuleitungspaar wird der Widerstandsfühler mit Konstantstrom versorgt, so daß in diesen Zuleitungen zwar ein Spannungabsfall auftritt, am Fühler selbst jedoch infolge der Konstantstromspeisung nur der temperaturabhängige Spannungsabfall erzeugt wird ($U_T = R_T \cdot I$). Dieser wird über ein zweites Leitungspaar dem Spannungsmesser zugeführt. Wird die Spannung hochohmig gemessen, entsteht in diesen Leitungen kein Spannungsabfall, weshalb am Spannungsmesser das unverfälschte Meßsignal anliegt. Mit der Vierleiterschaltung ist die genaueste Messung möglich, auch bei verschiedenen oder veränderlichen Leitungswiderständen.

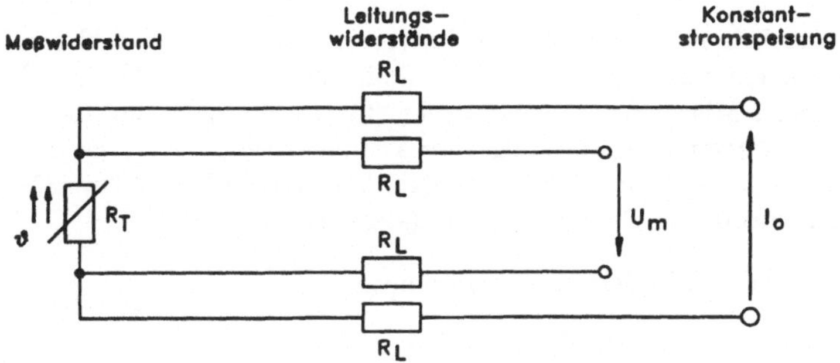

Abbildung 11.11: Vierleiterschaltung

11.4 Thermoelemente

Im Jahre 1821 wurde von Seebeck der Effekt der Thermoelektrizität entdeckt (Seebeck-Effekt). Zwei Thermodrähte verschiedener Werkstoffe, der Plus- und Minus-Leiter, auch Thermoschenkel genannt, werden an einem Ende miteinander zu einem sogenannten *Thermoelement* verbunden. Sie erzeugen eine elektromotorische Kraft (EMK), d.h. eine Thermospannung, die auf der Temperaturabhängigkeit der Bewegung der freien Elektronen in den unterschiedlichen Leitermaterialien beruht.

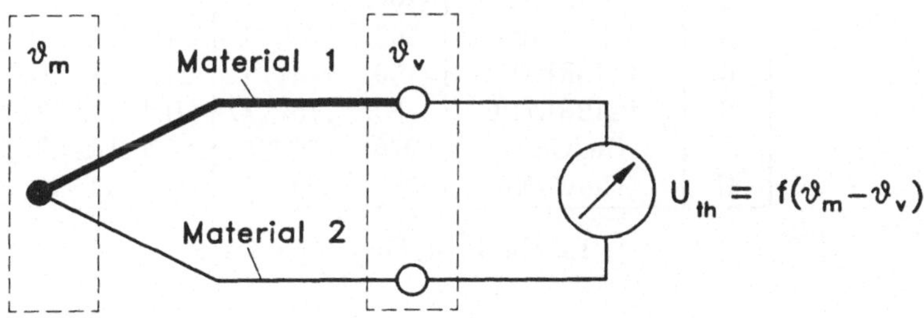

Abbildung 11.12: Grundschaltung eines Thermoelements

Die Höhe der Thermospannung steht in einem eindeutigen Verhältnis zu der Temperaturdifferenz, die zwischen der Verbindungsstelle der Schenkel und den nicht miteinander verbundenen Enden der Thermodrähte vorhanden ist. Um diese Thermospannung für die Temperaturmessung auswerten zu können, werden die offenen Enden der Thermodrähte einer konstantgehaltenen Temperatur ausgesetzt (Abb. 11.12) oder mit einem zweiten Thermoelement verschaltet, dessen Temperatur, die Vergleichsstellentemperatur, ebenso konstant gehalten wird.

Im Laufe der Zeit haben sich für die Thermoelemente eine Anzahl von Werkstoffen als besonders geeignet erwiesen. Sie sind alle reine Metalle oder Legierungen aus homogenen Mischkristallen, bei denen die Thermospannung im Temperaturbereich ihrer Verwendung mit steigender Temperaturdifferenz zwischen Meß- und Vergleichsstelle ohne Knickpunkte ansteigt. Man unterscheidet zwei Gruppen von Werkstoffen, aus denen Thermoelemente hergestellt werden:

- Edelmetalle und Edelmetall-Legierungen
- Unedelmetalle und Unedelmetall-Legierungen

Aus der ersten Gruppe kommen für betriebliche Messungen vorzugsweise die Thermopaare **Pt10Rh/Pt** (PlatinRhodium-Platin, Typ S) zur Anwendung, während aus der zweiten Gruppe vor allem die Thermopaare **Cu/CuNi** (Kupfer-Konstantan, Typ T), **Fe/CuNi** (Eisen-Konstantan, Typ J) sowie **NiCr/NiAl** (NickelChrom-Nickel, Typ K), im Ausland auch als Chromel-Alumel bezeichnet, von Bedeutung sind (Tabelle 11.4). Bei der Bezeichnung der Thermopaare wird jeweils das Material zuerst genannt, dessen Schenkel bei positiven Temperaturdifferenzen die positive Thermospannung führt.

Typ	Thermopaar	Meßbereich	Standard
B	Pt30Rh/Pt6Rh	0...1820 °C	DIN IEC 584
E	NiCr/CuNi	-270...1000 °C	DIN IEC 584
J	Fe/CuNi	-210...1200 °C	DIN IEC 584
K	NiCr/NiAl	-270...1372 °C	DIN IEC 584
L	Fe-CuNi	-200...900 °C	DIN 43 710
N	NiCr/NiSi	-200...1300 °C	DIN IEC 584
R	Pt13Rh/Pt	-50...1767 °C	DIN IEC 584
S	Pt10Rh/Pt	-50...1767 °C	DIN IEC 584
T	Cu/CuNi	-270...400 °C	DIN IEC 584
U	Cu-CuNi	-270...600 °C	DIN 43 710

Tabelle 11.4: Thermopaararten

Die Thermospannung einer Paarung ergibt sich aus der Stellung der einzelnen Metalle in der thermoelektrischen Spannungsreihe, in der Platin willkürlich gleich Null gesetzt wurde. Üblicherweise werden jedoch die Empfindlichkeiten der kompletten Thermopaare angegeben. Diese sind in den internationalen Grundwertreihen nach DIN IEC 584 festgelegt. Für die Thermopaare Cu-CuNi, Typ U sowie Fe-CuNi, Typ L werden in DIN 43 710 etwas von DIN IEC 584 abweichende Empfindlichkeiten angegeben. Tabelle 11.5 zeigt einen Auszug aus der Norm, in Abb. 11.13 sind die

Thermopaar Typ Kennfarbe	Cu/CuNi T braun	Fe/CuNi J blau	NiCr/Ni K grün	Pt10Rh/Pt S weiß	Pt30Rh/Pt6Rh B weiß
Temperatur ° C	Thermospannung mV				
-200	-5,603	-7,890	-5,891	-	-
-100	-3,378	-4,632	-3,553	-	-
0	0	0	0	0	0
100	4,277	5,268	4,095	0,645	0,033
200	9,286	10,777	8,137	1,440	0,178
300	14,860	16,325	12,207	2,323	0,431
400	20,869	21,846	16,395	3,260	0,786
500	-	27,388	20,640	4,234	1,241
600	-	33,096	24,902	5,237	1,791
700	-	39,130	29,128	6,274	2,430
800	-	42,283	33,277	7,345	3,154
900	-	51,875	37,325	8,448	3,957
1000	-	57,942	41,269	9,585	4,833
1100	-	63,777	45,108	10,754	5,777
1200	-	69,536	48,828	11,974	6,783
1300	-	-	52,398	13,155	7,845
1400	-	-	-	14,368	8,952
1500	-	-	-	15,576	10,094
1600	-	-	-	16,771	11,257
1700	-	-	-	17,942	12,426
1800	-	-	-	-	13,585

Tabelle 11.5: Grundwerte der Thermospannung nach DIN IEC 584

Thermospannungen mehrerer Thermopaare graphisch dargestellt.

Die in der Tabelle 11.5 durch die Trennlinie markierte Grenze für die Dauerbenutzung läßt sich durch konstruktive Maßnahmen wie dickere Drähte und Kapselung sowie durch kürzere Lebensdauerforderung nach oben schieben. Wie bei den Widerstandsthermometern kann je nach Anwendung aus einer Vielzahl von erhältlichen Schutzrohrausführungen und -materialien gewählt werden. Abb. 11.14 zeigt ein Thermoelement, das in druckführende Rohrleitungen eingeschweißt werden kann. Um einen Austausch des Meßelementes zu ermöglichen, wird das Thermoelement in einen Meßeinsatz eingebaut, der in das Schutzrohr eingeschoben und über Federn angedrückt wird.

Wegen ihrer mechanischen und meßtechnischen Vorzüge werden vielerorts *Mantel-Thermoelemente* eingesetzt. Sie bestehen aus einem Thermopaar, das innerhalb eines Mantels aus korrosionsbeständigem Material wie Edelstahl in verdichtetem Magnesiumoxid-Pulver eingebettet ist. Da sie gebogen werden können, lassen sie sich

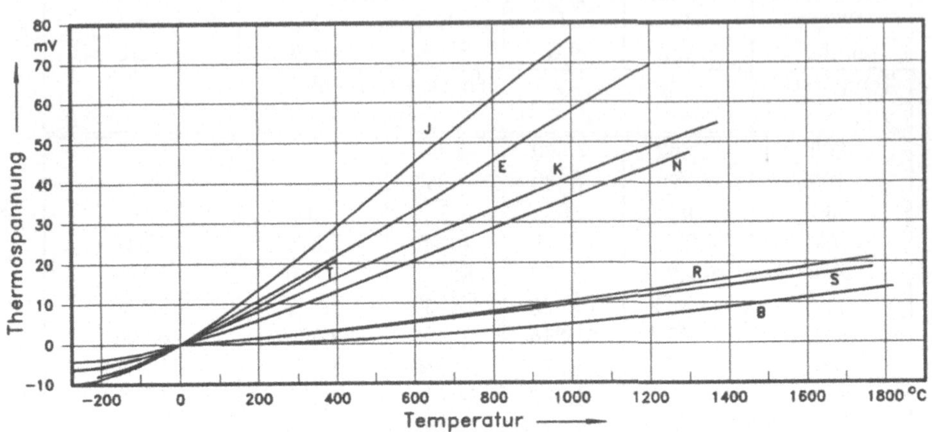

Abbildung 11.13: Kennlinien der genormten Thermopaare

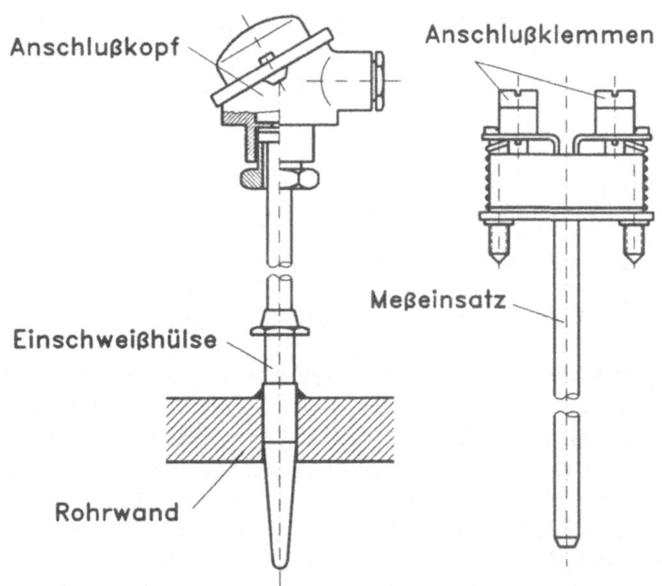

Abbildung 11.14: Einschweiß-Thermoelement

auch an schwer zugängliche Meßorte heranführen. Mantel-Thermoelemente werden mit Außendurchmessern von 0,5 bis 8 mm in beliebiger Länge gefertigt. Bei kleinen Durchmessern können sehr geringe Ansprechzeiten erzielt werden. Durch Verschweißen des Thermopaares mit dem Mantelmaterial kann die Ansprechzeit noch weiter verringert werden. Abb. 11.15 zeigt einen Schnitt durch Mantel-Thermoelemente in normaler und geerdeter Ausführung.

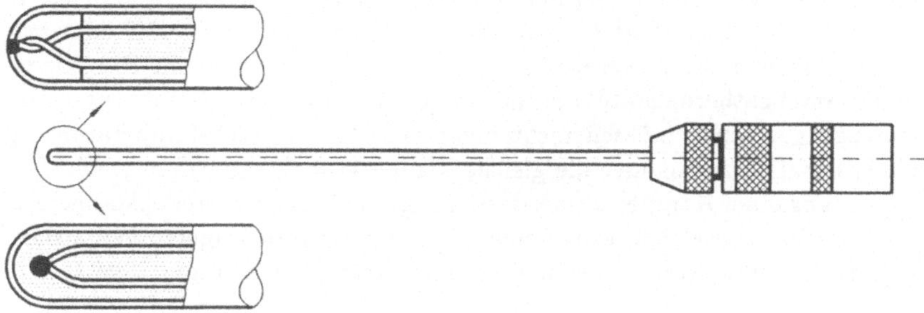

Abbildung 11.15: Mantel-Thermoelement mit Steckverbinder, oben in geerdeter, unten in Normalausführung

Das Thermopaar endet an den Anschlußklemmen im Anschlußkopf oder mit Drahtenden. Oftmals ist es erforderlich, die Vergleichsstelle aus konstruktiven, wirtschaftlichen oder sicherheitstechnischen Gründen in größerer Entfernung von der Meßstelle anzuordnen. Man benötigt dann eine Ausgleichsleitung zwischen Thermoele-

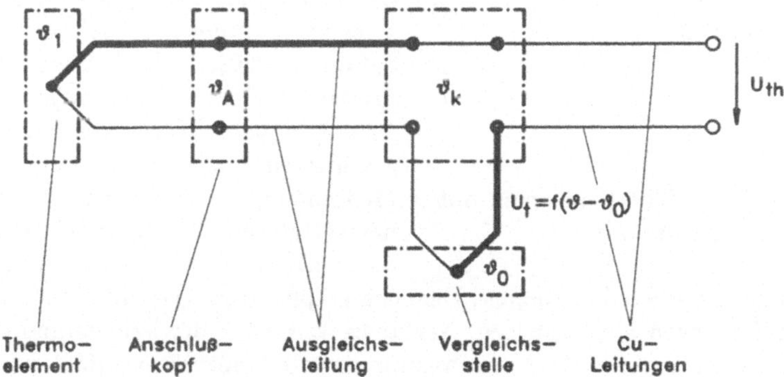

Abbildung 11.16: Meßanordnung mit Thermoelement und Vergleichsstellenthermostat

ment und Vergleichsstelle, die die gleichen thermoelektrischen Eigenschaften wie das Thermoelement selbst hat. Ausgleichsleitungen können entweder aus demselben Material wie die Thermoelemente oder aus preisgünstigeren Ersatzwerkstoffen bestehen. Ersatzwerkstoffe werden hauptsächlich für die Thermopaare NiCr/Ni und PtRh/Pt verwendet, da bei diesen Thermopaaren die Ersatzwerkstoffe wesentlich billiger als die Thermomaterialien sind.

Zur Aufnahme der Vergleichsstelle dient im einfachsten Fall ein isolierter Behälter, der mit Eiswasser gefüllt ist und so während des Schmelzens eine konstante Temperatur von 0 °C aufweist. Für Dauerbetrieb eignen sich Vergleichsstellenthermostate, die entweder über Peltier-Elemente eine Temperatur von 0 °C oder in einfacherer Ausführung durch geregelte Heizung 50 °C bereitstellen. Die Klemmen im Vergleichsstellenthermostaten, an denen von Thermomaterial auf Kupferleitungen übergegangen wird, müssen nicht mehr auf der Vergleichstemperatur liegen, sie müssen lediglich zueinander die gleiche Temperatur ϑ_k aufweisen (Abb. 11.16). Bei Verwendung einer Kompensationsdose erfolgt die Vergleichsstellenkompensation durch elektrischen Ausgleich, wobei eine mit temperaturabhängigen Widerständen bestückte Brückenschaltung eine entsprechende Korrekturspannung liefert.

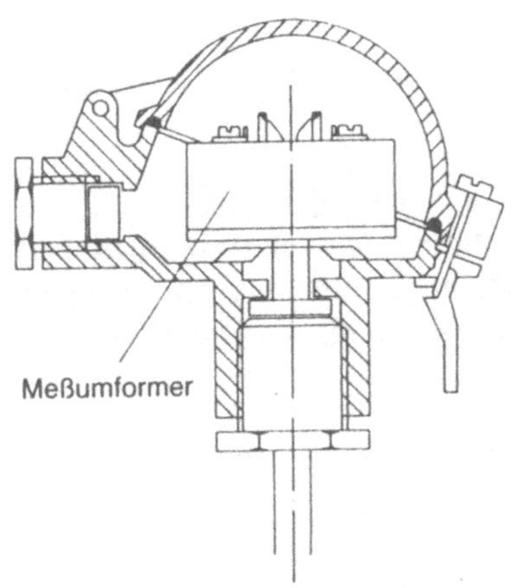

Abbildung 11.17: Thermoelement mit integriertem Meßumformer

In jüngster Zeit werden zunehmend Thermoelemente eingesetzt, bei denen ein in den Anschlußkopf integrierter Meßumformer die Thermospannung in ein Standardsignal von 0...20 mA oder 4...20 mA umformt (Abb. 11.17). Hier erfolgt die Vergleichsstellenkompensation über temperaturabhängige Widerstände im Meßumformer.

Da die bei Thermoelementen auftretenden Thermospannungen nur sehr geringe Werte aufweisen, müssen die Fehlereinflüsse bei der Messung dieser Spannungen durch die Wahl geeigneter Meßgeräte möglichst ausgeschlossen werden. Von Vorteil für die Meßgenauigkeit ist der relativ geringe Innenwiderstand, da infolge des niederohmig abgeschlossenen Meßkreises Störspannungen klein gehalten werden können. Dennoch empfiehlt es sich, den Meßkreis gegen derartige Störungen abzuschirmen. Nachteilig kann sich der Widerstand des Meßkreises auswirken, wenn die Thermospannung mit Meßgeräten erfaßt wird, deren Innenwiderstand gering ist.

Die zur Messung der Thermospannung geeigneten Geräte werden in einem eigenen Kapitel beschrieben, jedoch sollen hier einige Bemerkungen zur Auswahl dieser Meßgeräte gemacht werden. Heute werden zur Messung elektrischer Spannungen meist Digitalvoltmeter eingesetzt, die sich durch einen sehr hohen Innenwiderstand auszeichnen, so daß der Spannungsabfall in den Zuleitungen infolge des sehr geringen Meßstromes zu vernachlässigen ist. Einfache Digitalvoltmeter weisen eine Auflösung von lediglich 0,1 mV auf, was bei NiCr-Ni-Elementen etwa 2,5 K entspricht. Für die Messung von Thermospannungen sollte das Digitalvoltmeter eine Auflösung von mindestens 0,01 mV aufweisen.

Bei der Kompensationsschaltung wird der zu messenden Thermospannung eine gleich große Gegenspannung entgegengeschaltet, so daß der Meßkreis stromlos wird. Der stromlose Zustand wird mit einem empfindlichen Nullinstrument ermittelt, die Messung besteht in der Bestimmung der Gegenspannung. Dieses Meßverfahren hat den Vorteil, daß einerseits der Meßkreis stromlos und somit von Leitungswiderständen unabhängig wird, andererseits bei automatischem Abgleich die Möglichkeit zur direkten Auslenkung eines Schreibwerks besteht.

11.5 Einbau der Meßfühler

Bei falschem Einbau von Temperaturfühlern können Meßfehler verursacht werden, die größer sind als die Fehler des restlichen Meßsystems, weshalb beim Einbau der Fühler sehr sorgfältig vorgegangen werden muß.

Bei den Berührungsthermometern kommt es zum Wärmeübergang durch Konvektion, Leitung und Strahlung vom Meßmedium an den Fühler, andererseits stört der Fühler das Temperaturfeld am Meßort. Gemessen wird lediglich die Temperatur des Thermometers. Um den Unterschied zwischen Medien- und Fühlertemperatur klein zu halten, muß man den Wärmeübergang zum Fühler fördern und den verfälschenden Wärmeaustausch des Thermometers mit der Umgebung möglichst verhindern. Das gelingt bei Beachtung folgender prinzipieller Gesichtspunkte:

- Große Einbaulänge des Fühlers
- Ausreichende Strömungsgeschwindigkeit am Fühler
- Geringe Wandstärke der Schutzrohre
- Verbesserung des Wärmeüberganges zwischen Schutzrohr und Fühler.

Die Umgebung des Meßfühlers, z.B. der Thermometerstutzen in einer Rohrleitung, ist sorgfältig zu isolieren, da der Fühler und besonders das Schutzrohr die Wärmeleitung an die Umgebung erhöhen.

Der Wärmeübergang an den Fühler hängt vom Medium, dessen Strömungsgeschwindigkeit und ggf. dessen Aggregatzustandsänderungen ab.

Definiert man als Temperaturfehler:

$$f_t = \frac{t_x - t_M}{t_x - t_W} \tag{11.8}$$

mit t_x als tatsächlicher Temperatur des Mediums, t_M als gemessener Temperatur und t_W als Temperatur der Wärme abführenden Rohrwand, dann kann man f_t als Funktion der Wärmeübergangszahl α darstellen. Setzt man willkürlich α_L für

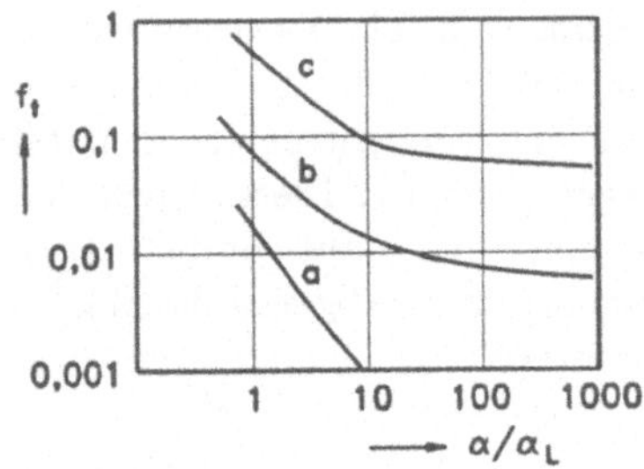

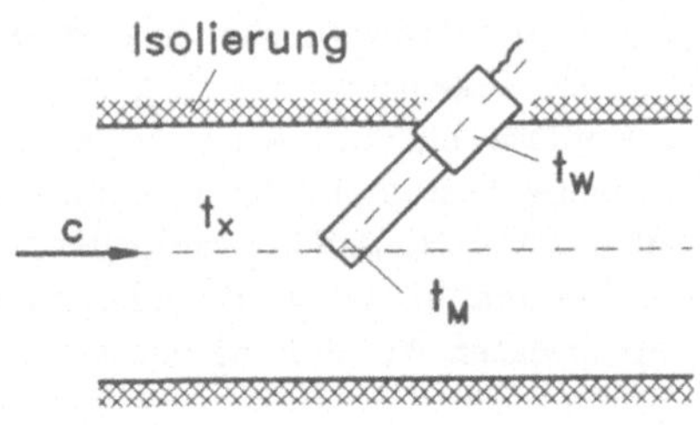

a offenes Thermoelement
b Widerstandsthermometer c Widerstandsth. mit kurzer Hülse

Abbildung 11.18: Temperaturfehler

Medium	$\alpha_{rel.}$
Luft, ruhend	1,0
Luft (2 m/s)	3
Luft (10 m/s)	9
Dämpfe	20 - 40
Wasser, strömend	200 - 500
Dampf, kondensierend	500 - 1.000

Tabelle 11.6: Relative Wärmeübergangskoeffizienten

ruhende Luft gleich eins, kann man $f_t = f(\alpha/\alpha_L)$ angeben (Abb. 11.18). Tabelle 11.6 zeigt die Verhältnisse der relativen α-Zahlen α_{rel} für unterschiedliche Medien.

Aus Abb. 11.18 ist ersichtlich, daß Thermoelemente ohne Schutzhülse einen sehr geringen Temperaturfehler aufweisen, bei sehr hohen α-Zahlen ist die Verbesserung der Anzeige nur noch gering. Aus Gleichung 11.9 erhält man die gesuchte Temperatur

$$t_x = t_M \cdot \frac{1 - f_t \cdot \frac{t_W}{t_M}}{1 - f_t}. \tag{11.9}$$

Eine vereinfachende Umformung mit der Annahme $f_t \ll 1,0$ ergibt:

$$t_x = t_M \cdot \left[1 - f_t \cdot \left(1 - \frac{t_W}{t_M}\right)\right]. \tag{11.10}$$

Für $\alpha/\alpha_L \geq 10$ darf man diese Gleichung mit guter Genauigkeit verwenden.

Besondere Schwierigkeiten ergeben sich bei der Temperaturmessung in schnellströmenden Gasen. Hier kommt der Einfluß des Recovery-Faktors R_c (Gl. 11.11) zum Tragen, der bei größeren Strömungsgeschwindigkeiten die Abhängigkeit zwischen

Temperaturerhöhung durch Aufstau und Abstrahlung an die Umgebung beschreibt:

$$R_c = \frac{T_{gem} - T_{stat}}{T_{tot} - T_{stat}} \tag{11.11}$$

mit T_{gem} als gemessener Temperatur, T_{stat} als Temperatur des ruhenden Mediums und T_{tot} als Totaltemperatur durch den isentropen Aufstau. Zur Bestimmung der statischen oder totalen Temperatur eines schnellströmenden Gases benötigt man daher neben dem Meßwert T_{gem} den Recovery-Faktor R_c, die Dichte und die Strömungsgeschwindigkeit zur Berechnung von $T_{tot} - T_{stat}$.

11.6 Temperaturmessung durch Strahlung

Strahlungspyrometer erlauben die berührungsfreie Messung der Temperatur von unzugänglichen oder bewegten Objekten oder von Körpern, die sehr hohe Temperaturen aufweisen, da berührende Verfahren wie Thermoelemente und andere Berührungsthermometer bei Temperaturen über 1.300 °C im Dauerbetrieb versagen. Außerdem wird bei bewegten Oberflächen Reibungswärme und eine Beschädigung der Oberfläche vermieden.

Nach dem Gesetz von Stefan-Boltzmann (Gl. 11.12) ist die Energieaussendung eines Körpers proportional zur vierten Potenz seiner absoluten Temperatur:

$$E = C_s \cdot \left(\frac{T}{100}\right)^4 \quad \text{mit} \quad C_s = 5,77 \cdot 10^{-8} \ \frac{\text{W}}{\text{m}^2\text{K}^4}. \tag{11.12}$$

Mit Strahlungspyrometern kann die vom Meßobjekt in Form elektromagnetischer Wellen ausgehende Strahlungsenergie bestimmt werden. Hierbei ist zwischen dem idealen Strahler - dem schwarzen Körper, der die gesamte auftretende Strahlung absorbiert ($\alpha = 1$) und das ideale Emissionsvermögen ($\epsilon = 1$) besitzt - und dem grauen Strahler, wie ihn meist technische Körper und Oberflächen mit dem Emissionsvermögen $\alpha < 1$ verkörpern, zu unterscheiden.

Mit Strahlungspyrometern können Temperaturen nur an Stoffen gemessen werden, deren Emissionsgrad ϵ größer als 0,5 ist, die also bei einer bestimmten Temperatur besonders viel Wärme abstrahlen. Nicht gemessen werden kann an blanken Metalloberflächen bei niedrigen Temperaturen, da diese einen sehr kleinen Emissionsgrad haben. Bei vielen Materialien mit einem Emissionsgrad im Bereich von 0,5 bis 0,95, wie z.B. bei oxidierten Metalloberflächen, sind in der Praxis hinreichend genaue Messungen möglich. Einen sehr hohen Emissionsgrad weisen die meisten Nichtmetalle auf, so daß sich deren Temperatur sehr gut mit Strahlungspyrometern messen läßt.

Beim *Gesamtstrahlungspyrometer* (Abb. 11.19) wird die von einem Strahler ausgehende Strahlung des gesamten Spektralbereiches über ein optisches System auf einen Temperaturfühler konzentriert, dessen Temperatur gemessen und angezeigt wird. Als Meßelement werden meist Thermoketten eingesetzt, die durch Hintereinanderschaltung mehrerer Thermoelemente gebildet werden. Die gemessene Thermospannung ist der eingestrahlten Energie proportional, wobei der Einfluß der Gehäusetemperatur kompensiert werden muß. Der Meßwert ist allerdings nur dann ein Maß für die Körpertemperatur, wenn es sich um einen schwarzen Körper handelt. In Abhängigkeit des Oberflächenzustandes des Meßkörpers und dessen Umgebung liegen in der Regel jedoch graue Körper vor, so daß ohne Gegenmaßnahmen eine zu niedrige Temperatur gemessen wird. Mit Potentiometern kann die Anzeige an bestimmte Emissionsgrade angepaßt werden. Da die Thermospannung dem T^4-Gesetz folgt, besitzen die Geräte ein stark unlineares Ausgangssignal, das auf elektronischem Weg linearisiert wird oder bei der Skalenteilung zu berücksichtigen ist (Abb. 11.20).

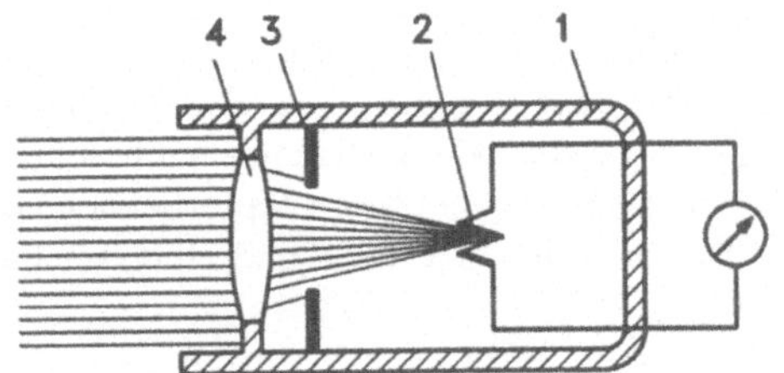

Abbildung 11.19: Gesamt-Strahlungspyrometer

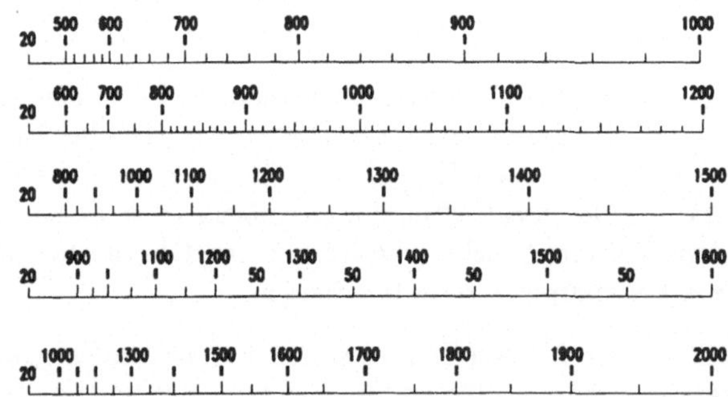

Abbildung 11.20: Skalen für Strahlungspyrometer

Die Schwierigkeit der Gesamtstrahlungsmessung besteht in der Unsicherheit der Kenntnis des Emissionsvermögens ϵ. Eine Verfälschung bringen darüber hinaus leuchtende Flammen oder selektiv absorbierende Gasschichten wie Rauch, Wasserdampf oder CO_2 im Rauchgas zwischen Strahler und Meßgerät. Diese Schwierigkeit kann man gegebenenfalls durch die Anbringung eines geschlossenen Hohlrohres ausschalten, das als schwarzer Strahler wirkt und z.B. in das Schauloch eines

Ofens eingeführt wird. Der Meßbereich von Gesamtstrahlungspyrometern umfaßt 400 ... 2.000 °C (mit Thermoelement und Linsensystem) oder 0 ... 300 °C (mit Verstärker und Hohlspiegel als Sammler).

Nach dem Planckschen Strahlungsgesetz ist die ausgesandte Strahlungsenergie eines schwarzen Körpers eine Funktion der Wellenlänge und der Temperatur des Strahlers. Bei veränderter Temperatur liegt das Energiemaximum gemäß dem Wienschen Verschiebungsgesetz ($\lambda_{max} \cdot T =$ konst.) bei einer anderen Wellenlänge (Abb. 11.21).

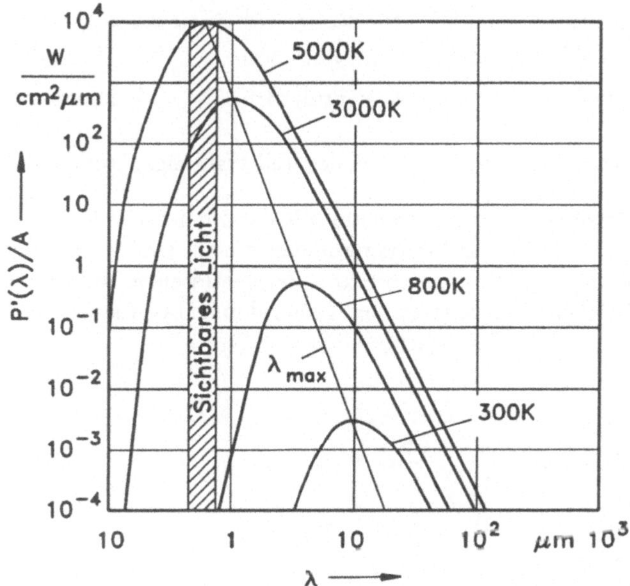

Abbildung 11.21: Spektrale Verteilung der Strahlungsenergie

Das Plancksche Strahlungsgesetz ($E = f(\lambda, T)$) bildet die Grundlage für die *Teilstrahlungspyrometer* (Abb. 11.22). Bei ihnen wird nur ein eng begrenzter Ausschnitt des gesamten Spektrums zur Messung herangezogen. Durch ein geeignetes Filter im Strahlengang wird eine bestimmte Wellenlänge des eintretenden Lichtes ausgefiltert. In einfachen Geräten befindet sich ein Glühfaden als Vergleichsstrahler, dessen Helligkeit durch Regelung des Heizstromes an die der eintretenden Strahlung angepaßt werden kann. Der zum Erreichen dieser Helligkeit erforderliche Heizstrom stellt dann ein Maß für die Temperatur dar. Bei einem anderen Verfahren wird die Strahlung über ein Objektiv gebündelt und anschließend durch eine Blende in einen Faserlichtleitstab geleitet, um sie dort durch mehrfache Brechung zu mischen. Hinter dem Lichtleiter befindet sich als Strahlungsempfänger ein Silizium-Photoelement, das eine der Strahlungsenergie proportionale Spannung abgibt, die verstärkt und linearisiert wird.

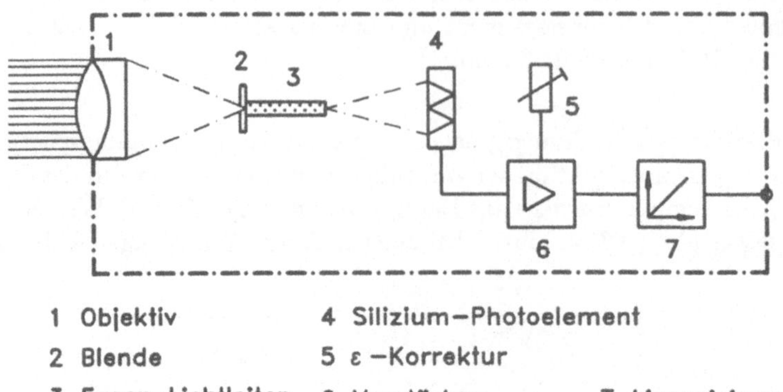

Abbildung 11.22: Schema des Teilstrahlungspyrometers

Analog zum Gesamtstrahlungspyrometer gilt das Plancksche Gesetz exakt nur für schwarze Körper. Für Teilstrahlungspyrometer stehen jedoch umfangreiche Tabellenwerke zur Verfügung, die eine Korrektur der gemessenen Temperatur bei grauen Körpern ermöglichen. Der Einsatz von Teilstrahlungspyrometern ist in einem Bereich von 400 ... 2.500 °C möglich.

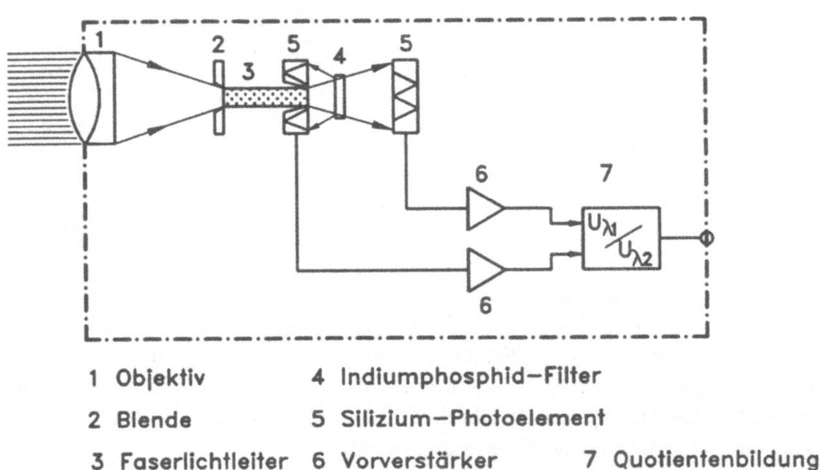

Abbildung 11.23: Schema eines Farbpyrometers

Beim *Farbpyrometer* wird als Maß für die Temperatur das Verhältnis der Strahlungsintensitäten bei zwei verschiedenen Wellenlängen gemessen. Dieses Verfahren gestattet eine genaue Temperaturmessung unabhängig vom Emissionsgrad des Meßobjekts, solange dieser für beide Wellenlängen gleich ist. Da dieses ideale Verhalten in den meisten Fällen nicht erreicht wird, entsteht ein Meßfehler, der jedoch wesentlich geringer ausfällt als bei Gesamt- und Teilstrahlungspyrometern. Entsprechend Abb. 11.21 wächst mit zunehmender Temperatur das Verhältnis der Strahlungsintensitäten bei zwei Wellenlängen λ_1 und λ_2. Es kann daher aus diesem Verhältnis die Farbtemperatur abgeleitet werden. Hinter einem optischen System (Abb. 11.23) befindet sich ein teildurchlässiges Filter, das nur Wellenlängen über einer bestimmten Größe durchläßt, Strahlung mit kürzerer Wellenlänge jedoch reflektiert. Die beiden Strahlen unterschiedlicher Wellenlänge werden getrennt mit Photoelementen gemessen. Auf elektronischem Wege wird das Verhältnis der beiden verstärkten Photospannungen gebildet und entsprechend skaliert ausgegeben.

11.7 Besondere Temperaturmeßverfahren

Für Messungen, bei denen sehr hohe Anforderungen an die Meßgenauigkeit und Langzeitstabilität gestellt werden, kann der Einsatz von Schwingquarzsensoren gegenüber Widerstands-Temperaturfühlern von Vorteil sein. Bei diesem Meßprinzip wird die Temperaturabhängigkeit der Resonanzfrequenz eines Schwingquarzes ausgenutzt, wie er in ähnlicher Form in Quarzoszillatoren verwendet wird. Je nach Art des Aufbaues lassen sich Empfindlichkeiten von bis zu 10^{-4}/K erzielen. Der Temperaturbereich, in dem mit Schwingquarzen gemessen werden kann, erstreckt sich etwa von -50 °C bis +250 °C. Über ein Hochfrequenzkabel wird der Quarz mit einer Auswerteelektronik verbunden, die den Quarz zu Schwingungen anregt, die exakt seiner Resonanzfrequenz entsprechen. Die Frequenz als temperaturabhängiges Maß wird über Teiler in ein niederfrequentes Signal im Bereich von einigen Hz umgewandelt, dessen Periodendauer in nachgeschalteten digitalen Meßsystemen leicht mit hoher Genauigkeit ausgewertet werden kann.

Zum groben Bestimmen von Temperaturbereichen bei hohen Temperaturen sowie zum Festhalten von Maximaltemperaturen werden häufig spezielle Testverfahren angewandt. Hierzu zählen Schmelz- oder Segerkegel aus Silikatgemischen oder Metallen, deren Festigkeitseigenschaften temperaturabhängig sind. Die Messung ist auf ± 20 bis 30 K genau im Bereich zwischen 600 ... 2.000 °C. Zur Messung werden drei Schmelzkegel mit benachbarten Erweichungspunkten in den Meßraum eingebracht. Neigt sich beim Erweichen eine Kegelspitze bis zum Boden, so ist dessen Test-Temperatur erreicht.

Temperaturmeßfarben werden auf Maschinenteile aufgetragen und verändern bleibend ihre Farbe beim Überschreiten von bestimmten Temperaturen. Dadurch wird es möglich, auf sehr einfache Weise diese Teile auf Einhaltung einer maximal zulässigen Temperatur zu überwachen. Es sind Testfarben mit einem oder mehreren Farbumschlägen in Anwendung.

11.8 Heizwertbestimmung

Die Heizwertbestimmung ist ein besonderes Verfahren der Wärmemengenmessung. Der Heizwert eines festen, flüssigen oder gasförmigen Brennstoffes ist diejenige Wärmemenge, die von diesem je Masseneinheit entwickelt wird, wenn seine oxidierbaren Bestandteile bei gleichbleibendem Druck restlos und vollständig zu nicht weiter oxidierbaren Verbrennungsprodukten verbrennen und dieselben auf die ursprüngliche Temperatur abgekühlt werden. Wegen des bei der Verbrennung entstehenden Wasserdampfes unterscheidet man den

- Brennwert H_o (früher oberer Heizwert genannt).
  Das im Brennstoff enthaltene und durch die Verbrennung gebildete Wasser muß in flüssiger Form vorliegen.
- Heizwert H_u (früher unterer Heizwert genannt).
  Das im Brennstoff enthaltene und durch die Verbrennung gebildete Wasser muß dabei im gasförmigen Zustand von Raumtemperatur vorliegen.

Den Unterschied zwischen diesen beiden Größen bildet die Verdampfungswärme r (Gl. 11.13), für die man einen mittleren Wert annimmt:

$$H_u = H_o - r \cdot w \tag{11.13}$$

mit w als Wassergehalt der Verbrennungsprodukte und r als Verdampfungswärme des Wassers mit 2.453 kJ/kg bei 1 bar und 25 °C.

Brennwert und Heizwert werden direkt durch die Verbrennung einer abgemessenen Brennstoffmenge in Kalorimetern gemessen. Für feste Brennstoffe sind Bombenkalorimeter in Anwendung, für Flüssigkeiten meist Durchflußkalorimeter, bei gasförmigen Brennstoffen werden ausschließlich Durchflußkalorimeter verwendet.

Das Bombenkalorimeter ist ein druckfestes Gefäß, in das die zerkleinerte, abgewogene Brennstoffprobe mittlerer Zusammensetzung in Mini-Brikettform eingebracht wird. Eine Sauerstoffüllung von 20 bar ermöglicht nach elektrischer Zündung die vollkommene Verbrennung der Probe. Die Bombe steht im Wasserbad eines Kalorimeters, so daß die freiwerdende Wärmemenge auf das Bombenmaterial und das Wasserbad übergeht, dessen Temperaturänderung zeitabhängig abgelesen wird. Die nach Ausgleich der Temperaturen erzielte Temperaturerhöhung wird mit einem Platin-Widerstands-Thermometer auf 0,001 K genau bestimmt. Durch Zugabe von brennbaren Substanzen mit genau bekanntem Heizwert und Wasseranteil der Verbrennungsprodukte kann auch der Heizwert von nicht brennbaren Materialien untersucht werden, was u.a. bei der Prüfung des Brandverhaltens von Baustoffen erforderlich ist. Der Heizwert schwer flüchtiger flüssiger Brennstoffe wird auch mit dem Bombenkalorimeter bestimmt.

Gase und leichtflüchtige flüssige Brennstoffe können mit der statischen Methode nicht kalorimetriert werden. Dort benutzt man ein Durchflußkalorimeter. Die durch laufende Verbrennung freigesetzte Wärme wird in einem Wärmeaustauscher an einen Kühlwasserstrom abgegeben, aus dessen Temperaturerhöhung bei bekannter Kühlwassermenge die aufgenommene Verbrennungswärme bestimmt wird. Die Verbrennungsprodukte werden bis auf Umgebungstemperatur bzw. mittlere Kühlwassertemperatur abgekühlt, so daß der Wasserdampfanteil w kondensiert. Den Aufbau eines Durchflußkalorimeters zeigt Abb. 11.24, das in automatisierter Ausführung als Heizwertschreiber dient.

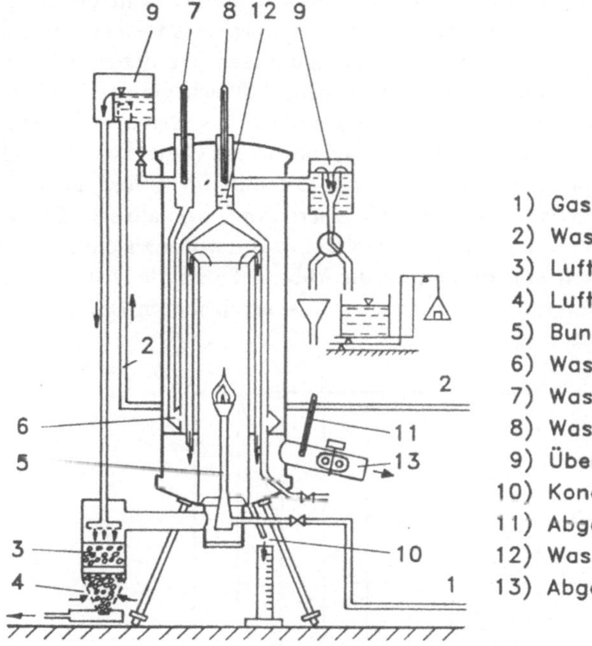

Abbildung 11.24: Junkers-Durchflußkalorimeter

11.9 Feuchtemessung

11.9.1 Grundlagen der Feuchtemessung

Für Luft als Wärmeträger oder Arbeitsmedium ist der Einfluß der Feuchtigkeit zu beachten, da durch die Änderung des Wassergehaltes der Luft (Verdunsten - Kondensieren) ein höherer Wärmeumsatz möglich ist, als aus der Temperaturänderung für trockene Luft errechnet wird. Nimmt man für eine einfache Abschätzung die Erwärmung von mit Wasserdampf gesättigter Luft in einem Kühlturm von 20 °C auf 30 °C, so nimmt 1 kg dieser feuchten Luft wegen des steigenden absoluten

Feuchtegehaltes die Wärmemenge $Q = 43{,}5$ kJ auf. Davon beträgt der Anteil der trockenen Luft $Q_t = 10$ kJ, was einem Anteil von lediglich 23 % entspricht. Die Berücksichtigung des in der Luft enthaltenen Wasserdampfanteils bewirkt also im gezeigten Zahlenbeispiel den 4,3-fachen Wärmetransport und belegt für diesen Fall die Bedeutung der Feuchtemessung.

Feuchte Luft ist ein Gemisch aus trockener Luft und Wasserdampf. Der Feuchtigkeitsgehalt, also das Mengenverhältnis von Luft zu Dampf, kann dabei unterschiedliche Werte annehmen. Solche Gemische werden durch das Gesetz von Dalton beschrieben, wonach sich die Teildrücke der Komponenten wie deren Anteile am Gesamtvolumen verhalten. Dabei wird angenommen, daß sich die spezifischen Eigenschaften jeder Komponente trotz der Anwesenheit der anderen nicht ändern. Jede Komponente kann also behandelt werden, als ob sie das Gesamtvolumen allein ausfüllte. Der Wasserdampf verhält sich so, als ob die Luft nicht vorhanden wäre. Er unterliegt den physikalischen Gesetzen für Wasserdampf, weshalb sein Druck bei einer bestimmten Temperatur nicht größer sein kann als der des zu dieser Temperatur gehörenden gesättigten Wasserdampfes. In Abb. 11.25 ist die Druckkurve für gesättigten Wasserdampf angegeben, die den maximal erreichbaren Dampfdruck in Abhängigkeit der Temperatur ausweist.

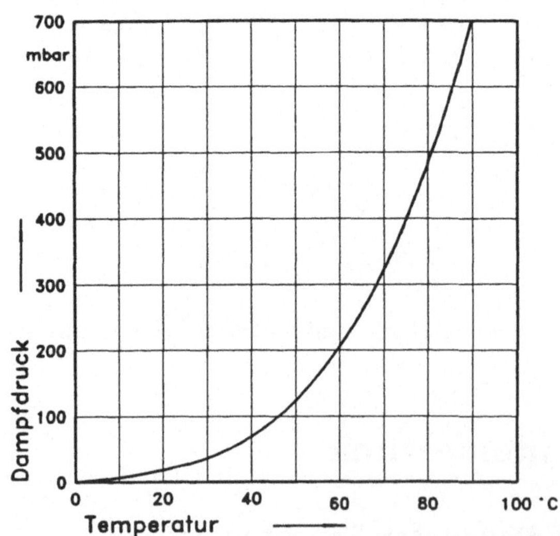

Abbildung 11.25: Dampfdruckkurve für gesättigten Wasserdampf

Der Feuchtigkeitsgehalt der Luft kann in absoluter und relativer Feuchte ausgedrückt werden. Je nach Anwendungsfall ist die eine oder andere Größe zweckmäßig. Die Menge Wasserdampf, die in 1 m^3 Luft enthalten ist, wird als absolute Feuchte bezeichnet. Alternativ hierzu kann sie auch in Form des Teildruckes der Wasserdampf-

Phase oder der Taupunkttemperatur angegeben werden. Die Taupunkttemperatur kennzeichnet diejenige Temperatur, bei deren Unterschreiten infolge Sättigung Dampf zu Wasser kondensiert (Nebel-Bildung). Das Maß der absoluten Feuchte wird immer dann verwendet, wenn es um die Erfassung der in der Luft enthaltenen Wasserdampfmenge geht.

Stehen jedoch der in der Luft enthaltene Wasserdampf und die umgebenden Stoffe oder Lebewesen in Wechselwirkung zueinander oder ist infolge von Temperaturänderungen mit dem Erscheinen von Kondenswasser zu rechnen, so ist die relative Feuchte von Bedeutung. Diese beschreibt als dimensionslose Zahl das prozentuale Verhältnis des in der Luft enthaltenen Wasserdampfgehaltes zu dem bei gleicher Temperatur maximal möglichen Feuchtegehalt. In Abb. 11.26 ist der Verlauf der relativen Feuchte bei gleichbleibendem absolutem Feuchtegehalt aufgetragen.

Zur Beschreibung des Zustandes von feuchter Luft werden folgende Größen benutzt:

Druck der feuchten Luft (i.a. Atmosphärendruck)	p	in bar oder Pa
Teildruck des darin enthaltenen Wasserdampfes	p_w	in bar oder Pa
Sättigungsdruck von Wasserdampf bei der Temperatur t	p_s	in bar oder Pa
absoluter Feuchtigkeitsgehalt	x	in $kg_{H_2O}/kg_{tr.Luft}$
maximaler Feuchtigkeitsgehalt	x_s	in $kg_{H_2O}/kg_{tr.Luft}$
relative Feuchtigkeit	φ	in %

Zwischen den verschiedenen Zustandsgrößen bestehen folgende Zusammenhänge:

$$x = \frac{m_F}{m_L} \quad \text{sowie} \quad \varphi = \frac{p_w}{p_s} \tag{11.14}$$

mit m_F als Masse des Wasserdampfes und m_L als Masse der trockenen Luft. Für den dampfförmigen Zustand wird

$$x = 0,622 \cdot \frac{p_w}{p - p_w} = 0,622 \cdot \frac{\varphi \cdot p_s}{p - \varphi \cdot p_s} \tag{11.15}$$

bzw.

$$\varphi = \frac{x \cdot p}{0,622 + x} \cdot \frac{1}{p_s} \tag{11.16}$$

Daraus laßt sich der Teildruck des Wasserdampfes errechnen:

$$p_w = \varphi \cdot p_s = \frac{p \cdot x}{0,622 + x} \tag{11.17}$$

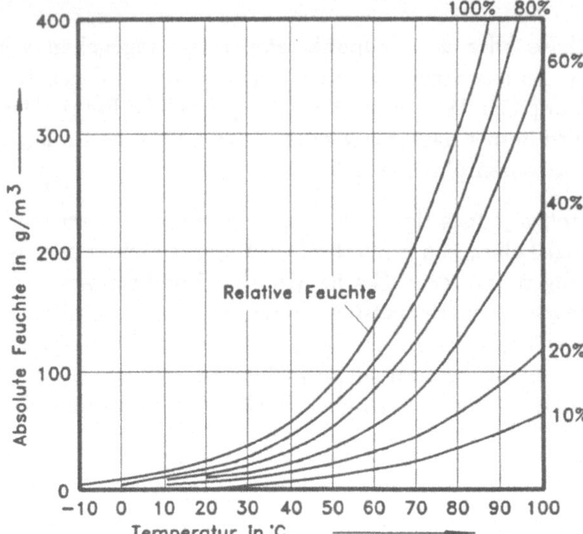

Abbildung 11.26: Wasserdampfgehalt der Luft in Abhängigkeit von Temperatur und relativer Feuchte

11.9.2 Feuchtigkeitsmeßgeräte

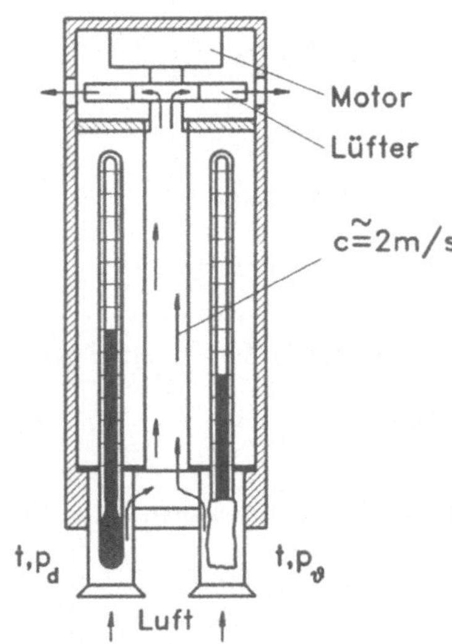

Abbildung 11.27: Aspirations-Psychrometer

Ein wichtiges Meßgerät ist das *Psychrometer*. Es benutzt als Meßeffekt die Tatsache des erhöhten Wärmeumsatzes der Luft infolge Feuchteänderung. Abb. 11.27 zeigt die prinzipielle Anordnung des Psychrometers. Die Luft wird am trockenen und am feuchten Thermometer vorbeigesaugt. Das feuchte Thermometer ist mit einem nassen Gewebe umgeben, so daß die Luft beim Vorbeiströmen bis zum Sättigungszustand (p_s) Feuchtigkeit aufnimmt. Die hierzu erforderliche Verdunstungswärme wird dem Thermometer und der Gewebehülle entzogen, die Temperatur (ϑ_f) sinkt dabei unter die Trockentemperatur ab. Im Beharrungszustand wird die bis zur Sättigung erforderliche anteilige Verdampfungswärme dem Gasstrom entzogen.

Aus einer Wärmebilanz läßt sich die Bestimmungsgleichung für diesen Meßvorgang ableiten, die von Sprung für den Bereich von 0 bis 50 °C bei Atmosphärendruck auf die vereinfachte Formel gebracht wurde:

$$p_w = p_s - 0,5 \cdot \frac{p}{755} \cdot (\vartheta - \vartheta_f) \tag{11.18}$$

mit dem Sättigungsdruck p_s und dem Atmosphärendruck p in mbar sowie ϑ_f in °C.

Den Ausdruck $\vartheta - \vartheta_f$ nennt man die psychrometrische Differenz. Die Auswertung der Messung erfolgt mit Tabellen oder grafischen Hilfsmitteln wie der Psychrometertafel (Abb. 11.28).

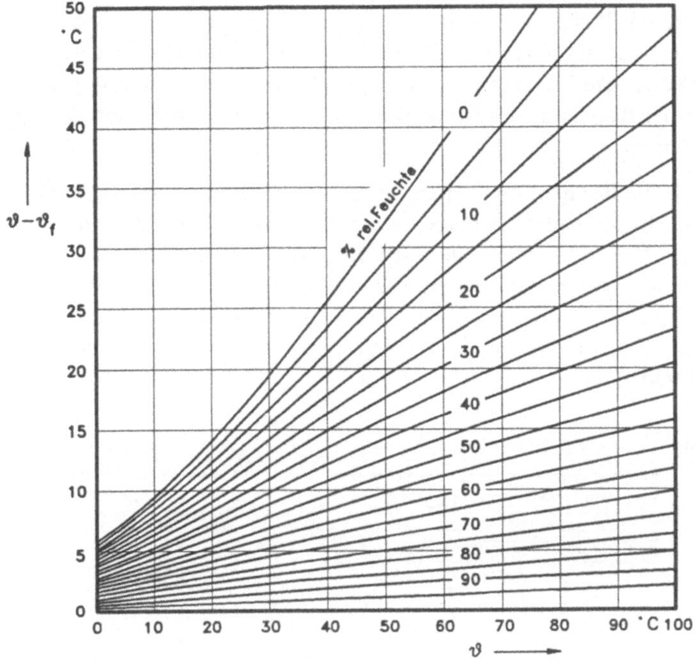

Abbildung 11.28: Psychrometertafel

Die Psychrometer sind mit Quecksilberthermometern und Befeuchtung von Hand (Assmann-Psychrometer) für Einzelmessungen geeignet. Ein Ventilator saugt die Luft mit konstanter Geschwindigkeit von $c > 2$ m/s am Fühler vorbei und sorgt für reproduzierbare Verhältnisse. Da die Feuchtigkeitsbestimmung auf eine Temperaturmessung zurückgeführt wird, können auch Geräte mit elektrischen Temperaturfühlern (in Brückenschaltung) und automatischer Befeuchtung verwendet werden.

Eine zweite Gruppe von Meßgeräten sind die *Hygrometer*. Sie benutzen zur Messung die Längenänderung hygroskopischer Stoffe. Im Haarhygrometer dient entfettetes und in einem speziellen Verfahren präpariertes Menschenhaar als Meßgrößenaufnehmer. Die Längenänderung des Haares wird durch eine feinmechanische Übersetzung auf einen Zeiger übertragen. Der Zeigerausschlag ist ein direktes Maß für die relative Feuchte. Die Geräte sind ungenauer als die Psychrometer (ca. 2%), genügen aber für metereologische Angaben. Anstelle der Haare können auch einzelne oder gebündelte präparierte Kunststoffäden verwendet werden. Gegenüber Haaren besitzen sie den Vorteil eines größeren Temperaturbereiches und der höheren Langzeitstabilität bei geringen Feuchtegraden.

Diffusionshygrometer benutzen die unterschiedliche Diffusionsgeschwindigkeit von Luft und Wasserdampf durch eine semipermeable Membran und liefern eine Druckanzeige, die dem Sättigungsdruck proportional ist.

Beim kapazitiven Meßprinzip wird als Feuchtefühler ein elektrischer Kondensator mit einem hygroskopischen Kunststoff als Dielektrikum eingesetzt. Dringt bei steigender Feuchtigkeit Wasser in das Dielektrikum ein, bewirkt das eine starke Veränderung der Kapazität des Kondensators, die der Änderung der relativen Feuchte proportional ist.

Die dritte Gruppe der gebräuchlichen Meßgeräte sind die *Taupunktfühler*. Eine einfach zu handhabende Feuchtemessung ermöglicht der Lithiumchlorid-Taupunktfühler (LiCl). Ein Meßwiderstand, meist Pt 100, ist in einer dünnwandigen Meßhülse untergebracht, die mit einem Glasgewebeschlauch umgeben ist (Abb. 11.29). Dieser Schlauch ist mit einer Lithium-Chlorid-Lösung getränkt, die stark hygroskopisch ist. Über dem Glasschlauch befinden sich zwei sich nicht berührende korrosionsbeständige Elektroden.

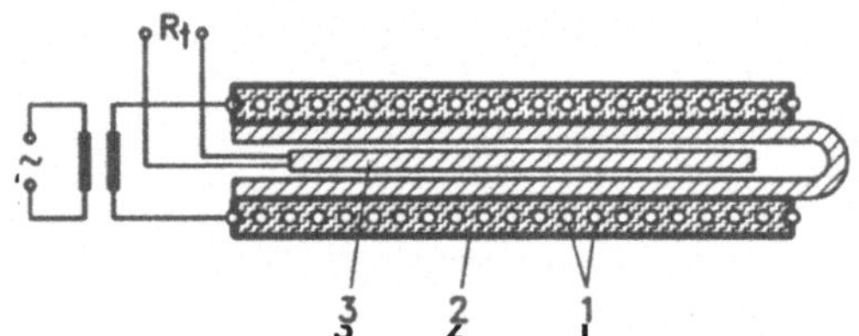

Abbildung 11.29: LiCl-Feuchtefühler

An die Elektroden wird eine Wechselspannung angelegt, die einen Strom durch die LiCl-Lösung fließen läßt und somit diese erwärmt. Durch die Erwärmung wird Wasser verdampft und dadurch die Leitfähigkeit der Lösung verringert, bis der Heizstrom in der Lösung zurückgeht. Sinkt die Temperatur der Lösung, kann diese wieder Wasser aus der Umgebung aufnehmen, was die Leitfähigkeit und damit den Strom wieder ansteigen läßt. So regelt sich die Temperatur selbständig auf einen Gleichgewichtszustand ein, der nur vom Dampfdruck der umgebenden Luft abhängig ist und daher ein Maß für die absolute Feuchte darstellt. Die Gleichgewichtstemperatur wird vom Meßfühler im Inneren der Meßhülse erfaßt und als Meßgröße für die Taupunktstemperatur weitergegeben. Zur Bestimmung der absoluten Feuchte ist der Taupunktswert umzurechnen.

Soll mit LiCl-Fühlern die relative Feuchte bestimmt werden, ist zusätzlich ein Temperaturfühler für die Lufttemperatur erforderlich. In einer linearisierenden und multiplizierenden Differenzschaltung können die beiden Eingangsgrößen in ein Maß für die relative Feuchte umgewandelt werden (Abb. 11.30).

Andere Taupunktmeßgeräte arbeiten mit einem gekühlten Spiegel, bei dessen Trü-

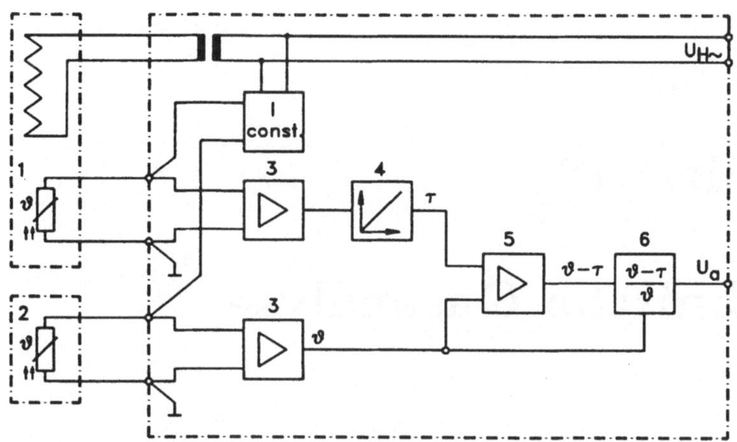

Abbildung 11.30: Meßgerät für die Messung der relativen Feuchte

bung durch Tauniederschlag die Taupunkttemperatur an der Oberfläche erreicht ist. Diese Methode ist sehr genau, aber auch sehr aufwendig, besonders bei automatischen Geräten.

Extreme Meßtemperaturen oder betriebstechnische Spezialfälle erfordern noch Sondermeßverfahren wie:

- Verfahren mit elektrischer Leitfähigkeitsmessung
- Verfahren mit Warmetönungsmessung
- Messung der Ultrarotabsorption
- Verfahren mit Neutronenbremsung durch Feuchtigkeit
- Kondensatmessung.

Kapitel 12

Technische Gasanalyse

12.1 Allgemeines

Die Bedeutung der technischen Gasanalyse - insbesondere für den Umweltschutz - kann nicht hoch genug eingschätzt werden. Die Meßaufgaben umfassen z.B. die allgemeine Überwachung der Luftqualität, die Überwachung von Grenzwerten, die Feststellung der Ursachen für Immissionsbelastungen sowie die Erfolgskontrolle technischer Maßnahmen beispielsweise zur Emissionsminderung.

Die Forderungen an die technische Gasanalyse sind sehr anspruchsvoll. Diese beginnen mit der Vielzahl der zu messenden Stoffe; die Konzentrationsbereiche reichen von mg/m^3 (= 10^{-3} g/m^3) bis fg/m^3 (= 10^{-15} g/m^3); gesetzliche Vorgaben setzen weitere Randbedingungen z.B. hinsichtlich der Meßzeitintervalle, Nachweisgrenzen usw.

Allgemein ist ein Trend zur Entwicklung automatisierter Meßsysteme festzustellen, die vor allem bei der Durchführung routinemäßiger Messungen, bei kontinuierlich zu erfolgenden Messungen und bei Meßreihen mit vielen Einzelmessungen ihre Vorteile aufweisen. Die manuellen - meist diskontinuierlichen - Verfahren behalten dennoch ihre Bedeutung, insbesondere als Referenzmeßverfahren zur Kalibrierung von Meßgeräten.

Physikalische Meßverfahren nutzen spezielle physikalische Eigenschaften des zu messenden Stoffes aus, die Gasprobe ändert sich während der Messung in ihrer Zusammensetzung nicht. Bei chemischen Meßverfahren erfolgt eine chemische Reaktion derart, daß die zu messende Gaskomponente charakteristisch und eindeutig identifizierbar ist.

Ein wesentlicher Gesichtspunkt bei der Auswahl eines Meßverfahrens ist, ob Emissions- oder Immissionsmessungen durchgeführt werden sollen. Verfahren für Immissionsmessungen müssen i.a. eine wesentlich höhere Empfindlichkeit, d.h. eine niedrigere Nachweisgrenze besitzen als solche für Emissionsmessungen. Bei Emissionsmessungen ist dagegen mit hohen Konzentrationen verschiedenster Begleitstoffe zu rechnen, die die Messung beeinflussen können.

Der Vielfalt von Meßaufgaben und Anforderungen steht eine große Anzahl von Meßverfahren gegenüber, die im folgenden nicht alle behandelt werden können. Es erfolgt deswegen eine Beschränkung auf einige wichtige Methoden, die als Grundlage die folgenden Eigenschaften ausnutzen:

- Selektive Absorption,
- Wärmeleitung,
- Wärmetönung,
- Paramagnetismus,
- Ionisationsstrommessung,
- Chemilumineszenz sowie
- Photometrie.

Weitere Verfahren sind beispielsweise die Flammenphotometrie, bei der das Meßgas in einer Wasserstoffflamme verbrannt und die Spektrallinie des gesuchten Stoffes ausgefiltert und verstärkt wird; die Kolorimetrie, ein chemisches Meßverfahren, bei dem die Farbänderung einer Reaktionslösung als Maß für die Konzentration der zu messenden Komponente dient; die Konduktometrie, bei der die Änderung der Leitfähigkeit einer Reaktionslösung zur Konzentrationsbestimmung ausgenutzt wird.

12.2 Selektive Absorption (Volumetrische Analyse)

Infolge Verbrennung einer Gaskomponente oder Absorption durch ein chemisches Reagenz tritt eine als Meßgröße dienende isobare Volumenänderung ein. Der relativ geringen Genauigkeit stehen die Vorteile einfache Meßanordnung, geringer Preis, gute Betriebssicherheit sowie die Messung eines Absolutwertes entgegen.

Für die Analyse von Rauchgas ist das Orsatgerät bekannt (Abb. 12.1), in dessen drei Waschflaschen sich als spezifische Absorptionsmittel

- Kalilauge für Kohlendioxid (CO_2),
- Pyrogallussäure für Sauerstoff (O_2) und
- Kupferchlorür-Lösung für Kohlenmonoxid (CO)

befinden.

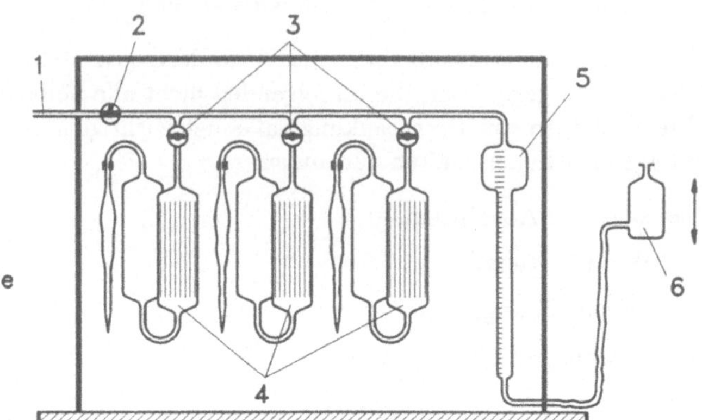

Abbildung 12.1: Aufbau eines Orsat-Geräts

Zur Analyse wird ein Meßgefäß mit definiertem Volumen bei Atmosphärendruck mit dem zu messenden Gas gefüllt, wobei ein Wassermantel um das Meßgefäß das Temperaturniveau bestimmt. Durch Heben und Senken der Hubflasche wird das Gas nacheinander in die einzelnen Waschflaschen (Orsatgefäße) eingeleitet und mehrfach durch die jeweiligen Absorptionsflüssigkeiten hindurchgeschickt. Im Meßgefäß wird nach Absorbieren der verschiedenen Gaskomponenten die Volumenverminderung abgelesen.

12.3 Sauerstoffbestimmung in Abgasen

12.3.1 λ-Sonde

Verbrennungsmotoren muß ein Kraftstoff-Luft-Gemisch bestimmter Zusammensetzung zugeführt werden, um für den vorgesehenen Betriebsfall - Kaltstart, Leerlauf, Teillast, Vollast - eine optimale Verbrennung und ein möglichst schadstofffreies Abgas zu ergeben. Magermotoren und der Betrieb mit Dreiwegekatalysatoren erfordern ebenfalls bestimmte Werte der Luftüberschußzahl λ. Der Istwert der Luftüberschußzahl läßt sich aus dem CO_2-Gehalt, empfindlicher aber aus dem O_2-Gehalt der Abgase ermitteln. Mit dem Meßimpuls einer solchen Sonde kann dann regelnd auf die Gemischbildung Einfluß genommen werden.

Der Aufbau einer λ-Sonde ist in Abb. 12.2 dargestellt. Außen- und Innenelektrode sind aus porösem Platin gefertigt, das gasdurchlässig ist. Bei dem ionenleitfähigen

Festelektrolyten handelt es sich um mit Yttriumoxid (Y_2O_3) dotierte Zirkonoxid-Keramik (ZrO_2), die gasundurchlässig ist, die aber Sauerstoffionen leitet.

Die unterschiedlichen Sauerstoffpartialdrücke in Luft und Abgas rufen an den Elektroden eine Spannung hervor, die proportional dem Logarithmus des Verhältnisses der Partialdrücke p_{innen} und p_{aussen} ist. Über eine entsprechende Brückenschaltung dient das Ausgangssignal zur Regelung des Kraftstoff-Luft-Gemisches (Anreicherung, Abmagerung). Als Betriebstemperatur sind allerdings mindestens 280 °C notwendig, die durch eine elektrische Heizung oder das Abgas selbst erzeugt werden.

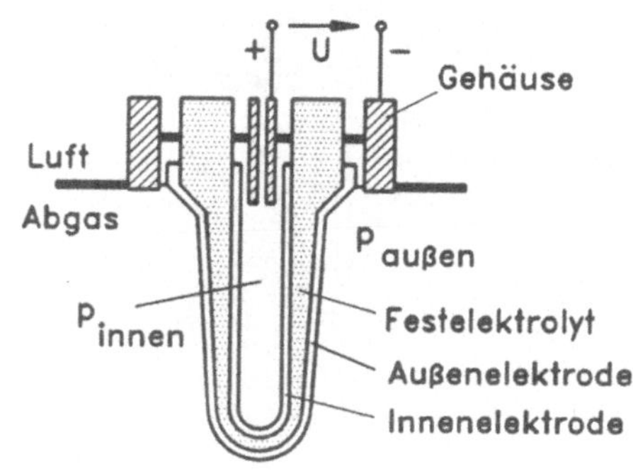

Abbildung 12.2: Aufbau einer λ-Sonde

12.3.2 Paramagnetismus

Bei magnetischen Gasanalyseverfahren wird die unterschiedliche Magnetisierbarkeit der Gaskomponenten zur Analyse ausgenutzt. So ist beispielsweise Sauerstoff im Gegensatz zu fast allen anderen Gasen paramagnetisch, d.h. Sauerstoff wird in einem Magnetfeld in Richtung höherer Feldstärke bewegt. Diamagnetische Stoffe werden dagegen aus einem Magnetfeld herausgedrängt.

Es sind nun verschiedene Meßverfahren verwirklicht, die diese Eigenschaft des Sauerstoffs zur Gasanalyse ausnutzen.

Bei dem Wechseldruckverfahren (Abb. 12.3) werden zwei Gase mit unterschiedlichem Sauerstoffgehalt - Meß- und Vergleichsgas, z.B. N_2, O_2 oder Luft - in einem Wechselmagnetfeld so zusammen geführt, daß zwischen ihnen ein Druckunterschied entsteht. Das Vergleichsgas wird der Meßkammer über zwei Kanäle zugeleitet, wobei einer der Vergleichsgasströme im Bereich des Magnetfeldes mit dem Meßgas zusammentrifft. Die Sauerstoffmoleküle werden in Richtung höherer Feldstärke gezogen, so daß eine Strömung hervorgerufen wird, die von einem Mikroströmungsfühler in ein dem Sauerstoffgehalt proportionales, elektrisches Signal umgewandelt wird.

Bei einem zweiten Verfahren wird das Meßgas in einem Magnetfeld erwärmt (Abb. 12.4). Enthält das Meßgas Sauerstoff, entsteht aufgrund des Paramagnetismus ($\chi \cdot T$ = const., s.u.) in der Meßkammer eine Sekundärströmung („magnetischer Wind"), die die Kühlung des Heizdrahtes verstärkt. Die damit verbundene Widerstandsänderung wird über eine Brückenschaltung abgegriffen, wobei als zweiter Brückenast eine Meßkammer ohne Magnetfeld dient.

Die Sauerstoff-Messung mit Geräten, die die paramagnetischen Eigenschaften zur

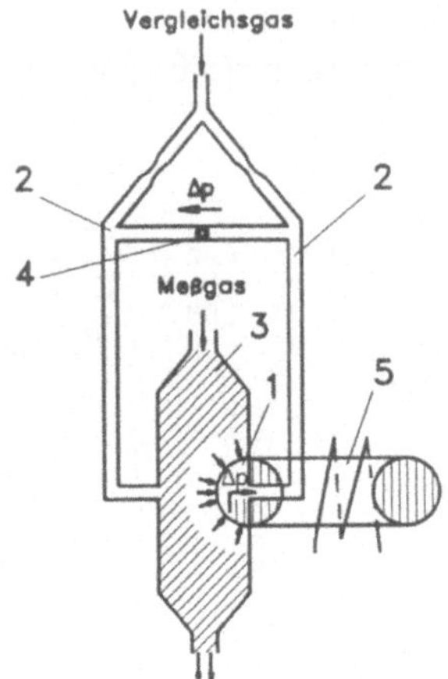

Abbildung 12.3: Sauerstoffmessung mit Hilfe des Paramagnetismus

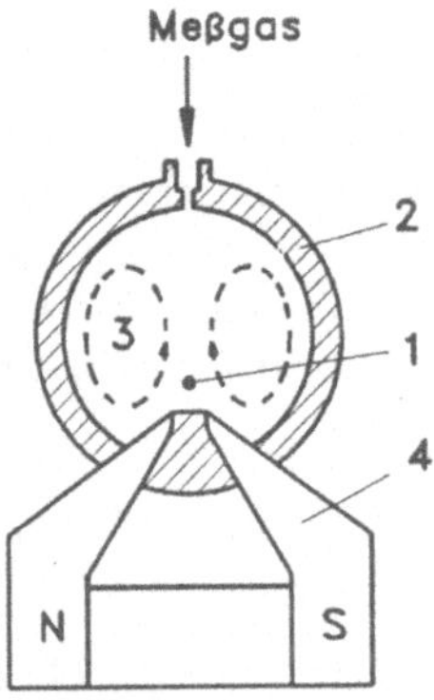

Abbildung 12.4: Sauerstoffmessung mit Hilfe des Paramagnetismus

Grundlage haben, ist anderen Methoden überlegen. Erst bei sehr kleinen O_2-Mengen, bei denen die diamagnetischen Eigenschaften des Trägergases stören, wird diese Methode ungenau.

Das Verhalten von Stoffen in einem Magnetfeld wird durch die Magnetisierung beschrieben, d.h. der Ausrichtung der magnetischen Momente der Teilchen unter der Wirkung des Magnetfeldes. Als Kenngröße dient die magnetische Suszeptilität κ, die das Verhältnis der Magnetisierung zur Magnetfeldstärke darstellt. Bei diamagnetischen Stoffe ist $\kappa < 0$, bei paramagnetischen dagegen ist $\kappa > 0$. Dies bedeutet, daß diamagnetische Stoffe aus einem Magnetfeld herausgedrängt, paramagnetische dagegen an den Ort der größten Feldstärke gezogen werden.

Wird κ auf die Stoffdichte ρ bezogen, erhält man das Curiesche Gesetz für paramagnetische Stoffe:

$$\chi \cdot T = \frac{\kappa}{\rho} \cdot T = \text{ konst.} \qquad (12.1)$$

d.h. mit steigender Temperatur T nimmt die spezifische Suszeptilität χ ab. Die spezifische Suszeptilität diamagnetischer Stoffe ist dagegen temperaturunabhängig.

12.4 Photometrie

Bei optischen Analyseverfahren wird elektromagnetische Strahlung im Spektralbereich des sichtbaren Lichtes (400 - 800 nm) oder dicht daneben - ultraviolett (200 - 400 nm), infrarot (1.000 - 10.000 nm) - durch den Meßvorgang beeinflußt. Diese Beeinflussung kann beispielsweise sein: Absorption, Streuung, Brechung, Drehung der Polarisationsebene, Doppelbrechung oder Interferenz.

Viele der derzeit eingesetzten Analysegeräte sind Photometer, die - wie nachfolgend beschrieben - die Absorption von Strahlung als Meßeffekt ausnutzen. Sie arbeiten meist nach dem nicht-dispersiven Verfahren, d.h. die Strahler senden keine diskreten Frequenzen aus und die Absorption wird integral erfaßt.

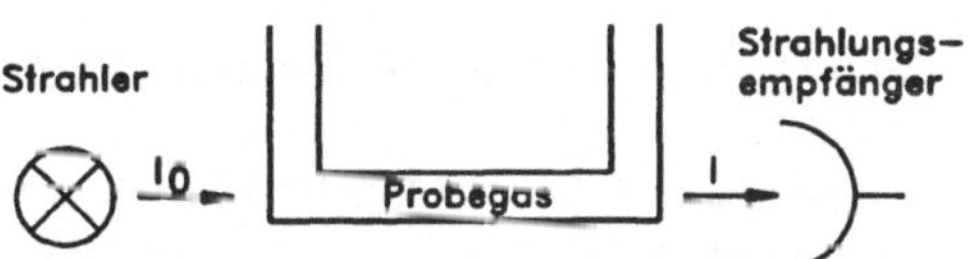

Abbildung 12.5: Prinzip der Photometrie

Den prinzipiellen Aufbau zeigt Abb. 12.5. Der von der Lichtquelle ausgehende Strahl der Intensität I_0 wird beim Durchdringen des zu messenden Gases durch Wechselwirkung mit dessen Molekülen geschwächt. Den Strahlungsempfänger erreicht deswegen nur ein Strahl verringerter Intensität I, die Abnahme der Intensität durch die Absorption ist dann ein Maß für die Konzentration. Das Lambert-Beersche Gesetz beschreibt diesen Vorgang:

$$I = I_0 \cdot e^{-k \cdot l \cdot \rho} \qquad (12.2)$$

Hierin ist l die Lauflänge des Strahls durch das Meßgas und ρ dessen Dichte. Der Extinktionskoeffizient k ist wellenlängenabhängig, er kennzeichnet die Empfindlichkeit des Verfahrens.

Die Selektivität kann prinzipiell auf zwei Arten erreicht werden. Es werden - durch den Einbau von Filtern - Strahlen nur in dem Wellenlängenbereich in das Probegas eingestrahlt, in dem die Absorptionsbande der zu messenden Komponente liegt. Bei der zweiten Möglichkeit dient die zu messende Gaskomponente als Strahlungsempfänger, der somit einen streng selektiven Empfänger darstellt. Die durch die Einstrahlung auftretenden Veränderungen im Empfänger werden dann in ein Meßsignal umgesetzt.

Die verschiedenen Gerätetypen - nachfolgend sind stellvertretend einige beschrieben - unterscheiden sich - je nach zu vermessender Gaskomponente - durch den Wellenlängenbereich der Strahlung, in der Art des Strahlengangs und in der Konstruktion des Strahlungsempfängers.

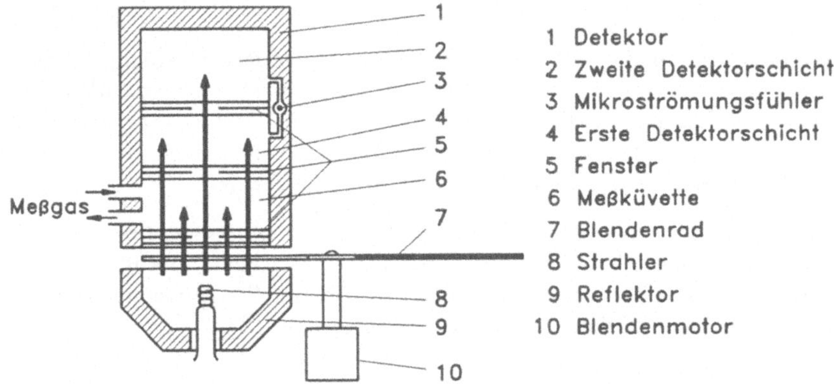

Abbildung 12.6: Aufbau eines NDIR-Einstrahl-Photometers

Abb. 12.6 zeigt ein nicht-dispersives Infrarot-(NDIR-)Photometer als Einstrahlprinzip. Ein erhitzter Strahler sendet IR-Strahlung aus, die von einem rotierenden Blendenrad periodisch unterbrochen wird. Nach Durchtritt durch die vom zu vermessenden Gas durchströmte Meßküvette erfolgt die Intensitätsmessung der Strahlung im Strahlungsempfänger, der durch Füllung mit der Meßkomponente sensibilisiert ist. Der Empfänger ist hier in zwei Schichten - Gasräume - unterteilt, die durch eine Bohrung miteinander verbunden sind. Trifft nun ein durch die mechanische Modulation erzeugter Strahlungsimpuls auf den Empfänger, führt die Absorption in den beiden Schichten zu unterschiedlichen Druckerhöhungen. Ein in der Verbindungsbohrung angeordneter Mikrofühler - ein Hitzdraht - erfaßt die durch den Druckunterschied hervorgerufene Strömung, der Hitzdraht kühlt sich ab. Durch die rotierende Blende wird dieser einmalige Strömungsvorgang in einen periodischen Prozeß umgewandelt. Wird der Hitzdraht als Teil einer Wheatstoneschen Meßbrücke angeordnet, kann die Abkühlung und damit die Widerstandsänderung in der nachfolgenden Elektronik als Maß für die Konzentration weiter verarbeitet werden. Die Absorption in der Meßküvette wird mit zunehmender Konzentration der zu messenden Komponente größer, wodurch sich die in den Empfänger eingestrahlte Energie verringert.

In Abb. 12.7 ist der prinzipielle Aufbau eines NDIR-Zweistrahl-Analysators dargestellt. Die vom Strahler emittierte Strahlung wird im Strahlteiler, der gleichzeitig als Filter dient, in einen Meß- und einen Vergleichsstrahl aufgeteilt. Der Vergleichsstrahl

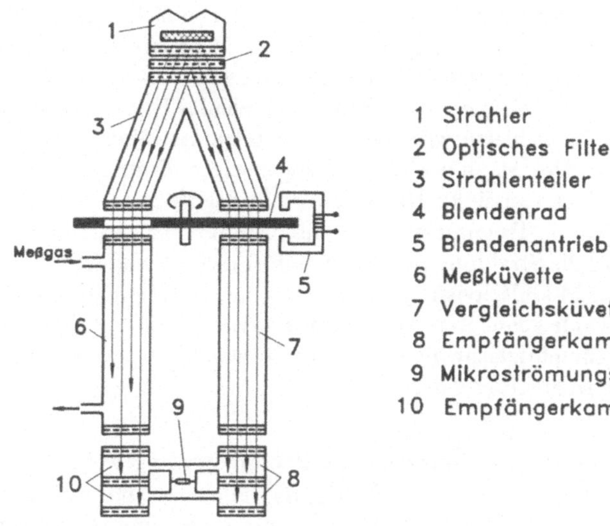

Abbildung 12.7: Aufbau eines NDIR-Zweistrahl-Photometers

wird durch die Vergleichsküvette geführt, die mit nicht-infrarotaktivem Stickstoff N_2 gefüllt ist. Der Vergleichsstrahl trifft also ungeschwächt den Strahlungsempfänger, während der Meßstrahl nach Durchlaufen der Meßküvette mehr oder weniger geschwächt in den Empfänger gelangt. Zur Sensibilisierung ist der Empfänger mit der zu messenden Gaskomponente gefüllt. Bei dem hier dargestellten Zweischichtempfänger treten in erstem und zweitem Gasraum unterschiedliche Druckerhöhungen auf, so daß - wie zu Abb. 12.5 erläutert - ein Druckausgleich stattfindet, der über einen Strömungsfühler erfaßt werden kann. Durch das Blendenrad werden Meß- und Vergleichsstrahl gegentaktig und periodisch unterbrochen, was am Strömungsfühler zu einer pulsierenden Strömung führt.

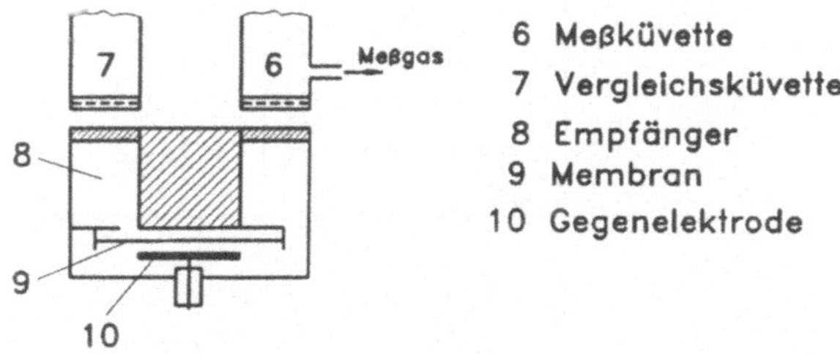

Abbildung 12.8: Empfänger eines NDIR-Zweistrahl-Photometers

Eine andere Empfängerbauart eines NDIR-Zweistrahl-Analysators ist in Abb. 12.8 dargestellt. Meß- und Vergleichsstrahl fallen in verschiedene, durch eine dünne Metallmembran getrennte Empfängerkammern, in denen sich - entsprechend der vom Gas absorbierten Strahlungsenergie - Temperatur und Druck erhöhen. Beide Kammern sind mit der zu messenden Gaskomponente gefüllt, wodurch nur die Strahlung dieser Komponente absorbiert wird. Mit zunehmender Konzentration der Meßkomponente in der Meßküvette wird dort mehr Infrarotstrahlung absorbiert, so daß entsprechend weniger Strahlung in den zugehörigen Empfänger gelangt und der Druck in dieser Kammer sinkt. Da der Druck in der Vergleichskammer unverändert bleibt, wölbt sich die Trennmembran in die Kammer der Meßstrahlung. Durch das Blendenrad wird die Strahlung periodisch unterbrochen, wodurch die Membran entsprechend dieser Modulationsfrequenz zu schwingen beginnt. In dem aus Membran und Gegenelektrode gebildeten Kondensator werden dadurch - in Abhängigkeit der Amplitude der Membranschwingung - Kapazitätsänderungen hervorgerufen, die ein Maß für die Konzentration darstellen.

In der Gasanalyse werden bevorzugt IR-Photometer angewendet, da - außer den zweiatomigen Elementargasen wie O_2, N_2, H_2 - alle zwei- und mehratomigen Gase - wie Abb. 12.9 für einige Gase zeigt - im Infraroten starke und relativ gut voneinander getrennte Absorptionsbanden aufweisen.

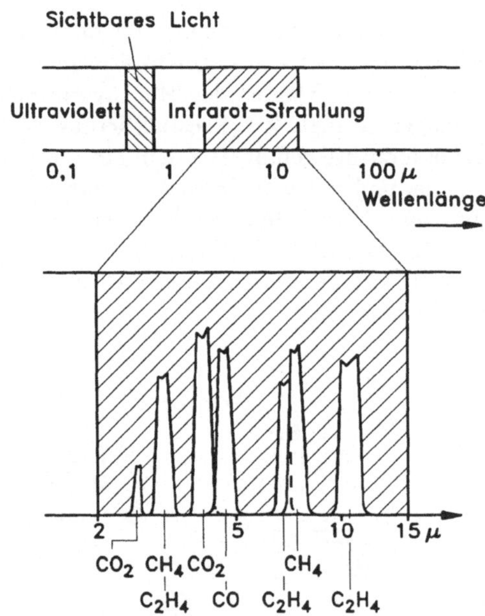

Abbildung 12.9: Absorptionsspektren einiger Gase im Infraroten

Photometer für den UV-Bereich sind prinzipiell ähnlich aufgebaut. Abb. 12.10 zeigt ein NDUV-Photometer für die Messung von NO, das im ultravioletten Bereich von 227 nm Strahlung absorbiert. Diese Bande wird durch das Interferenzfilter ausgeblendet, sie dient als Meßstrahl. Der Vergleichsstrahl wird dadurch gebildet,

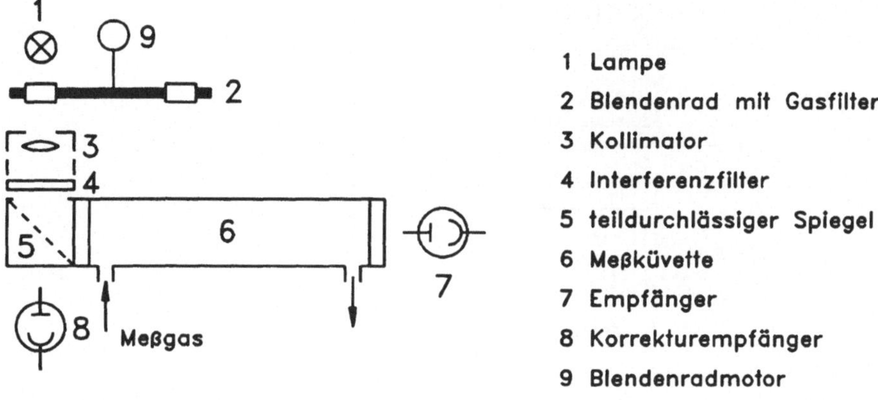

Abbildung 12.10: Aufbau eines NDUV-Photometers

daß im umlaufenden Blendenrad in eine Öffnung ein NO-Gasfilter eingesetzt ist. Über den halbdurchlässigen Spiegel treffen - durch das Blendenrad zeitlich versetzt - ein Teil von Meß- und Vergleichsstrahl auf den Korrekturempfänger und der andere Teil nach Durchlaufen der Meßküvette auf den Strahlungsempfänger. Aus den an beiden Empfängern auftretenden Impulsfolgen bildet die nachfolgende Elektronik das Ausgangssignal.

12.5 Kalorisch-elektrische Analyse

12.5.1 Wärmeleitfähigkeit

Das unterschiedliche Wärmeleitvermögen der Gase ist die Grundlage dieser Gruppe von Gasanalysegeräten. Hierbei wird die elektrische Widerstandsänderung eines erhitzten Leiters (Drahtes) als Maß für die Konzentration der zu messenden Gaskomponente benutzt. Der Widerstand ist abhängig von der Temperatur des Leiters und damit von der Wärmeleitfähigkeit des Gases, das den Leiter umgibt.

Vier solche Leiter werden zu einer Brücke geschaltet, wobei zwei Leiter vom zu messenden Gas und die beiden anderen von einem Vergleichsgas umgeben werden (Abb. 12.11). Bei unterschiedlicher Wärmeleitfähigkeit von Meß- und Vergleichsgas erwärmen sich die Drähte ungleichmäßig, sie nehmen daher unterschiedliche Temperaturen und damit unterschiedliche Widerstandswerte an. In Luft liegt die Tem-

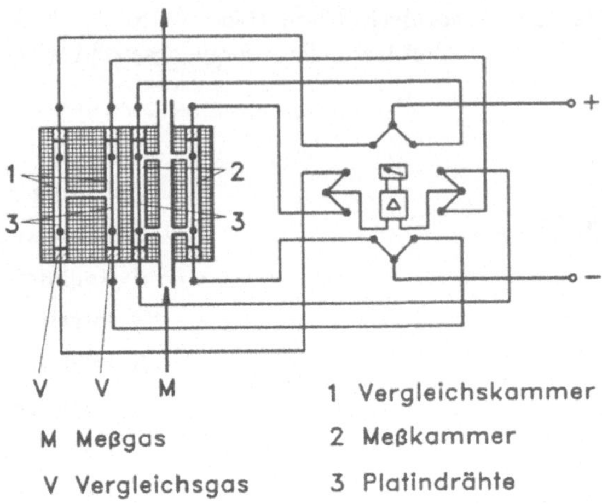

Abbildung 12.11: Gasanalysegerät nach dem Wärmeleitfähigkeitsprinzip

peratur z.B. etwa 80 K über der Temperatur des umgebenden Gehäuseblockes, in Wasserstoff dagegen nur etwa 30 K. Durch diese ungleiche Widerstandsänderungen wird das elektrische Gleichgewicht der Meßbrücke gestört, und in der Brückendiagonalen entsteht eine Spannung, die dann als Maß für die Konzentration der Meßkomponente dient. Meß- und Vergleichsgas müssen bei Meßtemperatur also deutlich unterschiedliche Wärmeleitzahlen haben, da letztlich die Differenz der Wärmeleitzahlen als Meßgröße herangezogen wird.

Der Vorteil dieser Geräte besteht in der direkten raschen Anzeige und der Möglichkeit, das elektrische Meßsignal weiterverarbeiten zu können. An die Fertigung der Geräte und den Aufbau des elektrischen Kreises werden hohe Anforderungen gestellt.

Die Wärmeleitzahl λ eines Stoffes ist definiert durch

$$\Phi = -\lambda \cdot A \cdot \frac{\partial \vartheta}{\partial x}. \tag{12.3}$$

Dabei ist ϑ die Stofftemperatur und Φ der Wärmestrom, der vom Temperaturgradienten $(\partial \vartheta / \partial x)$ senkrecht zur Fläche A hervorgerufen wird. Die Wärmeleitzahl λ von Gasen ist im technisch interessanten Bereich unabhängig vom Druck, sie steigt dagegen mit zunehmender Temperatur. Werden die unterschiedlichen Wärmeleitfähigkeiten zur Gasanalyse benutzt, ist die additive Beziehung für λ zu beachten. Für einige binäre Gemische (z.B. Luft + CO_2 oder CO oder CH_4) gilt:

$$\lambda = n_1 \cdot \lambda_1 + n_2 \cdot \lambda_2 \quad (\text{mit } n = \text{Molkonzentration}). \tag{12.4}$$

Wenn also λ bestimmt wird und λ_1 und λ_2 eines binären Gemisches bekannt sind, kann deren Konzentrationen n_1 oder n_2 ermittelt werden. Andere Gemische zeigen dagegen ein Maximum der Wärmeleitzahl bei bestimmtem Mischungsverhältnis, sie würden bei λ-Messungen also zweideutige Gemischwerte liefern. Aufgrund der geringen Selektivität wird die Wärmeleitfähigkeitsmessung nicht häufig eingesetzt.

12.5.2 Wärmetönung

Nach dem kalorisch-elektrischen Prinzip arbeiten auch Geräte, die die Wärmetönung - die bei einem chemischen Prozeß verbrauchte oder freiwerdende Wärme - zur Messung von Gaskomponenten benutzen. An einem elektrisch beheizten Leiter wird die Gasprobe in Gegenwart eines Katalysators bei geeigneter Temperatur verbrannt, wobei die Verbrennungswärme eine Temperaturerhöhung und damit eine Widerstandserhöhung des Leiters bewirkt. Wird der Draht in der Meßkammer mit einem zweiten Draht in einer z.B. mit Luft gefüllten Vergleichskammer zu einer Meßbrücke geschaltet, dient wiederum die Brückenverstimmung als Meßgröße für die Gaskonzentration (Abb. 12.12).

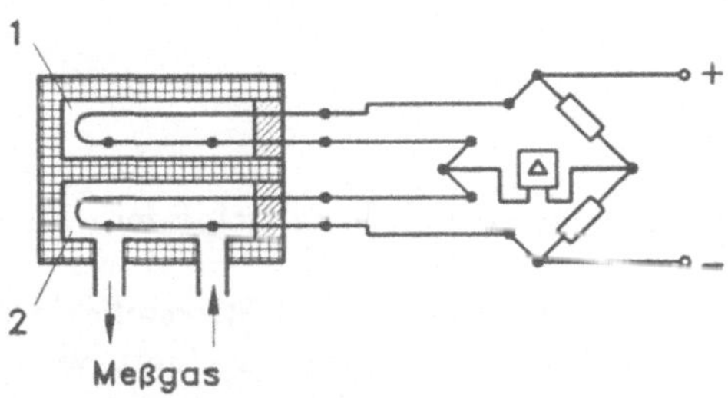

Abbildung 12.12: Gasanalysegerät nach dem Wärmetönungsverfahren

Aus den Reaktionsgleichungen für die Verbrennung von Wasserstoff H_2

$$2{,}016 \text{ kg } H_2 + 16 \text{ kg } O_2 = 18{,}016 \text{ kg } H_2O + 286.796 \text{ kJ}$$

oder Kohlenmonoxid CO

$$28{,}010 \text{ kg } CO + 16 \text{ kg } O_2 = 44{,}010 \text{ kg } CO_2 + 282.797 \text{ kJ}$$

ist der Wärmeumsatz bekannt. Aus der Messung dieser Wärmemenge kann demzufolge die Stoffmenge errechnet werden.

12.6 Chemilumineszenz-Messung

Bei diesem Verfahren wird die Abgabe von Energie in Form von Lichtemission erfaßt, wenn Moleküle von einem angeregten Zustand in den Grundzustand übergehen.

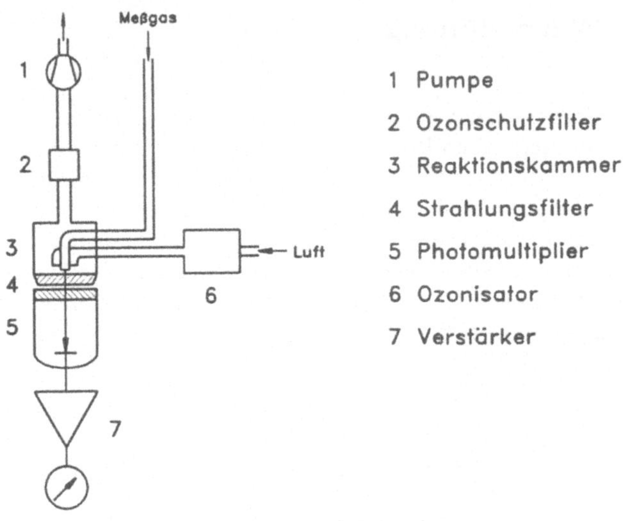

Abbildung 12.13: Aufbau einer Chemilumineszenz-Meßanordnung

Abb. 12.13 zeigt den Aufbau zur Messung von Stickstoffoxiden. Einer Reaktionskammer wird ozonisierte Luft und das Meßgas zugeführt, wobei Stickstoffmonoxid NO durch das Ozon O_3 zu Stickstoffdioxid NO_2 oxidiert wird. Ein Teil dieser NO_2-Moleküle befindet sich in einem angeregten Zustand NO_2^*, von dem aus sie unter Abgabe von Energie in den Grundzustand übergehen:

$$x \cdot \mathrm{NO} + x \cdot \mathrm{O_3} \longrightarrow y \cdot \mathrm{NO_2} + (x - y) \cdot \mathrm{NO_2^*} + x \cdot \mathrm{O_2}$$

$$\mathrm{NO_2^*} \longrightarrow \mathrm{NO_2} + h\nu$$

Diese Chemilumineszenz wird mit einem Photomultiplier und nachfolgendem Verstärker als Meßgröße erfaßt, wobei die Intensität der Chemilumineszenz von den Konzentrationen der Reaktionspartner abhängig ist. Da O_3 im Überschuß zugegeben wird, bestimmt allein die Anzahl der NO-Moleküle die Lichtemission. Bei konstantem Gasvolumenstrom durch die Meßkammer ist die gesuchte Volumenkonzentration proportional zur Anzahl der NO-Moleküle. Die Abstrahlung von Licht erfolgt im Wellenlängenbereich von etwa 600 nm bis 3.200 nm mit einem Maximum bei 1.200 nm.

12.7 Flammenionisationsdetektor (FID)

Kohlenwasserstoffhaltiges Meßgas wird im Flammenionisationsdetektor mit einer konstanten Menge Brenngas - reiner Wasserstoff H_2 - gemischt und beim Austritt aus einer Düse zusammen mit Luft verbrannt (Abb. 12.14). Hierbei wird der organisch gebundene Kohlenstoffanteil teilweise ionisiert. Wird zwischen der Düse und einer Elektrode eine Gleichspannung - die Saugspannung - angelegt, fließt ein Ionenstrom, der proportional dem Kohlenwasserstoffgehalt des Meßgases ist.

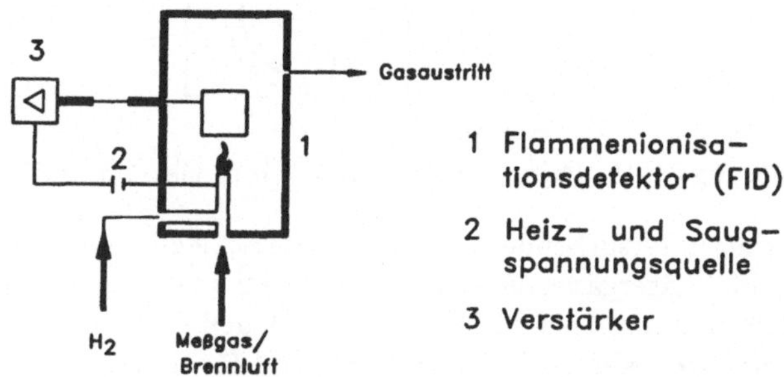

Abbildung 12.14: Aufbau eines Flammenionisationsdetektors (FID)

12.8 Gaschromatographie

Mit der Gaschromatographie - sie ist ein Verfahren zur Trennung von Gasgemischen - können alle Gase und unzersetzt verdampfbare Flüssigkeiten analysiert werden. Der mögliche Meßbereich umfaßt sowohl die Hauptbestandteile von Gemischen wie auch Spurengehalte im ppm-Bereich. Bei der Analyse wird das zu untersuchende Substanzgemisch in die einzelnen Komponenten aufgetrennt, indem es von einem Trägergas durch ein Sorptionsmittel gespült wird, das die einzelnen Gemischkomponenten verschieden stark verzögert.

Der Gaschromatograph besteht aus drei Baugruppen, die durch Kapillarleitungen untereinander verbunden sind: dem Einspritzblock, der Trennsäule und dem Detektor (Abb. 12.15). Als Trägersubstanz dienen inerte Gase wie H_2, He, N_2 oder Ar. Zur Analyse wird über den Einspritzblock eine genau abgemessene Probe der zu vermessenden Substanz in den Trägergasstrom eingebracht. Der Einspritzblock ist so beheizt, daß auch flüssig eingespritzte Stoffe bis zu einem gewissen Siedepunkt verdampft werden. Das Trägergas nimmt die Probe in Form eines Gaspfropfens mit und spült sie durch die Trennsäule. Der Trennvorgang in der Säule kommt dadurch zustande, daß von dem Absorptionsmittel die Geschwindigkeiten der Kom-

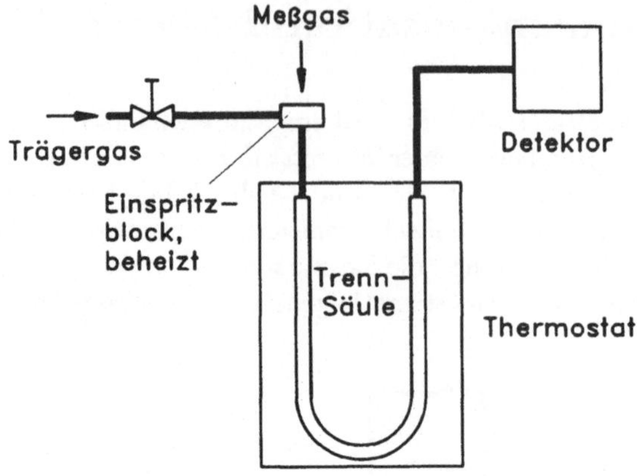

Abbildung 12.15: Prinzipieller Aufbau eines Gas-Chromatographen

ponenten der zu untersuchenden Substanz unterschiedlich stark verzögert werden. Sie verlassen im Trägergasstrom nacheinander die Trennsäule, werden einzeln vom Detektor erfaßt und registriert. Die Detektoren arbeiten meistens nach dem Wärmeleitfähigkeitsprinzip - siehe Abschnitt 12.5 - und für organische Verbindungen mit der Flammenionisation - siehe Abschnitt 12.7.

Charakteristisches Bauteil der Gaschromatographie ist die Trennsäule. Sie besteht aus einem Rohr, das - je nach zu analysierendem Gas - 0,5 bis 15 m lang ist bei einer lichten Weite von 2 bis 5 mm. Es ist mit einem Sorptionsmittel gefüllt, das ein feinkörniges Material mit großer Oberfläche sein kann oder ein mit einem dünnen Film von hochsiedendem Lösungsmittel überzogenes Trägermaterial. Neuere Gaschromatographen verwenden zur Trennung bis zu 50 m lange Kapillaren, die innen mit einem dünnen Film des hochsiedenden Lösungsmittels (als „flüssige Phase“ bezeichnet) belegt sind. Mit diesen „Dünnfilmkapillaren“ werden wesentlich bessere Trennleistungen erzielt als mit den herkömmlichen „gepackten Säulen“.

12.9 Massenspektrometrie

Die Massenspektrometrie arbeitet ebenfalls nach dem Prinzip, das zu untersuchende Substanzgemisch zu trennen und die Komponenten einzeln zu bestimmen. Die Moleküle der Stoffprobe werden thermisch - bei festen Stoffen - oder durch Elektronenbeschuß - Gase und Flüssigkeiten - ionisiert und die Ionen nach ihrer Beschleunigung durch ein homogenes Magnetfeld geschickt. Darin erfahren die Ionen eine Ablenkung von ihrer ursprünglich geraden Bahn auf eine Kreisbahn, deren Radius - neben anderen eliminierbaren Größen - nur noch von der Masse der Ionen abhängt. Die Komponenten der Stoffprobe verlassen das Magnetfeld also räumlich getrennt und werden im Auffängersystem registriert.

Die Empfindlichkeit des Verfahrens ist sehr hoch, bei Probemengen von wenigen Mikrogramm liegen die Erfassungsgrenzen unter 1 ppm. Nachteilig ist allerdings - vor allem bei der quantitativen Analyse organischer Substanzen - die aufwendige Auswertung der Massenspektren.

12.10 Messung partikelförmiger Emissionen

Entsprechend der Technischen Anleitung zur Reinhaltung der Luft sind Feuerungsanlagen je nach Feuerungsleistung und Art des Brennstoffes mit Meßgeräten auszurüsten, mit denen die staubförmigen Emissionen kontinuierlich aufgezeichnet werden können.

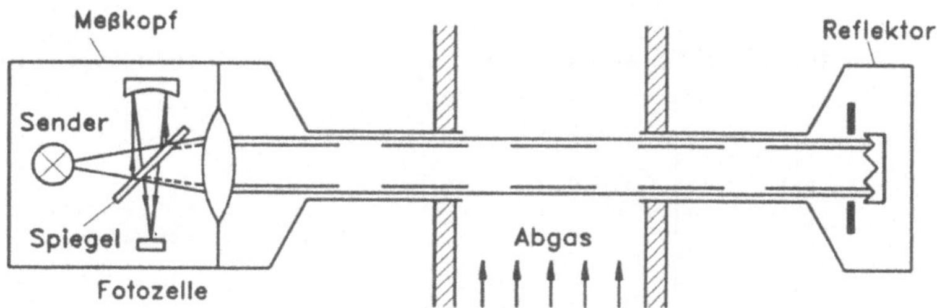

Abbildung 12.16: Prinzip einer optischen Staubgehaltsmessung

Meßgeräte auf optischer Basis bestehen im wesentlichen aus einer Lampe und einer Photozelle, mit der die Lichtschwächung durch den Staubgehalt i.a. durch Vergleich mit einem Vergleichsstrahl gemessen wird. Bei dem in Abb. 12.16 dargestellten Gerät nach dem Zweistrahlverfahren durchläuft der Meßstrahl zweimal die Meßstrecke.

Die kontinuierliche Messung auch sehr geringer Staubgehalte erlauben Geräte nach Abb. 12.17, die nach dem Streulichtprinzip arbeiten. Die zu vermessende Probe wird der Meßkammer über eine repräsentative Probenahme zugeführt.

Bei Betastaubmetern (Abb. 12.18) ist die Absaugung eines Teilstromes erforderlich, die isokinetisch erfolgen muß. Der im Teilstrom enthaltene Staub wird auf einem Filterpapier abgeschieden, das von einem β-Strahler durchstrahlt wird. Die von einem Detektor ermittelte Abschwächung der Strahlung ergibt die Staubkonzentration.

Dem großen Vorteil der optischen Verfahren - praktisch verzögerungsfreie Messung - steht gegenüber, daß die Staubkonzentration nicht direkt gemessen werden kann, die optischen Geräte müssen also kalibriert werden.

Hierfür steht beispielsweise das in Abb. 12.19 dargestellte, manuell zu bedienende Filterkopfgerät zur Verfügung, bei dem ein Abscheidefilter in den Abgasstrom ein-

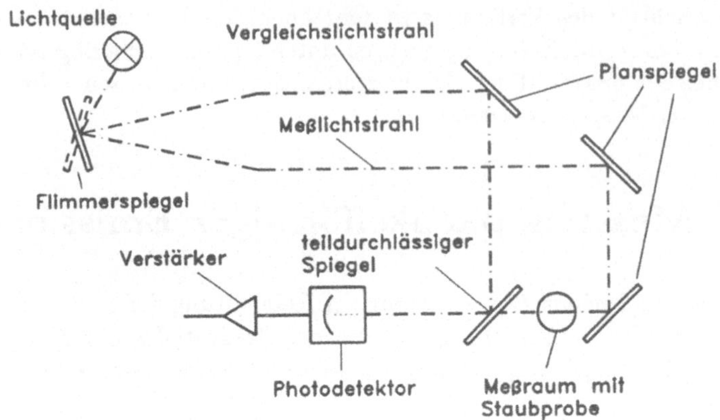

Abbildung 12.17: Staubgehaltsmessung nach dem Streulichtprinzip

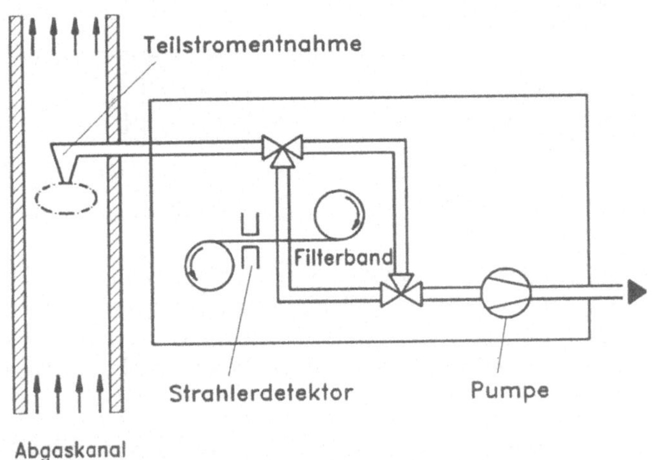

Abbildung 12.18: Schema eines β-Staubmeters

gebracht und der Staubgehalt gravimetrisch vermessen wird. Auch hier muß eine isokinetische Entnahme erfolgen, die mittels Durchflußmesser im Vergleich zu einem im Abgaskanal angebrachten Prandtl-Staurohr eingestellt und kontrolliert wird. Als geeignetes Filtermaterial hat sich Quarzwolle erwiesen. Bei Anwendung des Filterkopfgerätes sind in jedem Fall Netzmessung erforderlich, um unterschiedliche Verteilungen des Staubgehaltes erfassen zu können.

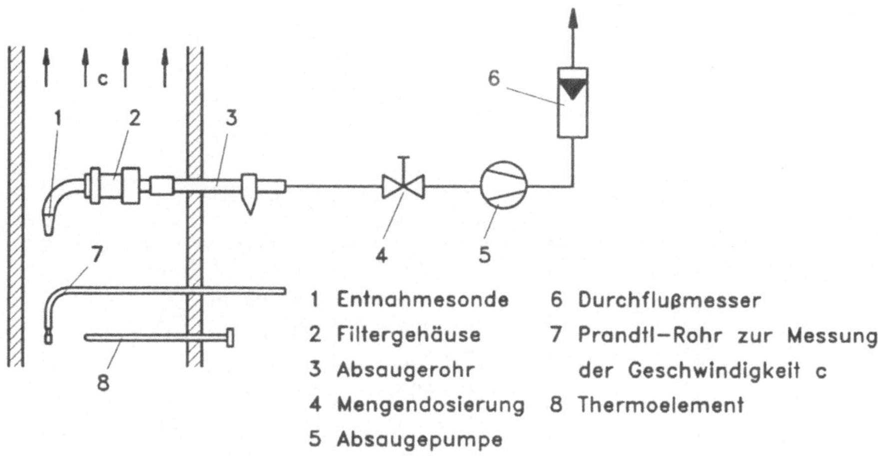

Abbildung 12.19: Aufbau eines Filterkopfgeräts

12.11 Zusammenfassung

Gemäß der Großfeuerungsanlagen-Verordnung (GFAVO) müssen Feuerungsanlagen

- für feste oder flüssige Brennstoffe bei einer thermischen Leistung > 50 MW und
- für gasförmige Brennstoffe bei einer Leistung > 100 MW

mit Emissionsmeßeinrichtungen gemäß Tabelle 12.2 ausgerüstet werden, um die festgelegten Grenzwerte - siehe Tabelle 12.1 - für staubförmige Emissionen, Kohlenmonoxid, Stickstoffoxide, Schwefeloxide und Halogenverbindungen überwachen zu können. Die kontinuierliche Emissionsüberwachung kleinerer Anlagen, die nicht unter die GFAVO fallen, ist in der Technischen Anleitung zur Reinhaltung der Luft (TA Luft) festgelegt.

Zur kontinuierlichen Emissionsmessung sind nur Meßgeräte zugelassen, die eine Eignungsprüfung absolviert haben und vom Bundesministerium für Umwelt als geeignet bekannt gegeben werden. Die Meßprinzipien eignungsgeprüfter Meßeinrichtungen sind in Tabelle 12.3 zusammengestellt.

	Brennstoffe	Feuerungswärmeleistung P [MW]	Grenzwerte
GFAVO	fest	$P \geq 50$	50 mg/m^3 Staub
			250 mg/m^3 CO
		$P > 300$	200 mg/m^3 NO_x
		$P < 300$	400 mg/m^3 NO_x
		$P > 300$	400 mg/m^3 $SO_2 + SO_3$
		$P < 300$	2000 mg/m^3 $SO_2 + SO_3$
	flüssig	$P \geq 50$	50 mg/m^3 Staub
			175 mg/m^3 CO
		$P > 300$	150 mg/m^3 NO_x
		$P < 300$	300 mg/m^3 NO_x
		$P > 300$	400 mg/m^3 $SO_2 + SO_3$
		$P < 300$	1700 mg/m^3 $SO_2 + SO_3$
	gasförmig	$P \geq 100$	5 mg/m^3 Staub
			100 mg/m^3 CO
			35 mg/m^3 $SO_2 + SO_3$
		$P > 400$	100 mg/m^3 NO_x
TA Luft	fest	$5 \leq P \leq 25$	50 mg/m^3 Staub
		$25 < P < 50$	50 mg/m^3 Staub
			250 mg/m^3 CO
		$10 \leq P < 50$	400 mg/m^3 $SO_2 + SO_3$ (Wirbelschicht)
			2000 mg/m^3 $SO_2 + SO_3$ (Kohlefeuerung)
	flüssig	$5 \leq P \leq 25$	Rußzahl 1
		$25 < P < 50$	80 mg/m^3 Staub
			170 mg/m^3 CO
	gasförmig	$50 < P < 100$	100 mg/m^3 CO

Tabelle 12.1: Emissionsgrenzwerte aus Feuerungsanlagen

	Brennstoffe	Feuerungswärmeleistung P [MW]	Kontinuierliche Messung
GFAVO	fest, flüssig	$P \geq 50$	Staubgehalt CO NO oder NO_x SO_2 O_2
	gasförmig	$P \geq 100$ $P > 400$	CO O_2 NO oder NO_x
TA Luft	fest	$5 \leq P \leq 25$ $25 < P < 50$ $10 < P < 50$	Abgastrübung Staubgehalt CO SO_2
	flüssig	$5 \leq P \leq 25$ $25 < P < 50$	Abgastrübung Staubgehalt CO
	gasförmig	$50 < P < 100$	CO

Tabelle 12.2: Kontinuierliche Emissionsmessungen an Feuerungsanlagen

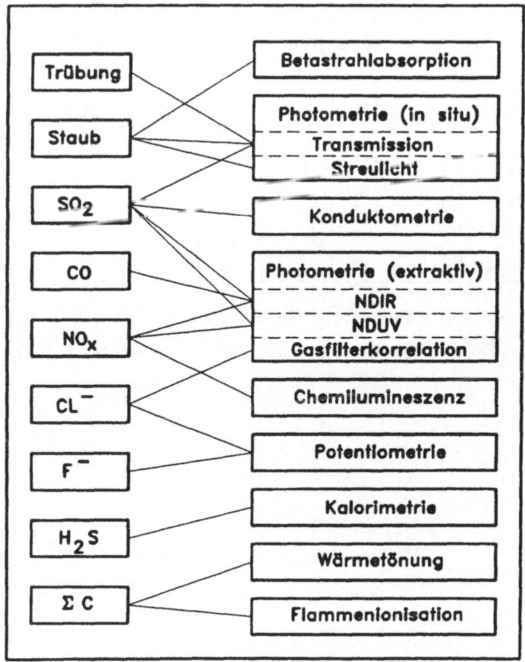

Tabelle 12.3: Meßprinzipien eignungsgeprüfter Emissionsmeßeinrichtungen

Die Emissionsmeßverfahren, die üblicherweise zur Analyse von Kfz-Abgasen eingesetzt werden, sind in Tabelle 12.4 aufgeführt. Während die Probenahme bei der Abgasprüfung weitgehend vereinheitlicht ist, unterscheiden sich die hierbei durchzuführenden Fahrprogramme zum Teil erheblich.

Die derzeit strengsten Abgasvorschriften gelten in den USA, die Grenzwerte betragen für

- CO: 3,40 g/Meile,
- NO_x: 1,00 g/Meile und für
- HC: 0,41 g/Meile.

Die in der Bundesrepublik zulässigen Emissionsgrenzwerte sind in verschiedenen ECE/EG-Abgasvorschriften festgelegt. Tabelle 12.5 zeigt eine vereinfachte Zusammenstellung der für den Zeitraum 1988 bis 1993 gültigen Werte.

Abgaskomponente	Meßverfahren
Kohlenmonoxid CO	NDIR
Stickstoffoxide NO_x	Chemilumineszenz
Kohlenwasserstoffe C_nH_m	Flammenionisation
Kohlendioxid CO_2	NDIR
Sauerstoff O_2	Paramagnetismus/λ-Sonde

Tabelle 12.4: Emissionsmeßverfahren für Kraftfahrzeugabgase

Erstzulassung	Hubraum	Grenzwerte [in g/Test]		
		CO	HC + NO_x	NO_x
01.10.89	> 2 l	30	8,1	4,4
01.10.93	1,4 bis 2 l	36	10	./.
01.10.91	< 1,4 l	54	19	7,5
01.10.93	< 1,4 l	36	10	./.

Tabelle 12.5: Zulässige Grenzwerte für Neufahrzeuge bis 2.500 kg für den Zeitraum 1988 bis 1993 (ECE/EG-Abgasvorschriften nach Nr. 88/436/EWG) (Auszug)

Kapitel 13

Konzentrationsmessung in Flüssigkeiten

13.1 Allgemeines

Zur Überwachung bestimmter chemischer Reaktionen bezüglich Richtung und Geschwindigkeit des Reaktionsablaufes und zur Kontrolle bestimmter Lösungen und Lösungsmittel muß häufig der Säure- oder Alkalitätsgrad derartiger Mischungen bekannt sein. Weiterhin ist diese Messung am Speisewasser für den störungsfreien Betrieb moderner Dampferzeuger unerläßlich. Außerdem gewinnt sie für die Kontrolle von industriellen Abwässern in Zusammenhang mit der Überwachung der Umweltbelastung immer größere Bedeutung.

Der Säuregrad einer Lösung wird durch die Anzahl der darin vorhandenen freien Wasserstoffionen H^+ beschrieben, die im Bereich von 14 Zehnerpotenzen pro Liter variieren kann. Da sich bei solch großem Meßbereich eine logarithmische Darstellung anbietet, wurde die pH-Skala nach Sörensen eingeführt (pH = potentia hydrogenii). Dabei wird der negative Zehner-Logarithmus der Wasserstoffionenkonzentration C_{H^+} in mol/Liter als Meßzahl benutzt („pH-Wert"):

$$pH = -{}^{10}\log \frac{C_{H^+}}{\mathrm{mol/l}} \tag{13.1}$$

In einer chemisch neutral reagierenden Flüssigkeit wie z.B. reines Wasser sind die Konzentrationen der Wasserstoffionen C_{H^+} und der Hydroxylionen C_{OH^-} gleich groß. Sie betragen $C_{H^+} = C_{OH^-} = 10^{-7}$ mol/l, was nach Definition - bei 25 °C - einem Wert von pH = 7,0 entspricht. Dieser Wert ist jedoch temperaturabhängig, er beträgt z.B. bei 100 °C nur noch pH = 6,2. Entsprechend bedeutet pH < 7 eine Wasserstoffionenkonzentration $C_{H^+} > 10^{-7}$ mol/l, die Lösung ist sauer. Bei pH > 7 handelt es sich um alkalische Lösungen. Der Wertebereich der pH-Skala reicht von starken Säuren pH ≈ 0 bis zu starken Basen pH ≈ 14.

13.2 Kolorimetrie

Kolorimetrische Meßverfahren zur Bestimmung des pH-Wertes benutzen den mehr quantitativen Farbumschlag von bestimmten Stoffen in bekannten pH-Bereichen. Die einfachste Form dieses Verfahrens verwendet Indikatorpapiere (Lackmus).

13.3 Elektrische Messung des pH-Wertes

Die elektrische pH-Wertmessung erfolgt mit Hilfe zweier Elektroden, der Meß- und der Bezugselektrode, die in die zu vermessende Lösung eingetaucht werden (Abb. 13.1). Grundlage des Verfahrens ist die Galvanispannung, die sich zwischen einer Lösung und einem in sie eintauchenden Metall einstellt, wenn die Lösung Ionen dieses Metalls enthält. Gleiches gilt für Wasserstoffionen enthaltende Meßlösungen in Verbindung mit Glas, das sich als bester Meßfühler für derartige Anwendungen erwiesen hat.

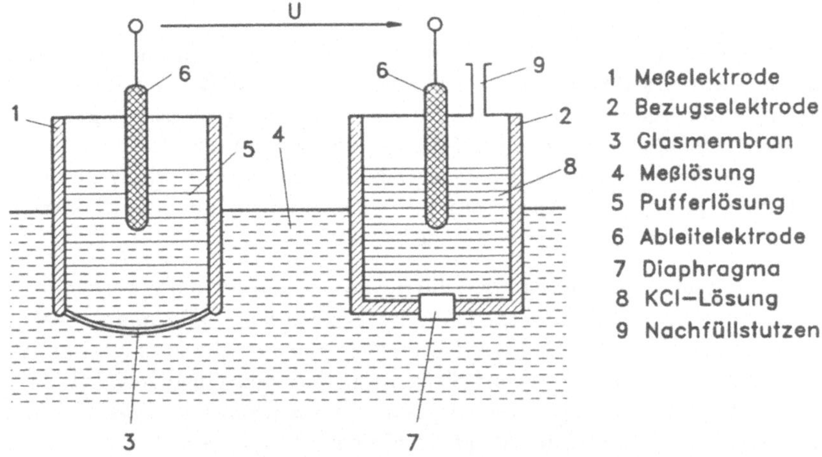

Abbildung 13.1: Aufbau von Meß- und Bezugselektrode bei der elektrischen Messung des pH-Wertes

Die Meßelektrode besteht aus einer Glasmembran, deren äußere Seite mit der zu messenden Lösung und deren innere Seite mit einer Pufferlösung bekannten pH-Wertes - meistens pH = 7, manchmal auch pH = 4,6 - in Kontakt ist. Die Galvanispannung auf der Innenseite der Membran ist konstant, die auf der Außenseite ist abhängig vom pH-Wert der Meßlösung. Über eine Ableitelektrode erfolgt die Erfassung des Potentials der Pufferlösung. pH-sensitive Glasmembran, Pufferlösung und Ableitelektrode bilden die pH-Glas- oder Meßelektrode.

Das Potential der Meßlösung wird mit der Bezugselektrode abgeleitet, wozu zweckmäßigerweise dieselbe Ableitelektrode wie bei der Meßelektrode verwendet wird. Da die Ableitelektrode i.a. jedoch nicht direkt der Meßflüssigkeit ausgesetzt werden kann, wird sie in einen mit KCl-Lösung gefüllten Glasschaft eingesetzt. Über ein darin unten eingeschmolzenes Diaphragma wird die galvanische Verbindung zur Meßlösung hergestellt. Durch das Diaphragma entweichende KCl-Lösung kann über einen Nachfüllstutzen ergänzt werden. Das Diaphragma besteht für normale Anwendungen aus Keramik oder gedrilltem Platindraht. Das Glasrohr mit Diaphragma, KCl-Lösung und Ableitelektrode stellt die Bezugselektrode dar.

Die Potentialdifferenz U zwischen Meß- und Bezugslösung an den beiden Grenzflächen der Glasmembran wird durch die Nernstsche Gleichung beschrieben:

$$U = \frac{R \cdot T}{F \cdot n} \cdot \ln \frac{C_{H^+}}{C_{H_0^+}} \tag{13.2}$$

mit R und F der allgemeinen Gas- bzw. der Faradaykonstanten, T der absoluten Temperatur, n der Wertigkeit der H-Ionen sowie C_{H^+} und $C_{H_0^+}$ der Konzentration der Wasserstoffionen in der Meß- und in der Bezugslösung. Mit $R = 8{,}3143$ J/K·mol, $F = 96.487$ A·s/mol und $n = 1$ ergibt sich für die Galvanispannung

$$U = 54{,}2\ \mathrm{mV} \cdot \frac{T}{273{,}15\ \mathrm{K}} \cdot \left(\lg C_{H^+} - \lg C_{H_0^+}\right) = k_N \cdot (pH_0 - pH), \tag{13.3}$$

wobei die temperaturabhängige Nernstkonstante k_N

$$k_N = \frac{R}{F} \cdot T \cdot \ln 10 = 54{,}2 + 0{,}20t\ \mathrm{mV} \tag{13.4}$$

beträgt mit t der Temperatur in °C.

Zur Kompensation dieser Temperaturabhängigkeit wird meist noch in die Meßlösung ein Temperaturaufnehmer eingebaut, dessen Ausgangssignal in die Meßschaltung einfließt (Abb. 13.2). Der sehr hohe Widerstand der Glasmembran beträgt je nach Glassorte, Membrandicke und Betriebstemperatur 10 bis 100 MΩ, so daß spezielle Meßverstärker mit hochohmigem Eingang erforderlich sind.

Mit Glaselektroden kann von nahezu allen Lösungen - ausgenommen Flußsäure und deren Salze sowie Lösungen geringer Leitfähigkeit - der pH-Wert sehr genau gemessen werden.

Für einige Anwendungsfälle - z.B. Messung in chemisch aggressiven Lösungen, bei hohen Drücken oder Strömungsgeschwindigkeiten - bietet die Emailelektrode gewisse Vorteile, die jedoch nur für saure bis höchstens schwach alkalische Lösungen geeignet ist. Die Emailelektrode besteht aus einem Stahlrohr, auf dem pH-sensitives Email aufgebracht ist.

Eine Alternative zur Glaselektrode stellt die Antimonelektrode dar insbesondere für Messungen bei hohen pH-Werten und in Lösungen, die an der Elektrode zu

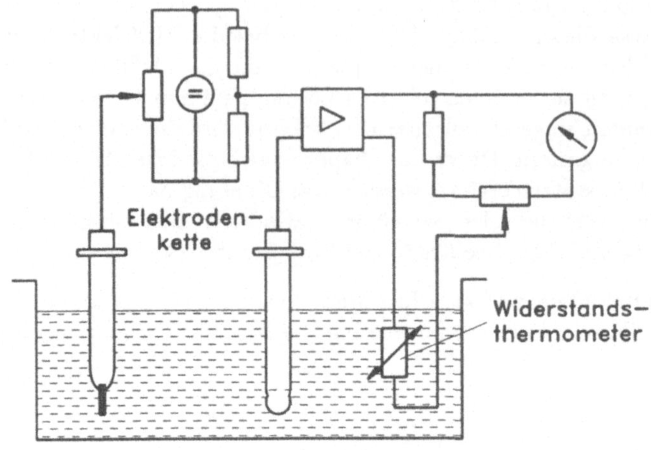

Abbildung 13.2: Meßkette zur pH-Messung

Verkrustungen führen können. Da die Meßgenauigkeit nicht sehr hoch ist, sind Vergleichsmessungen mit einer Glaselektrode empfehlenswert. Dies gilt vor allem bei starken Oxidations- und Reduktionsmitteln, auf die die Antimonelektrode als Metallelektrode querempfindlich ist, sowie bei manchen organischen Säuren.

Kapitel 14

Messung elektrischer Größen

Die Messung elektrischer Größen bildet heute einen sehr umfangreichen Komplex, von dem hier nur ein geringer Ausschnitt behandelt werden kann. Die Beschreibung der Meßverfahren beschränkt sich deshalb auf diejenigen Verfahren, die zur Bestimmung von Leistungsgrößen sowie zur Anzeige und Registrierung von durch Umformung in elektrische Signale gewonnenen Größen erforderlich sind.

14.1 Grundlagen

Die elektrischen Größen sind für die menschlichen Sinnesorgane nicht quantitativ erfaßbar, weshalb die Umwandlung in eine andere Größe erforderlich ist. Elektromechanische Meßgeräte benutzen zur Umwandlung der elektrischen Größen in ein ablesbares Signal die Wirkungen des elektrischen Stromes I oder der elektrischen Spannung U. Diese Wirkungen sind:

- elektromagnetische Kraftwirkung (I)
- elektrodynamische Kraftwirkung (I)
- elektrothermische Erwärmung (I)
- elektrostatische Kraftwirkung (U).

In jüngerer Zeit gewinnen digital anzeigende Geräte immer mehr an Bedeutung, bei denen die elektrische Eingangsgröße nach interner Wandlung in eine Zählgröße in Form von Ziffern angezeigt wird.

Zur Beschreibung der elektrischen Meßgrößen muß zu den drei mechanischen Grundeinheiten (m, kg, s) noch eine vierte Größe (A) definiert werden. Eine Untersuchung der mathematischen Zusammenhänge in der Mechanik liefert $k = 39$ unabhängige Gleichungen mit $n = 36$ Größenarten, also sind $k-n = 3$ Grundgrößen frei wählbar.

Größe	Formelzeichen	Einheit	
Spannung	U	Volt	V
Stromstärke	I	Ampere	A
Widerstand	R	Ohm	Ω
Induktivität	L	Henry	H
Kapazität	C	Farad	F
Ladung	Q	Coulomb	C
Frequenz	f	Hertz	Hz
Leistung	P	Watt	W
Arbeit	W	Joule	J

Tabelle 14.1: Wichtige elektrische Größen

In der Elektrotechnik liefert die gleiche Untersuchung $k = 8$, n = 4, so daß $k - n = 4$ Grundgrößen frei wählbar sind.

Im Anschluß an das MKS-System wurde der Strom durch meßbare Kraftwirkungen definiert. Die Stromstärke ist die vierte Grundgröße. Sind zwei parallele Leiter im Abstand von 1 m von einem Strom von 1 Ampere durchflossen, so beträgt die gegenseitige Kraftwirkung der Leiter pro 1 m Leiterlänge $F = 2 \cdot 10^{-7}$ N.

Damit bei den abgeleiteten elektrischen Einheiten nicht die mechanischen Größen mitgeführt werden müssen, führt man neue Namen ein. Davon sind in Tabelle 14.1 die wichtigsten zusammengestellt, wobei die letzten drei Größen in Mechanik und Thermodynamik in gleicher Weise verwendet werden.

14.2 Elektromechanische Meßgeräte

Die elektromechanischen Meßgeräte werden nach Aufbau und Meßprinzip des Meßwerkes unterschieden. Zusätzlich gibt es Unterschiede in den Anwendungsarten wie Einbau in Schalttafeln, Verwendung in Laboratorien oder transportable Geräte. In der Darstellung des Meßwertes kann zwischen anzeigenden und registrierenden Meßgeräten unterschieden werden. Die Klassenbezeichnung gibt die maximal zulässige Abweichung an, die bei Betrieb unter den zugelassenen Einsatzbedingungen auftreten kann (Klasse 0,5 = maximal 0,5 % Abweichung vom Skalenendwert).

Bei der Verwendung der Geräte ist besonders auf die Stromart und die Gebrauchslage des Gerätes zu achten. Die Meßwerke der elektromechanischen Meßgeräte sind in den meisten Fällen Meßsysteme 2. Ordnung, d.h. die dynamischen Eigenschaften entsprechen dem eines Feder-Masse-Dämpfungssystems.

Der für das Gerät angegebene Fehler setzt sich aus mehreren Komponenten zusammen:

- Skalenteilungsfehler

- Fehler durch Einbaulage
- Hysteresefehler
- Nachwirkungsfehler

Darüber hinaus sind noch folgende Einflußgrößen zu beachten: Einfluß der Betriebstemperatur, Fremdfeldeinfluß, Spannungseinfluß, Frequenzeinfluß.

Die elektromechanischen Meßgeräte arbeiten nach dem Ausschlagverfahren und dem Abgleichverfahren. Die Anzeige erfolgt in den meisten Fällen analog, eine Ziffernanzeige wird bei diesen Geräten nur in sehr seltenen Fällen angewandt.

14.2.1 Drehspulinstrument

Das Drehspulinstrument (Abb. 14.1) besteht aus einem Dauermagnet und einer beweglichen Spule. Die Spule ist drehbar angeordnet und umschließt einen feststehenden runden Eisenkern. Der Spulenrahmen ist in einer Spitzenlagerung oder bei Präzisionsgeräten in einer Spannbandlagerung angeordnet. Zwischen den Polschuhen und dem Eisenkern entsteht ein konstanter Luftspalt und damit ein homogenes Magnetfeld. Fließt der Strom I durch die Spule, so entsteht ein durch den Strom hervorgerufenes Drehmoment M_e:

$$M_e = k_e \cdot I \tag{14.1}$$

Zwei Rückstellfedern, die meist auch der Stromzuführung dienen, erzeugen das mechanische Rückstellmoment M_r:

$$M_r = k_r \cdot \alpha \tag{14.2}$$

mit k_r als Gerätekonstanten und α als Drehwinkel.

Im Gleichgewichtspunkt gilt:

$$M_e = M_r \quad \text{und somit} \quad \alpha = \frac{k_e}{k_r} \cdot I \tag{14.3}$$

Das Gerät weist also eine lineare Anzeigecharakteristik auf, wenn die Skala dem Drehwinkel angepaßt ist. Die Ausschlagsrichtung ist von der Stromrichtung abhängig. Das Drehspulinstrument eignet sich zunächst zur Messung von Gleichströmen und Gleichspannungen.

Bei in Drehrichtung erweitertem oder verengtem Luftspalt kann man einen sich verengenden oder erweiterten Skalenverlauf erreichen.

Durch die Zuschaltung von Neben- und Vorwiderständen zur Meßspule kann der Meßbereich des Gerätes erweitert werden. Da sich beim Drehspulinstrument die bewegten Massen sehr klein halten lassen, können Drehspulmeßwerke auch als Schleifenschwinger- und Spulenschwingermeßwerke für Lichtstrahloszillographen eingesetzt werden.

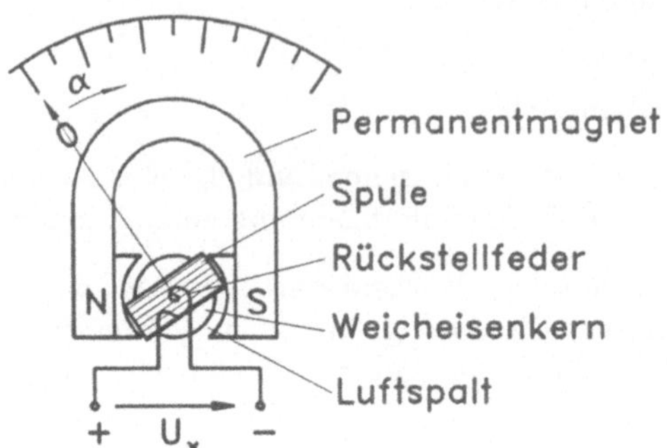

Abbildung 14.1:
Drehspulinstrument

Eine Anordnung mit Innenmagnet ist ebenfalls möglich. Bei diesem Kernmagnetinstrument befindet sich ein starker Dauermagnet innerhalb der Spule, diese bewegt sich in einer Weicheisenhülle (magnetischer Kreis) um den Magneten. Diese Bauart vermeidet die hohen Streuverluste der Instrumente mit Außenmagnet und ist platzsparend. Sie hat das gleiche Anzeigegesetz $\alpha \sim I$. Beim Drehmagnetinstrument bewegt sich ein drehbarer Dauermagnet in einer feststehenden, vom Meßstrom durchflossenen Spule.

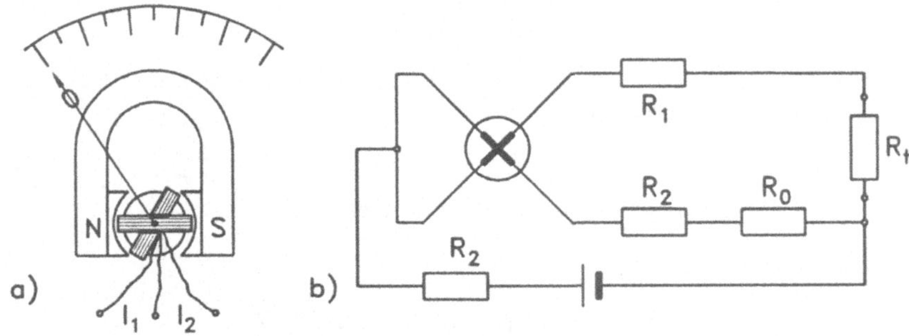

Abbildung 14.2: Kreuzspulinstrument a) Meßwerk, b) Anwendung zur Temperaturmessung

Auch die Kreuzspulgeräte (Abb. 14.2a) gehören zu den Drehspulinstrumenten. Bei ihnen bewegen sich zwei festverbundene gekreuzte Spulen im inhomogenen Feld eines Dauermagneten. Das Kreuzspulmeßwerk besitzt keine mechanische Rückstelleinrichtung, sondern mißt das Verhältnis der Richtmomente zweier Meßströme, die sich im Meßpunkt im Gleichgewicht befinden. Der Ausschlagwinkel ist proportional dem Verhältnis der in den beiden Spulen fließenden Ströme, so daß beim Einsatz in Brückenschaltungen Unabhängigkeit von der angelegten Speisespannung erreicht wird. In Abb. 14.2b ist der Einsatz eines Kreuzspulinstruments zur Messung der Temperatur mit einem Widerstandsfühler dargestellt.

14.2.2 Dreheiseninstrument

Das Dreheisenmeßwerk (Abb. 14.3) besteht aus einer feststehenden Spule und zwei Eisenkernen. Beide werden durch das vom Meßstrom erzeugte Magnetfeld der Spule gleichsinnig magnetisiert und daher gegeneinander bewegt. Das elektrische Moment M_e ergibt sich zu

$$M_e = k_e \cdot I^2 \tag{14.4}$$

Damit erhält man als Anzeigegesetz:

$$\alpha = \frac{k_e}{k_r} \cdot I^2 \tag{14.5}$$

Der Zeigerausschlag ist unabhängig von der Stromrichtung, weshalb sich das Gerät für Gleich- und Wechselstrommessungen eignet. Die Empfindlichkeit des Gerätes ist geringer, der Anzeigefehler ist größer als beim Drehspulinstrument. Dafür ist der Aufbau robust und billig. Aufgrund der feststehenden Spule eignet sich das Dreheiseninstrument zur Messung größerer Ströme ohne Vorwiderstand. Die Skalenteilung kann sehr unterschiedlich sein und wird von der Form der Eisenkerne beeinflußt. Ist eine Meßbereichserweiterung erforderlich, benutzt man meist Stromwandler.

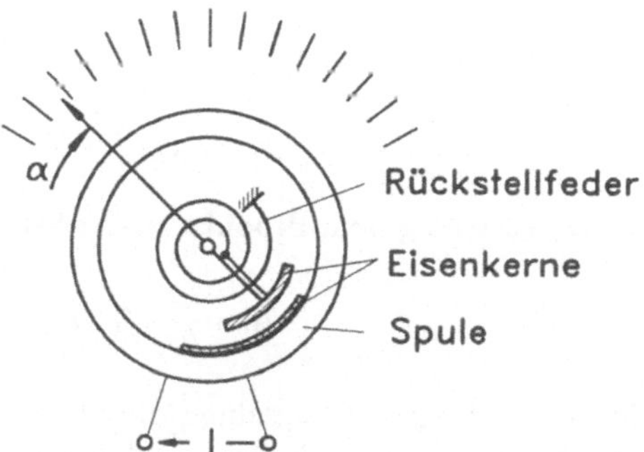

Abbildung 14.3:
Dreheiseninstrument

14.2.3 Elektrostatisches Meßinstrument

Elektrostatische Meßinstrumente benutzen als Meßeffekt die Anziehung unterschiedlich geladener Teile. Da die Meßkräfte sehr klein sind, eignet sich das Verfahren nur zur Messung von Hochspannungen. Bei der Messung fließt praktisch kein Strom. Der geringe Strom wegen unvollkommener Isolation oder der kapazitive Strom bei Wechselspannungsmessungen kennzeichnen den sehr großen Innenwiderstand des Meßgerätes. Diese leistungslose Gleichspannungsmessung kann z.B. zur pH-Wertmessung mit Glaselektroden benutzt werden.

14.2.4 Elektrodynamisches Meßinstrument

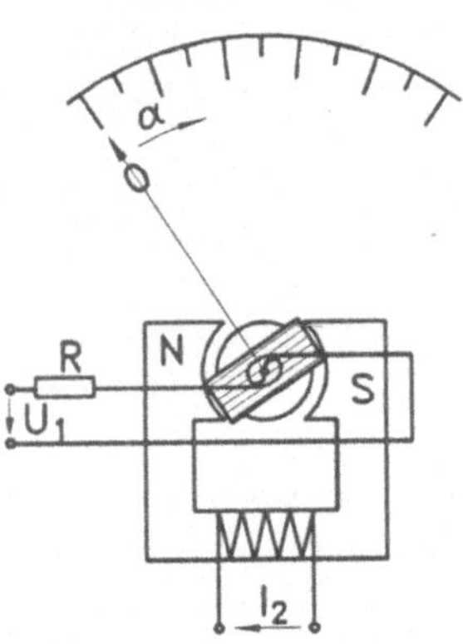

Abbildung 14.4: Wattmeter

Ersetzt man den Dauermagneten des Drehspulinstrumentes durch einen Elektromagneten, der vom Strom I_2 gespeist wird, erhält man ein elektrodynamisches Meßwerk zur Messung von Leistungen. Man unterscheidet eisenlose und eisengeschlossene Elektrodynamometer. Um den Fremdeinfluß gering zu halten, können zwei Spulenpaare übereinander angeordnet werden, die mit entgegengesetztem Wicklungssinn in Reihe geschaltet werden. Dadurch wirken Fremdfelder auf eine Spule mit positivem, auf die andere Spule mit negativem Sinn, wodurch sich der Einfluß aufhebt.

Da sich sowohl in der festen wie in der Drehspule die Stromrichtung umkehrt, bleibt die Richtung der Kraftwirkung erhalten. Das Gerät ist somit für Wechselstrommessungen geeignet.

Das elektrische Moment M_e ergibt sich zu

$$M_e = k_e \cdot I_1 \cdot I_2 \tag{14.6}$$

Damit wird der Ausschlag dem Produkt zweier Ströme proportional:

$$\alpha = \frac{k_e}{k_r} \cdot I_1 \cdot I_2 \tag{14.7}$$

Hieraus folgt die wichtigste Anwendung dieser Geräte als Leistungsmesser (Wattmeter). Legt man an die feste Spule den Meßstrom I_2 und an die Drehspule über einen Wandler-Widerstand R die Meßspannung $U_1 = I_1 \cdot R$ (Abb. 14.4), dann erhält man eine Anzeige:

$$\alpha \sim U_1 \cdot I_2 \tag{14.8}$$

Sind U_1 und I_2 Wechselgrößen, so wird vom Gerät der Mittelwert des Augenblicksproduktes, also die Wirkleistung, angezeigt:

$$\alpha = k \cdot \frac{U_{1,eff}}{R} \cdot I_{2,eff} \cdot \cos\varphi \tag{14.9}$$

14.2.5 Weitere elektromechanische Meßgeräte

Häufig wird ein Drehspulinstrument mit Vorsätzen zur Meßbereichsumschaltung versehen, so daß über Meßbereichsschalter oder Umstecken der Anschlußleitungen unterschiedliche Meßgrößen erfaßt werden können. Meist besitzen derartige Multimeter Spannungsmeßbereiche von ca. 0,1 V bis 1.000 V, Strommeßbereiche von ca. 0,05 mA bis 2 A. Höhere Strommeßbereiche werden durch externe Vorschaltwiderstände (Shunt-Widerstände) erzielt. Die direkte Messung von Widerständen wird möglich, wenn das Gerät mit einer Stromquelle, meist in Form einer Batterie, versehen wird.

Von den genannten Grundtypen lassen sich weitere Meßgeräte ableiten. So stellt das Kreuzspulinstrument eine solche Abwandlung dar. Ein Drehmagnetsystem mit zwei getrennten Spulen dient als Quotientenmesser. Das elektrodynamische Meßwerk mit zwei gekreuzten Drehspulen dient bei geeigneter Verschaltung als Phasenmesser (Leistungsfaktor $\cos\varphi$).

14.2.6 Erweiterung des Meßbereichs

Der Innenwiderstand eines Meßwerkes wird i.a. aus dem Widerstand der Drehspule gebildet. Dieser erlaubt bei $R_i = 100\ \Omega$ wegen der maximal zulässigen Verlustleistung nur geringe Ströme bis zu etwa 5 mA (maximal 100 mA bei besonderer Ausführung). Diesem Strom entspricht eine Meßspannung von 0,5 V (max. 10 V). Die Erweiterung des Meßbereiches erfolgt durch Zuschalten von Neben- und Vorwiderständen.

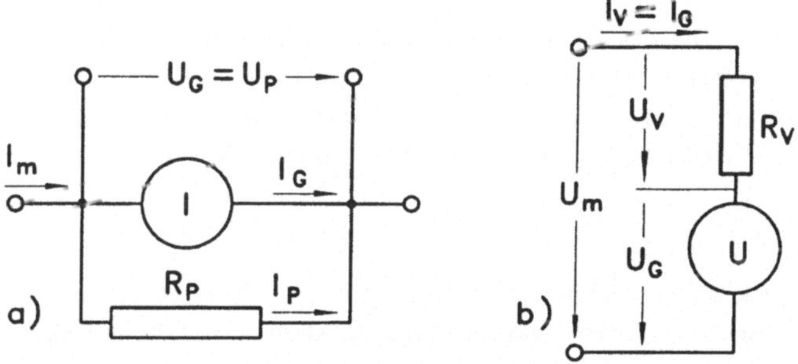

Abbildung 14.5: Meßbereichserweiterung zur Strom- (a) und Spannungsmessung (b)

Führt man das Erweiterungsverhältnis n ein, so gilt für den maximal zulässigen zu messenden Strom I

$$I = n \cdot I_G \tag{14.10}$$

und für die maximal meßbare Spannung U

$$U = n \cdot U_G \quad \text{mit} \quad U_G = R_i \cdot I_G, \tag{14.11}$$

wobei I_G und U_G die am Meßgerät anliegenden Größen darstellen.

Zur Bestimmung des Parallelwiderstandes R_P bei der Strommessung gilt:

$$U_G = U_P \quad \text{und somit} \quad I_G \cdot R_{i1} = I_P \cdot R_P. \tag{14.12}$$

Mit dem Erweiterungsverhältnis n bestimmt sich R_P zu

$$R_P = \frac{R_{i1}}{n-1}. \tag{14.13}$$

Bei der Spannungsmessung gilt:

$$U = U_V + U_G \quad \text{sowie} \quad I_V = I_G, \quad \text{d.h.} \quad \frac{U_G}{R_{i2}} = \frac{U_V}{R_V}. \tag{14.14}$$

Hieraus kann R_V bestimmt werden zu

$$R_V = \frac{U_V}{U_G} \cdot R_{i2} = R_{i2} \cdot (n-1). \tag{14.15}$$

Für den Eigenverbrauch P_e des Meßwerkes erhält man:

$$P_e = I_G^2 \cdot R_i = \frac{U_G^2}{R_i}. \tag{14.16}$$

Bei Drehspulinstrumenten beträgt $P_e \approx 10^{-6} \ldots 10^{-2}$ W, bei Dreheiseninstrumenten etwa 1 W. Der Eigenverbrauch des erweiterten Meßgerätes steigt auf den n-fachen Wert:

$$P_{e,erw} = \frac{U^2}{R_{ges}} = \frac{n^2 \cdot U_G^2}{n \cdot R_i} = n \cdot P_e. \tag{14.17}$$

Um bei hohen Werten des Erweiterungsverhältnisses n die Verlustleistung in Grenzen zu halten, liefern Meßwandler weitere Anpassungsmöglichkeiten. Zur Messung von Hochspannung oder hohen Strömen schaltet man einen Transformator ein, der Spannung oder Strom entsprechend den Windungszahlen übersetzt:

$$\ddot{u} = \frac{w_2}{w_1}, \quad \text{somit} \quad U_2 = \ddot{u} \cdot U_1 \quad \text{und} \quad I_2 = \frac{I_1}{\ddot{u}}. \tag{14.18}$$

Der Spannungswandler verlangt den Anschluß eines hochohmigen Meßgerätes (geringer Meßstrom), beim Stromwandler muß R_i klein sein. Offene Sekundärklemmen am Stromwandler liefern gefährliche Überspannungen.

Die hier für elektromechanische Meßwerke angestellten Betrachtungen gelten ähnlich auch für Digitalvoltmeter, die mit verschiedenen Meßbereichen ausgestattet sind. Bei der Spannungsmessung ist dann der annähernd unendliche Eingangswiderstand der Meßschaltung durch einen definierten Parallelwiderstand zu ergänzen, um einen Spannungsteiler realisieren zu können. Bei der Strommessung wird der niederohmige Parallelwiderstand direkt mit dem Eingang der Meßschaltung verbunden.

14.2.7 Meßverfahren

Die elektrischen Meßsysteme, ausgenommen das Dreheiseninstrument, sind zunächst ohne Zusatz nur für Gleichstrommessungen geeignet. Für Wechselstrommessungen ist die Vorschaltung eines Gleichrichters nötig. Meist verwendet man die Gleichrichter-Brückenschaltung (Graetz-Schaltung) zur Zweiweggleichrichtung (Abb. 14.6). Bei der Messung von sinusförmigem Wechselstrom werden Effektivwerte angezeigt, bei anderen Signalformen ist ein Formfaktor zu berücksichtigen.

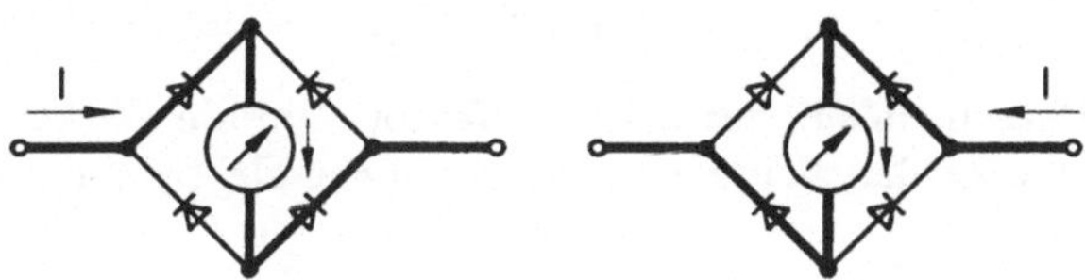

Abbildung 14.6: Drehspulinstrument mit Meßgleichrichter

Bei der Strom- bzw. Spannungsmessung ist die Anordnung der Meßgeräte zu beachten, da das Einschalten der Meßgeräte in den Stromkreis mit ihren Innenwiderständen zwangsläufig Meßfehler mit sich bringt. Diese Meßfehler sind um so kleiner, je geringer der Spannungsabfall am Strommesser bzw. je kleiner der Strom im Spannungsmesser im Vergleich zu den Meßgrößen ist. Daraus ergibt sich die Forderung, daß Strommesser einen geringen, Spannungsmesser einen hohen Innenwiderstand aufweisen sollen.

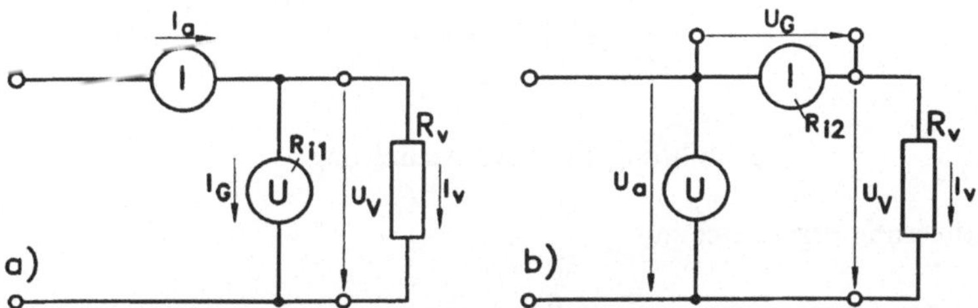

Abbildung 14.7: Spannungs- (a) und stromrichtige (b) Verschaltung der Meßgeräte

Die Schaltung für exakte Spannungsmessung zeigt Abb. 14.7a. Dort gilt für den Strom I_a:

$$I_a = I_G + I_V = \frac{U_V}{R_{i1}} + I_V. \tag{14.19}$$

Entsprechend wird in Abb. 14.7b der Strom richtig gemessen, für die angezeigte

Spannung U_a gilt:

$$U_a = U_V + U_G = U_V + I_V \cdot R_{i2}. \tag{14.20}$$

Die Leistungsmessung bei Gleichstrom ergibt

$$P_{el} = U \cdot I. \tag{14.21}$$

Beim Einsatz zur Leistungsmessung von Wechselstrom erhält man wegen des möglichen Phasenversatzes von Strom und Spannung allerdings nur die Scheinleistung. Für die Wirkleistung gilt:

$$P_w = U \cdot I \cdot \cos\varphi \tag{14.22}$$

mit φ als dem Phasenwinkel oder Leistungsfaktor. Um die Wirkleistung direkt zu bestimmen, setzt man das weiter vorn beschriebene elektrodynamische Meßgerät als Wattmeter ein.

Bei Drehstrom erhält man die Gesamtleistung aus der Wirkleistung der einzelnen Phasen. Dort wird bei symmetrischer Netzbelastung in eine Phase ein Wattmeter eingeschaltet und die Leistung mit dem Faktor 3 multipliziert. Sind die Phasen ungleich belastet, benutzt man die Aronschaltung (Abb. 14.8) mit zwei Wattmetern.

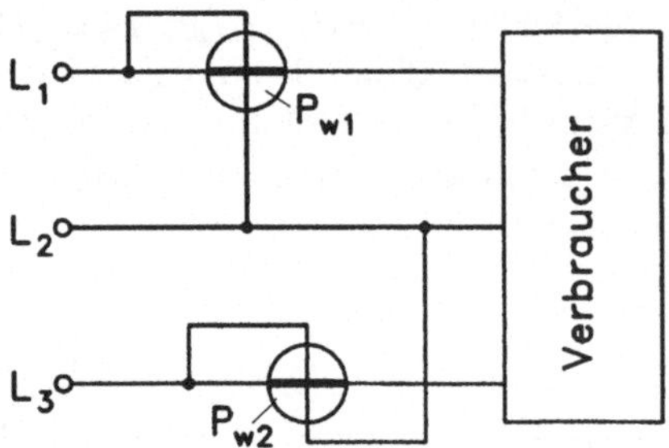

Abbildung 14.8: Aronschaltung

Die Gesamtleistung ergibt sich zu

$$P_w = P_{w1} + P_{w2}, \tag{14.23}$$

wobei die Vorzeichen der Ausschläge berücksichtigt werden müssen. Da Wattmeter meist nur über eingeschränkte Meßbereiche verfügen, sind je nach Anwendungsfall passende Vorwiderstände zur Spannungsmessung sowie Stromwandler einzusetzen.

14.3 Digitale Meßgeräte

Als Folge des enormen Fortschritts der Halbleitertechnik und der damit verbundenen Kostenreduzierung haben heute digital anzeigende Geräte die teuren, mit hohem Aufwand zu fertigenden elektromechanischen Geräte aus sehr vielen Anwendungsgebieten verdrängt. Auch bei den später zu behandelnden Registriergeräten ist die Digitaltechnik im Vormarsch begriffen. Der Einsatz von Mikro-Rechnern ermöglicht es heute, eine Vielzahl von Funktionen, die bisher nur durch großen apparativen Aufwand zu realisieren waren, auf kleinstem Raum bei geringen Kosten durchzuführen. So gibt es heute viele Meßgeräte, die von außen betrachtet als analoge Geräte anzusehen sind, intern jedoch bereits auf digitaler Basis arbeiten. Beispielsweise seien hier Meßumformer für Durchfluß genannt, bei denen erforderliche Korrekturen mittels Mikro-Rechner durchgeführt werden, das Ergebnis jedoch nach entsprechender D/A-Wandlung als analoge Spannungs- oder Stromgröße ausgegeben wird.

14.3.1 Wandlungsverfahren

Grundfunktion eines Analog-Digital-Wandlers (ADW) ist es, eine als analoge Größe vorliegende Eingangsspannung in eine Zahl umzuformen. Diese Wandlung kann auf drei verschiedenen Wegen erfolgen:

- Parallelverfahren
- Wägeverfahren
- Zählverfahren

Jedes dieser Verfahren weist gewisse Eigenschaften auf, die es für verschiedene Anwendungszwecke mehr oder weniger geeignet erscheinen lassen. Allen Verfahren ist gemeinsam, daß eine Eingangsspannung innerhalb eines fest definierten Bereichs mit einer präzise stabilisierten Referenzspannung verglichen wird und das so erhaltene Verhältnis als Zahl zur Anzeige oder Weiterverarbeitung gebracht wird. Die maximale Zahl der Schritte bestimmt die erzielbare Auflösung und beschreibt letztendlich auch die maximal erzielbare Meßgenauigkeit, da infolge der Digitalisierung eine Unterteilung nicht kleiner als der kleinste Auflösungsschritt erfolgen kann. Gängige Digitalmeßgeräte haben einen Anzeigeumfang von ± 2.000 Punkten, weisen also eine maximale Auflösung von 0,05 % auf. Hochwertigere Systeme können bis zu 8 Dezimalstellen auflösen, so daß der durch die Auflösung bedingte Digitalisierungsfehler geringer als die sonstigen Fehler wird.

Beim Parallelverfahren wird die anliegende analoge Eingangsspannung gleichzeitig mit n Spannungen verglichen, die aus einer festen Referenzspannung durch Spannungsteiler abgeleitet werden (Abb. 14.9). Eine Logikschaltung stellt fest, zwischen welchen Spannungsschritten die Eingangsspannung liegt und gibt den dazugehörigen Wert meist in Form einer Binär-Zahl aus. Dieses Verfahren benötigt für jeden

Digitalisierungsschritt eine Vergleicherstufe, d.h. mit zunehmender Auflösung steigt der Aufwand sehr stark an. Dies ist der Grund, daß Parallelwandler nur bis zu einer maximalen Auflösung von 2^8, d.h. 256 Schritten verwendet werden. Ihr großer Vorteil liegt in der sehr hohen Wandlungsgeschwindigkeit, die Wandlungsraten von über 10^9 1/s gestattet, weshalb Parallelwandler speziell zur Wandlung von Videosignalen eingesetzt werden.

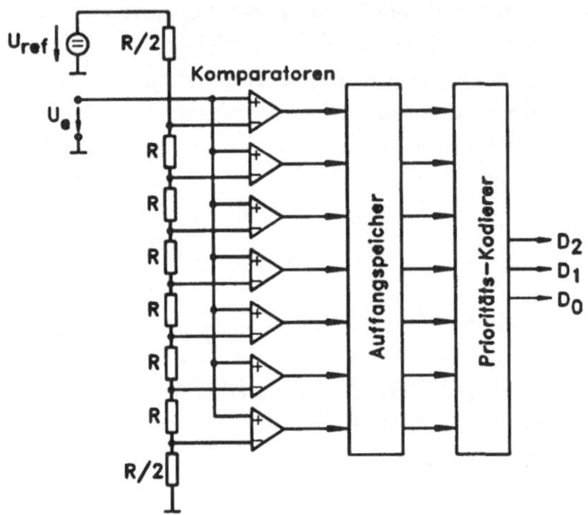

Abbildung 14.9: AD-Wandler nach dem Parallelverfahren

Beim Wägeverfahren wird das Ergebnis nicht in einem einzigen Schritt gebildet, vielmehr wird je Schritt nur eine Stelle einer binären Zahl ermittelt. Dabei wird mit der höchstwertigsten Stelle begonnen und untersucht, ob die Eingangsspannung größer oder kleiner als die Hälfte des Meßbereichs ist. Ist sie größer, wird eine 1 in die erste Stelle geschrieben, ist sie kleiner, eine 0. Liegt die Eingangsspannung in der größeren Hälfte, wird die Vergleichsspannung um die Hälfte erhöht, ansonsten um einen Halbschritt erniedrigt. Anschließend erfolgt der Vergleich so, daß das Ergebnis in die nächste binäre Stelle geschrieben wird. Dieses Verfahren entspricht von der Vorgehensweise dem Abwägen einer Masse mit einer Balkenwaage, wobei die Vergleichsmassen in 1, 1/2, 1/4, 1/8...-Stückelung vorliegen. In Abb. 14.10 ist das Prinzipschaltbild für das Wägeverfahren, auch Sukzessiv-Approximations-Verfahren genannt, dargestellt.

Das Abtast-Halte-Glied (Sample-Hold) am Eingang dient zum Festhalten der Eingangsspannung, da diese während des Wägevorgangs ihren Wert nicht verändern darf. Hinter dieser Schaltung befindet sich der Komparator, der das Eingangssignal mit der Vergleichsspannung vergleicht. Das Ergebnis des Wägevorgangs gelangt über

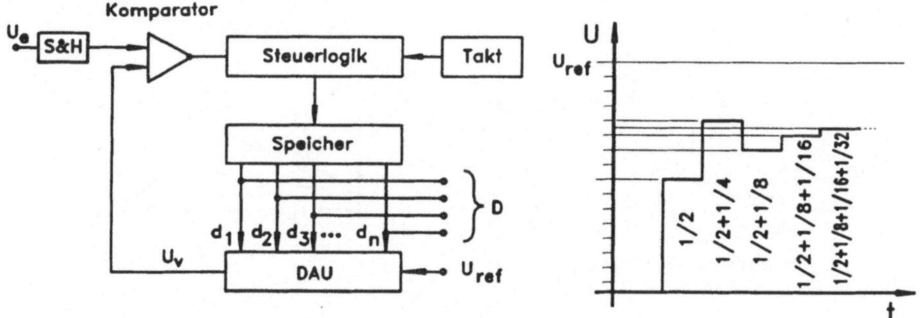

Abbildung 14.10: AD-Wandler nach dem Wägeverfahren

die Steuerlogik in den Speicher, wo die einzelnen Wägeergebnisse stellenweise festgehalten werden. Der Speicherinhalt steuert einen Digital-Analog-Wandler, der die Vergleichsspannung aus der Referenzspannung ableitet und diese dem Komparator zuführt. Mit dem Wägeverfahren können Wandlungsraten von etwa 10^6 1/s erzielt werden, wobei die Anzahl der Binärstellen i.a. zwischen 12 bit (entsprechend 4.096 oder $\pm$2.048 Schritten) und 16 bit ($\pm$32.768) liegt. Das Wägeverfahren kommt in erster Linie bei AD-Wandler-Systemen zum Einsatz, die mit Digitalrechnern verbunden sind. Der Vorteil der hohen Wandlungsgeschwindigkeit muß mit Einbußen bei der Unterdrückung von netzsynchronen Störungen, wie sie der Netzbrumm darstellt, erkauft werden.

Die AD-Wandlung nach dem Zählverfahren ist die heute am weitesten verbreitete Form zur Digitalisierung von Analogsignalen, da bei geringem Schaltungsaufwand hohe Meßgenauigkeiten erzielt werden können. Allerdings ist die Wandlungsdauer wesentlich größer als bei den beiden anderen Verfahren. Sie liegt i.a. in einem Bereich zwischen 5 und 100 ms. Das Kompensations- und das Sägezahnverfahren sind wegen der geringeren Genauigkeit in der Zwischenzeit fast vollständig vom Zwei-Rampen-Verfahren (Dual-Slope) abgelöst worden.

Dieses Verfahren beruht auf der nacheinander abfolgenden Integration der Eingangsspannung und einer bekannten Referenzspannung. In Abb. 14.11 ist ein Prinzipschaltbild eines Zwei-Rampen-Wandlers dargestellt. Kernstück dieses Wandlers ist der Integrator, dessen Ausgangsspannung U_i dem Integral der Integrator-Eingangsspannung U_e entspricht. Ein Komparator überwacht die Ausgangsspannung des Integrators U_i auf den Nulldurchgang und steuert so die Steuerlogik.

Zu Beginn eines Meßzyklus wird während einer festen Zeit T_1 die Eingangsspannung U_e an den Integrator angelegt. Die Dauer des Zeitintervalls T_1 wird mit Hilfe des Zählers bestimmt, der zu Beginn des Intervalls mit dem Wert des Vollausschlages geladen wird. Während der Integrationsphase wird der Zählerstand solange erniedrigt, bis er den Wert 0 erreicht, was die Phase beendet. Zu Ende der ersten Integrations-

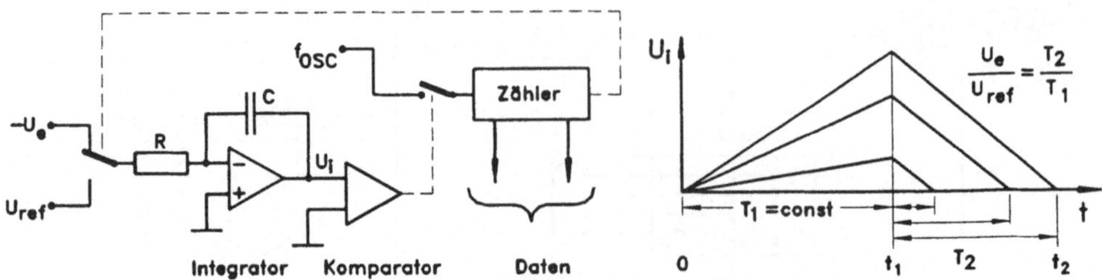

Abbildung 14.11: AD-Wandler nach dem Zwei-Rampen-Verfahren

periode hat die Spannung U_i den Wert

$$U_i = \int_0^{t_1} U_e \cdot dt \tag{14.24}$$

erreicht. Anschließend wird der Integrator mit der negativen Referenzspannung verbunden, der Integrator beginnt diese in negative Richtung aufzuintegrieren. Während dieser Phase wird die Zeitdauer T_2 bis zum Nulldurchgang von U_i mit dem Zähler gemessen. Für die zweite Integrationsperiode gilt:

$$U_i = U_{i,t_1} - \int_{t_1}^{t_2} U_{ref} \cdot dt \tag{14.25}$$

Da der Betrag der Spannung sich in beiden Phasen um denselben Wert ändert, gilt:

$$\frac{U_e}{U_{ref}} = \frac{T_2}{T_1} \qquad \text{und somit} \qquad U_e = U_{ref} \cdot \frac{T_2}{T_1} \tag{14.26}$$

Da das Ergebnis nur durch das Verhältnis zweier Zeitintervalle und der Referenzspannung gebildet wird, sind an die Genauigkeit der meisten Komponenten keine großen Anforderungen zu stellen. Von Bedeutung ist nur die Stabilität der Referenzspannung sowie die Einhaltung der Schaltschwelle des Komparators. Bei der technischen Realisierung dieses Wandlers werden meist noch zwei weitere Rampen eingeführt, die ein automatisches Bestimmen des Nullpunktfehlers erlauben (Auto-Zero). Wird die Zeitdauer T_1 als ganzzahliges Vielfaches der Netzperiode von 20 ms gewählt, zeichnet sich das Verfahren durch eine hervorragende Unterdrückung des Netzbrumms aus.

14.3.2 Digitalvoltmeter

In Digitalvoltmetern kommt meist das Zwei-Rampen-Verfahren zur Anwendung, da bei diesem Verfahren mit relativ geringem Aufwand hohe Meßgenauigkeit erzielt werden kann. Infolge der integrierenden Arbeitsweise sind Digitalvoltmeter jedoch langsam, i.a. sind 3 bis 10 Wandlungen je Sekunde üblich. Einfache Digitalvoltmeter besitzen einen Anzeigeumfang von ±1.999 Schritten, was als $3\frac{1}{2}$-stellig bezeichnet wird. Je nach Anforderung kann die Zahl der Anzeigestellen bis ca. 8 gesteigert werden. Mit $4\frac{1}{2}$-stelligen Geräten kann i.a. ausreichend genau gemessen werden. Werden sehr hohe Anforderungen an das Meßgerät gestellt (etwa ab $5\frac{1}{2}$-stellig), empfiehlt sich der Einsatz einer galvanischen Potentialtrennung zwischen Ein- und Ausgang oder Hilfsenergie.

Digitalvoltmeter weisen im Gegensatz zu elektromechanischen Anzeigern sehr hohe Eingangswiderstände auf. Die eigentliche Meßschaltung arbeitet mit Eingangsströmen im Bereich von wenigen nA, was einem Eingangswiderstand von $> 10^8\ \Omega$ entspricht. Wird das Voltmeter mit einem Meßbereichswähler versehen, ist es meist der Widerstand des Spannungsteilers (i.a. 10 MΩ), der den Innenwiderstand des Gerätes bestimmt.

Sollen die Meßwerte weiterverarbeitet werden, können die Geräte mit einer Rechnerschnittstelle (IEC-Bus, RS232, V24 u.a.) versehen werden. Durch Anpaßschaltungen zur Strom- und Widerstandsmessung sowie einen Gleichrichter für Wechselgrößen wird das Gerät zum Digital-Multimeter.

14.3.3 Meßwerterfassungssysteme

Sind mehrere Meßgrößen wiederholt zu erfassen, wird der Aufwand, der beim Einsatz mehrerer Meßgeräte entsteht, schnell zu groß. Hier bietet sich dann der Einsatz von programmierbaren oder rechnersteuerbaren Systemen an, die in der Lage sind, mehrere Eingangsgrößen zu verarbeiten, zu digitalisieren und abzuspeichern. Die für den Betrieb eines derartigen Systems erforderliche Intelligenz wird von einem Digitalrechner aufgebracht. Je nach Meßaufgabe kann dies ein Microcontroller in einem sog. Datenlogger oder ein größerer Prozeßsrechner sein, der neben dem Messen auch noch andere Aufgaben durchführen kann.

Vielstellen-Meßsysteme besitzen einen Meßstellenumschalter, der programmgesteuert die verschiedenen Eingangsgrößen mit dem Analog-Digital-Wandler verbindet. Sollen Meßwerte unterschiedlichster Größe verarbeitet werden, wird ein programmierbarer Verstärker vor den AD-Wandler geschaltet. Bei sehr kleinen Signalen können Filtermodule zur optimalen Unterdrückung von Störungen zugeschaltet werden. Resistive Aufnehmer wie z.B. Dehnmeßstreifen können über den Meßstellenumschalter mit einem programmierbaren Konstantstrom versorgt werden. Abb. 14.12 zeigt das Blockschaltbild eines Datenloggers.

Datenloggern kann über eine Rechnerschnittstelle oder eine Tastatur die Meßaufgabe einprogrammiert werden, die anschließend über Zeitgeber oder manuellen Aufruf ausgelöst wird. Umfangreiche interne Programme (Firmware) gestatten in Abhängigkeit von Grenzwertüberschreitungen Programmverzweigungen oder Alarm-

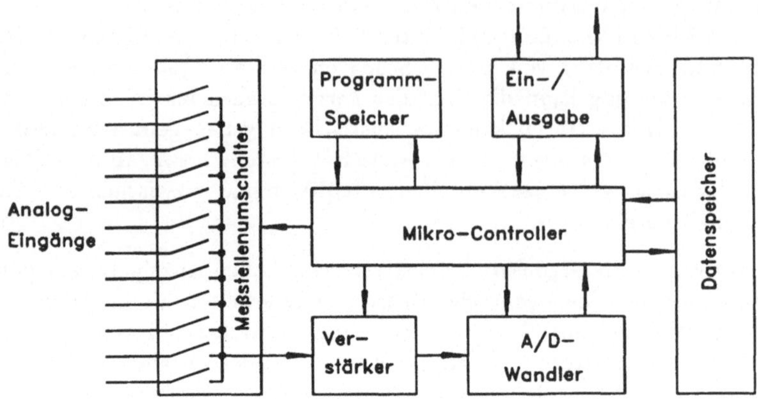

Abbildung 14.12: Blockschaltbild eines Datenloggers

auslösung, Änderung der Abtastrate oder Meßstellenwahl und vieles mehr. Die gewandelten Meßdaten können an einen Leitrechner oder einen Drucker weitergeleitet oder in einem großen internen Speicher solange abgelegt werden, bis sie abgerufen werden. Die Vielzahl der Möglichkeiten, die sowohl auf der analogen Seite als auch bei der Weiterverarbeitung innerhalb der Systeme bestehen, macht es unmöglich, in diesem Rahmen eine ausführlichere Beschreibung zu geben.

14.4 Zähler

Die reine Ereigniszählung spielt bei den meisten der hier betrachteten Meßaufgaben eine untergeordnete Rolle. Erst durch die Kombination mit einer Zeitmessung erhält man die Möglichkeit, Größen wie Drehzahlen, Frequenzen oder Impulsraten zu bestimmen.

Die Zählaufgabe wird heute fast ausschließlich auf elektronischem Wege durchgeführt. Bei Anwendungen, die eine absolute Ausfallsicherheit über längere Zeiten erfordern, kommen jedoch auch mechanische oder elektromechanische Zählwerke zum Einsatz, da diese ihren Zählerstand bei Ausfall der Hilfsenergie nicht verlieren. Im Gegensatz zu den elektronischen Zählern, deren höchste Zählrate - sie können für Anwendungen bis in den GHz-Bereich ausgelegt werden - fast unbegrenzt ist, endet der Einsatzbereich mechanischer Impuls-Zählwerke meist bei Zählraten von 10 bis 50 Hz.

14.4.1 Elektromechanischer Zähler

Grundlage des elektromechanischen Zählers ist ein mechanisches Rollenzählwerk, das mit einer Einrichtung zur Übertragsbildung von Stelle zu Stelle versehen ist. Ein typischer Vertreter der mechanischen Rollenzählwerke ist der Wegstreckenzähler im Automobil. Erfolgt der Antrieb anstelle einer rotierende Welle durch einen Elektromagneten, der über eine Klinke das Rad der niederwertigsten Dekade schrittweise bewegt, erhält man den elektromechanischen Summenzähler. Über spezielle Vorrichtungen können derartige Zähler mechanisch oder elektromechanisch auf den Wert Null zurückgesetzt werden. Eine weitere Variante stellt der Differenzzähler dar, bei dem die Zählung sowohl in Auf- als auch in Abwärtsrichtung erfolgen kann. Vorwahlzähler besitzen die Möglichkeit zur Voreinstellung eines bestimmten Zählerstandes, von dem ab solange in Abwärtsrichtung gezählt wird, bis der Zählerstand Null erreicht wird und dann über einen Schaltimpuls ein Signal ausgegeben wird. Ist ein ausgedrucktes Protokoll erforderlich, kann der Zähler mit einem Druckwerk versehen werden, das über Typenwalzen den Zählerstand auf einen Papierstreifen überträgt.

14.4.2 Elektronischer Zähler

Grundlage eines elektronischen Zählers stellt ein Zählregister dar, das als Serienschaltung von vielen 1:2-Binärteilerstufen gebildet wird. Um eine Anzeige im Dezimalsystem zu erhalten, werden die einzelnen Dekaden mit einer Schaltung zur Dekodierung des Zählerstandes 10 versehen, die eine Rücksetzung und einen Übertrag in die nächst höherwertige Dekade veranlaßt (Abb. 14.13).

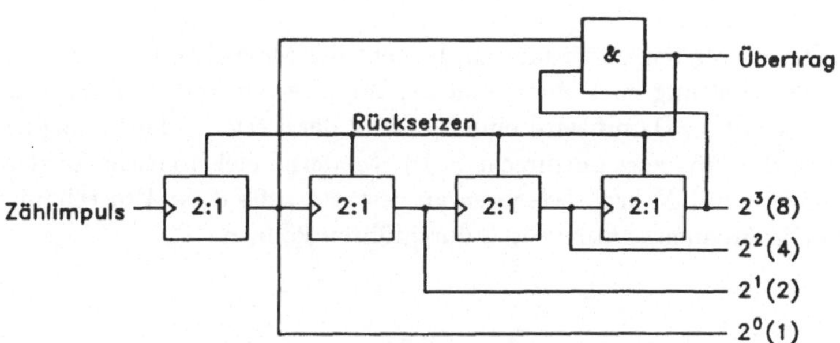

Abbildung 14.13: Dekadische Zählstufe

Der Zählerstand, der an den Ausgängen einer Dekade in BCD-codierter Form anliegt, wird über einen Anzeigendekoder und -treiber auf die Anzeige geschaltet. Die Anzeige ist meist als Siebensegment-LED- oder -LCD-Anzeige ausgeführt. Um Signale unterschiedlichster Form und Amplitude erfassen zu können, ist der Eingang des Zählers mit einer einstellbaren Verstärkerstufe ausgestattet.

Die Messung von Frequenzen wird durch das Einfügen einer Zeitbasis ermöglicht, die Zählintervalle von definierter Größe bildet. Die Zeitbasis verfügt über einen präzisen Quarzoszillator, dessen Ausgangsfrequenz in einer Teilerkette auf meist in Zehnerschritten gestaffelte Werte geteilt wird. Üblicherweise können hiermit Zählintervalle (Torzeiten) von 0,1, 1 und 10 Sekunden gewählt werden. Das so gebildete Signal gelangt an eine Torschaltung, die in Abhängigkeit des Torsignals die eintreffenden Zählimpulse zum Zähler durchläßt oder zurückhält. Die Anzeige des Zählers erfolgt somit als Impulse/Zeiteinheit, also als Frequenz. Zusatzschaltungen ermöglichen ein Zwischenspeichern der Anzeige während sowie das Rücksetzen des Zählerstandes vor der nächsten Zählperiode, womit eine quasi-kontinuierliche Zählung von Frequenzen möglich wird.

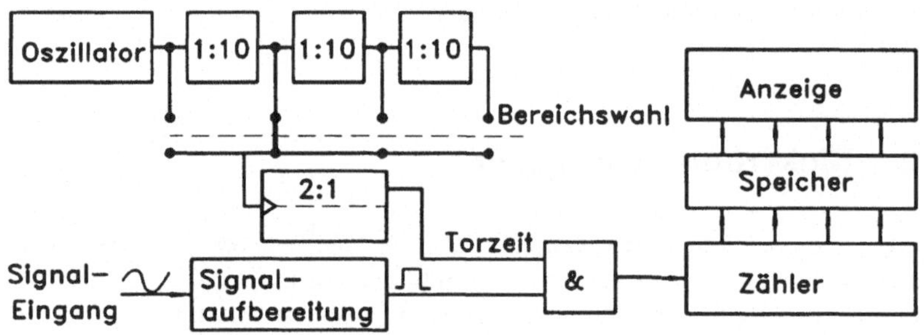

Abbildung 14.14: Aufbau eines elektronischen Zählers

Sind sehr niedrige Frequenzen zu messen, besteht die Möglichkeit, mit der Signalfrequenz die Torschaltung zu steuern und die Impulse der Zeitbasisschaltung auf den Zähler zu schalten. Damit wird eine Messung der Periodendauer möglich, die anschließend in die Frequenz umzurechnen ist. Moderne elektronische Zähler werden heute teilweise mit Mikroprozessoren ausgestattet, die diese Umrechnung von Periodendauer in Frequenz automatisch durchführen können.

14.5 Registrierende Geräte

Sind elektrisch vorliegende Meßwerte über der Zeit aufzutragen und zu registrieren, bieten sich mehrere Geräte an, die je nach Anwendungsfall auszuwählen sind. Für schnelle veränderliche Vorgänge wird das Oszilloskop eingesetzt, das in der Form des Speicheroszilloskops auch eine permanente Registrierung erlaubt. Die lückenlose Aufzeichnung von Vorgängen im Frequenzbereich bis etwa 1.000 Hz gestattet der Lichtstrahl- oder Tintenstrahlschreiber. Zur Aufzeichnung langsamer Vorgänge eignet sich der Linienschreiber, bei einer Vielzahl von Meßgrößen der Punktedrucker.

14.5.1 Linienschreiber

Der Linienschreiber bietet die Möglichkeit, eine oder mehrere Größen auf einem Registrierpapierstreifen aufzuzeichnen. Der Vorschub in Richtung der Zeitachse erfolgt durch Bewegen des Registrierpapiers über einen Motor, dessen Geschwindigkeit entweder elektronisch als Schrittmotor oder mechanisch über ein Getriebe wählbar ist. In Richtung der Achse der Meßgröße wird der Schreibstift bewegt.

Das Meßsignal selbst kann nicht genügend Energie liefern, um den Schreibstift über das Papier zu bewegen. Deshalb ist ein gesondertes Antriebssystem erforderlich, das eine dem Eingangssignal proportionale Bewegung des Schreibstiftes durchführt. Beim Kompensationsschreiber wird der Stift von einem Servomotor bewegt, der von einem Verstärker angesteuert wird. Mit dem Schreibstift ist ein System zur Bestimmung der Auslenkung, meist ein Potentiometer, gekoppelt. Mit diesem Potentiometer wird eine Spannung erzeugt, die der zu messenden Eingangsgröße entgegengeschaltet wird (Abb. 14.15). Besteht Ungleichheit zwischen dem Signal der Wegrückführung und dem Eingangssignal, fließt im Meßkreis ein Strom, der durch den Verstärker verstärkt wird und den Motor in Bewegung setzt, bis der Strom im Meßkreis zu Null wird und das Schreibwerk zum Stillstand kommt. Durch diesen Abgleich ist die Auslenkung des Schreibstiftes ein direktes proportionales Abbild der Eingangsgröße.

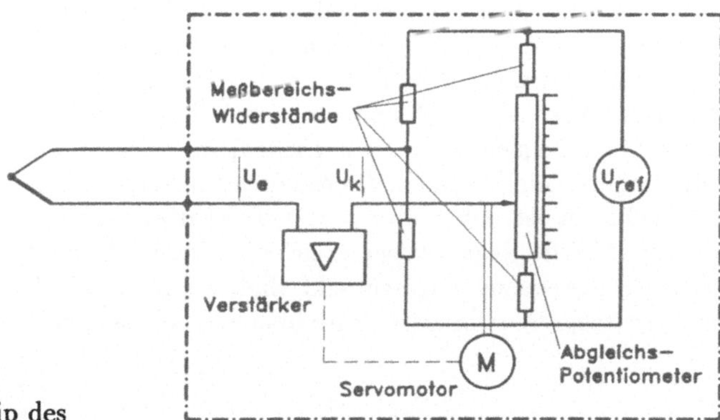

Abbildung 14.15: Prinzip des Kompensationsschreibers

Der Vorteil der Kompensationsmethode besteht in der stromlosen Messung, d.h. dem im abgeglichenen Zustand unendlichen Eingangswiderstand des Meßwerkes. Mit Kompensationsschreibern lassen sich beispielsweise Thermospannungen auch bei längeren Leitungen und damit recht hohen Innenwiderständen der Thermoelement-Meßkreise mit sehr hoher Genauigkeit bestimmen.

Sind mehrere Größen zu erfassen, ist beim Linienschreiber für jede Meßgröße ein eigenes Schreibwerk mit Verstärker erforderlich. Da die Unterbringung der Schreibwerke recht platzintensiv ist, werden Mehrfachlinienschreiber meist nur mit bis zu sechs Kanälen ausgestattet. Da beim Einsatz mehrerer Schreibstifte deren Spitzen versetzt zueinander angebracht werden müssen, sind die registrierten Linien zueinander in Richtung der Zeitachse um den sog. Schreibversatz verschoben (Abb. 14.16). Linienschreiber neuester Bauart können den Schreibversatz dadurch kompensieren, daß die ankommenden Meßwerte quasi-gleichzeitig digitalisiert werden und anschließend zeitlich versetzt ausgegeben werden. Der momentane Stand der Schreiberspitze ist dann allerdings kein getreues Abbild der Eingangsgröße.

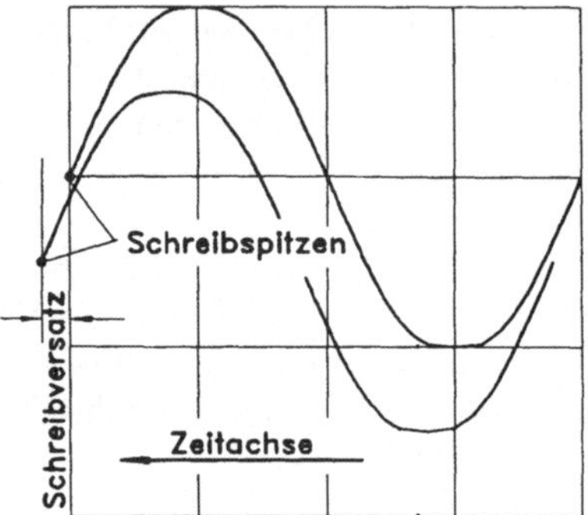

Abbildung 14.16: Schreibversatz

Der Einsatzbereich elektromechanischer Linienschreiber ist infolge der Trägheit der bewegten Massen auf Signalfrequenzen von mehreren Hz begrenzt. Höhere Signalfrequenzen können mit dem Tinten- oder Lichtstrahlschreiber aufgezeichnet werden. Bei beiden Systemen sind die beweglichen Massen auf ein Minimum reduziert, um höhere Grenzfrequenzen zu ermöglichen. Im Lichtstrahlschreiber bewegt sich ein Galvanometer ähnlich einem Drehspulinstrument, auf dem ein kleiner Umlenkspiegel angebracht ist. Über diesen Spiegel wird ein gebündelter Lichtstrahl auf das lichtempfindliche Registrierpapier gelenkt. Da die Auslenkungen im Interesse einer hohen Grenzfrequenz eingeschränkt sind, werden bei mehrkanaligen Geräten üblicherweise mehrere schmalere Schreibbahnen nebeneinander gelegt.

14.5.2 Punktedrucker

Sind mehrere sich langsam verändernde Meßwerte über der Zeit aufzutragen, bietet sich der Einsatz eines Punktedruckers an. Er arbeitet ähnlich dem Linienschreiber, erfordert aber nur ein einziges Schreibwerk, da die Meßwerte zyklisch mit einem

Meßkanal abgefragt und registriert werden. Punktedrucker sind meist für 6, 12 oder 24 Eingangskanäle ausgerüstet. Ein Meßstellenumschalter legt zyklisch die einzelnen Meßgrößen an das Meßwerk, die dann als einzelne Punkte auf dem Registrierpapier abgezeichnet werden. Zur Unterscheidung der zu den einzelnen Meßgrößen gehörenden Punktezüge ist das Druckwerk mit einem Schrittschaltwerk versehen, das Farben und Symbolformen synchron zum Meßstellenumschalter wechselt. Da nur ein einziger Druckkopf erforderlich ist, besitzen Punktedrucker keinen Schreibversatz.

Punktedrucker neuester Bauform wandeln die Meßwerte mittels eines Analog-Digital-Wandlers und geben diese anschließend über ein Druckwerk mit mehreren Nadeln ähnlich wie ein Matrixdrucker auf dem Papier aus. Hierdurch besteht die Möglichkeit, die Punktezüge mit zusätzlicher Information wie Meßbereich, Meßstellenbezeichnung oder Kurvennummer zu beschriften. Zusätzlich können Grenzwertüberschreitungen angezeigt oder die Meßstellenliste mit den Geräteeinstellungen im Klartext ausgedruckt werden.

14.5.3 Oszilloskop

Die Darstellung von Signalen mit Frequenzen oberhalb einigen Hundert Hertz ist den Oszilloskopen vorbehalten. Da das Prinzip der Darstellung auf der Kathodenstrahlröhre basiert, arbeiten Oszilloskope trägheitsfrei. In der Braunschen Röhre wird ein von der Kathode ausgesandter und im elektrostatischen Feld zwischen Kathode und Anode beschleunigter Elektronenstrahl beim Passieren von zwei Kondensatorplatten in Abhängigkeit der am Kondensator anliegenden Spannung abgelenkt (Abb. 14.17). Da für zwei senkrecht aufeinander stehende Ebenen derartige Ablenkkondensatoren vorhanden sind, kann die Darstellung auf der Mattscheibe, wo die von den auftreffenden Elektronen freigesetzte Energie in einen Lichtpunkt umgesetzt wird, in Form einer x-y-Darstellung erfolgen.

Je nach Ausführung sind Oszilloskope geeignet zur Aufzeichnung von instationären Vorgängen bis in den Frequenzbereich von mehreren Hundert MHz. Die Grenzfrequenz ist bestimmt durch die Bandbreite der eingesetzten Verstärker und die Höhe der Anodenspannung, die zum Beschleunigen der Elektronen aufgebracht wird (Abb. 14.18).

Die Ablenkung in x-Richtung wird von einer Zeitbasis gesteuert. Sie liefert eine sägezahnförmige Spannung, deren Anstiegszeit der Ablenkzeit für einen Strahldurchlauf entspricht. Die Anstiegszeit der Sägezahnspannung ist in weiten Bereichen einstellbar, so daß die Ablenkung je Strahldurchlauf von mehreren Sekunden bis zu Bruchteilen von μs betragen kann.

Das zu messende Signal wird in einem einstellbaren Verstärker auf die für die Ablenkung erforderliche Spannung verstärkt. Die Einstellung der Verstärkung erlaubt die Darstellung von Signalen im Bereich von wenigen mV bis hin zu etwa 100 V.

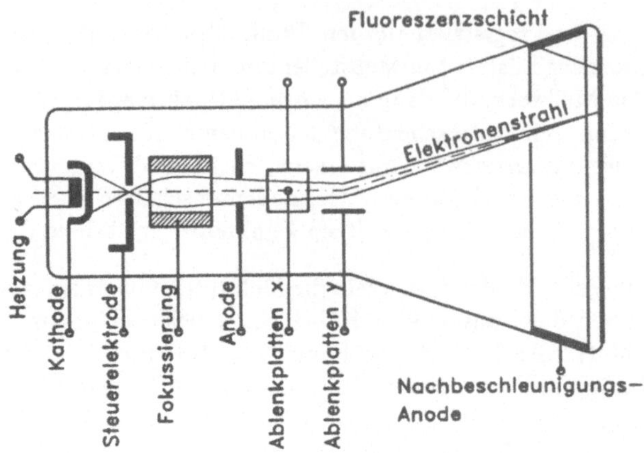

Abbildung 14.17: Kathodenstrahlröhre eines Oszilloskops

Signale mit höheren Amplitudenwerten erfordern den Einsatz von Tastköpfen, in denen das Signal um einen festen Faktor abgeschwächt wird.

Die Synchronisation der beiden Achsen erfolgt in der Triggereinheit, die beim Überschreiten einer einstellbaren Schwelle durch das Eingangssignal den Strahldurchlauf in x-Richtung freigibt. Um bei Signalen mit längeren Periodendauern auch Ausschnitte mit hoher zeitlicher Auflösung darstellen zu können, besitzen manche Oszilloskope zwei Zeitbasen oder eine Verzögerungsschaltung. Der Vergleich von Signalen wird möglich, wenn zwei oder mehr Meßkanäle für die y-Achse vorhanden sind. Über eine Umschalteinheit gelangen die beiden Signale abwechselnd je Strahldurchlauf (alternating) oder bei langsamen Ablenkfrequenzen schnell wechselnd (chopping) an die Ablenkeinheit. Die meisten Oszilloskope sind heute mit zwei Meßkanälen versehen. Ein Umschalter ermöglicht die Verwendung von Eingangssignal 2 zur Ansteuerung der x-Achse, wodurch die Darstellung in der Form y_1 über y_2 erfolgt.

Die Darstellung auf dem Bildschirm erfolgt in Echtzeit. Bei schnellen, nichtperiodischen Ereignissen ist eine Ablesung nicht möglich, bei periodisch sich wiederholenden Ereignissen erscheint auf der Bildröhre ein quasi stehendes Bild. Die Speicherung des Bildschirminhalts erfordert besondere Einrichtungen. In früheren Zeiten bildete die Bildschirmphotographie die einzige Möglichkeit, die angezeigten Signale zu registrieren. Hierzu wird das Oszilloskop mit einem Tubus versehen, der eine Kamera trägt. Später kamen Speicherbildröhren zum Einsatz, bei denen das darzustellende Bild in Form von elektrischer Ladung in speziellen Gitterebenen bis über mehrere Minuten festgehalten werden konnte. In Verbindung mit der Photographie ist damit auch die Erfassung von nichtperiodischen Ereignissen möglich.

In jüngerer Zeit werden die analog arbeitenden Speicheroszilloskope fast vollkommen von Digital-Speicheroszilloskopen abgelöst. Bei diesen werden die mittels Verstärker

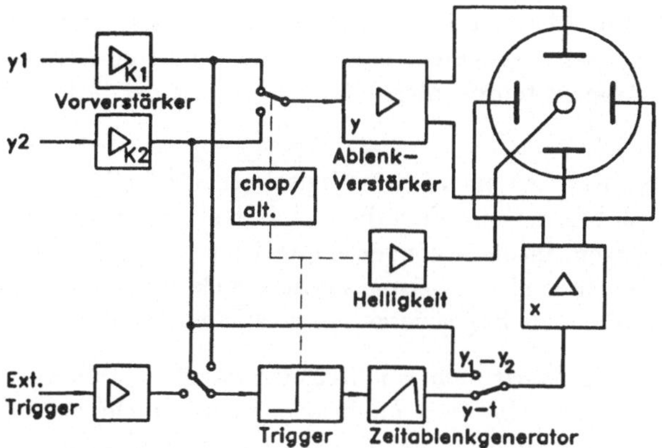

Abbildung 14.18: Prinzipschaltbild eines Oszilloskops

umgeformten Signale durch einen schnellen AD-Wandler in digitale Signale umgesetzt, die in einen schnellen Speicher geschrieben werden. Aus diesem Speicher werden die Daten anschließend zyklisch mit fester Frequenz ausgelesen und über einen DA-Wandler auf die Bildröhre ausgegeben. Da die Signale in digitalisierter Form vorliegen, ist es meist möglich, die Meßdaten auf anderen Geräten wie Plotter oder Drucker auszugeben oder auf Rechnersysteme zu übertragen, um sie weiter verarbeiten zu können.

14.5.4 Weitere registrierende Geräte

Neben den bisher angeführten Standardgeräten zur Registrierung elektrischer oder in elektrische Signale gewandelter Größen gibt es noch eine große Vielzahl von Geräten, die zur Registrierung spezieller Größen dient. Als Beispiel sei hier der Induktionszähler genannt, der zur Integralwerterfasung der verbrauchten Energie eingesetzt wird und verallgemeinernd als Stromzähler bezeichnet wird. Dieser Zähler ist mit einer drehbar gelagerten Scheibe aus Aluminium ausgestattet, auf die der magnetische Fluß zweier Spulen einwirkt. In der ersten Spule wird ein dem Strom im Verbraucherkreis, in der zweiten Spule ein der Spannung proportionaler Fluß erzeugt. In der Aluminiumscheibe werden dadurch Wirbelströme induziert, die infolge gegenseitiger Überlagerung ein Drehmoment erzeugen und die Scheibe in Rotation versetzen. Ein Permanentmagnet erzeugt ein der Drehgeschwindigkeit proportionales Bremsmoment, so daß sich die Drehzahl der Scheibe proportional zum Produkt aus Strom und Spannung, also zur Wirkleistung, einstellt. Über einen mechanischen Abtrieb erfolgt die Integration der verbrauchten Arbeit durch einen Rollenzähler.

Zur Erfassung instationärer Abläufe können sogenannte Transientenrekorder eingesetzt werden, die ähnlich den Digital-Speicheroszilloskopen die Meßgrößen nach

Wandlung digital abspeichern. Im Gegensatz zu den Digital-Speicheroszilloskopen verfügen sie über keinen Anzeigeteil, besitzen aber meist eine wesentlich größere Speichertiefe. Mit Transientenrekordern können bis zu einer Million Meßwerte gespeichert werden.

Die heute in weitem Rahmen eingeführte Digitalrechentechnik erlaubt eine vielseitige Bearbeitung von Meßdaten, sofern diese über den Schritt der AD-Wandlung in digitaler Form vorliegen. Insofern können die meisten Ausgabegeräte, die an Digitalrechner angeschlossen sind wie beispielsweise Drucker, Plotter oder Plattenlaufwerke, im weiteren Sinne als Registriergeräte verstanden werden.

Durch die zunehmende Integration von Rechnersystemen in Meßgeräte beginnen die Grenzen zwischen den einzelnen Funktionen immer mehr zu verwischen, d.h. Funktionen, die bisher eindeutig einem Gerät zugewiesen waren, werden immer häufiger durch den Rechner ausgeführt.

Kapitel 15

Strahlungsmessung

15.1 Grundlagen

Strahlungsmeßverfahren sind berührungsfrei und rückwirkungsfrei. Sie entziehen dem Meßsystem keine Energie und gestatten, zwischen Meßobjekt und Beobachter einen gewissen Abstand zu legen. Sie können deshalb bei solchen Meßaufgaben mit Erfolg eingesetzt werden, bei denen konventionelle Methoden zu kompliziert werden oder überhaupt versagen. Andererseits ist die Anzahl der zur Signalübertragung dienenden Strahlenarten nicht sehr groß: elektromagnetische Wellen jeder Frequenz (Funkübertragung, thermische Strahlung, Radar, Röntgenstrahlen, Lichtwellen), Schallwellen und Korpuskelstrahlung.

Die Strahlung kann dabei in ihrer Intensität und Wellenlänge direkt als Meßsignal für die zu messende Größe dienen. Im Spektalbereich des sichtbaren Lichtes benutzt man die Abhängigkeit der ausgesandten Strahlungsenergie von der Temperatur eines Körpers zu dessen Temperaturmessung. Im Abschnitt 11.6 „Temperaturmessung durch Strahlung“ wurden die wichtigsten Gesetze zur Beschreibung dieses Meßverfahrens behandelt. Auch ist die Intensität der α-, β- und γ-Strahlung (siehe unten) ein direktes Maß für die Konzentration einer radioaktiven Substanz in einem Stoffgemisch.

Überwiegend handelt es sich bei Messungen mit Strahlen aber um indirekte Verfahren, bei welchen die Intensitätsverringerung oder Richtungsänderung (Beugung) Aufschluß über den Wert der zu messenden Größe gibt (z.B. Gaskonzentration, Röntgenverfahren).

Im Bereich der Funktechnik und Telemetrie wird die Information durch Modulation der Trägerfrequenz (bzgl. Amplitude oder Frequenz) übertragen. Im Empfänger findet die Demodulation und Signalweiterverarbeitung statt.

Von wachsender industrieller Bedeutung sind die Meßverfahren mit ionisierender

Strahlung. Man unterscheidet dabei die direkt ionisierende Strahlung, welche aus geladenen Teilchen besteht, die ein Gas unmittelbar durch Stoß zu ionisieren vermögen (Elektron, Positron, Proton, Deuteron, α-Teilchen), und die indirekt ionisierende Strahlung, bestehend aus ungeladenen Teilchen (Neutronen, Photonen), die Energie auf geladene Teilchen übertragen können, welche dann direkt ionisierend wirken.

Hauptsächlich handelt es sich bei dieser Strahlung, genannt Kernstrahlung, um:

- α-Strahlung, bestehend aus Heliumkernen ${}^4_2He$,
- β-Strahlung, bestehend aus schnellen, freien Elektronen,
- γ-Strahlung, eine elektromagnetische Wellenstrahlung hoher Frequenz,
- Neutronenstrahlung (auch Höhenstrahlung), die wichtigste Betriebsvariable in Kernkraftwerken.

Die Kernstrahlung entsteht beim Zerfall instabiler (= radioaktiver) Atomkerne. Ursache der Instabilität ist Mangel oder Überschuß von Neutronen im Atomkern. γ-Strahlung entsteht häufig als Begleiterscheinung anderer Strahlungsvorgänge, so bei der Erzeugung von Röntgenstrahlen oder im Elektronenbeschleuniger. α- und β-Strahlen haben die größere Wechselwirkung mit bestrahlter Materie verglichen mit den γ-Strahlen. Allen gemeinsam ist die ionisierende Wirkung auf Gase. Diese Eigenschaft kann zu ihrem Nachweis und zur Entwicklung von Meßverfahren benutzt werden.

15.2 Gebräuchliche radiologische Größen

15.2.1 Energiedosis

Unter der *Energiedosis D* versteht versteht man das Verhältnis der von einem bestrahlten Stoff absorbierten Energiemenge zur Masse des Stoffes. Früher wurde dafür die Einheit

1 Rad (1 rd) (Radiatron absorbed dosis)

verwendet. Als Einheit ist jetzt zugelassen

$$1 \text{ Gray (Gy)} = 1 \text{ J/kg, wobei } 1 \text{ Rad} = 0{,}01 \text{ Gray.}$$

Da verschiedene Stoffe die Strahlung in verschieden hohem Maße absorbieren, ist mit dieser Einheit die Strahlungswirkung noch nicht eindeutig beschrieben. Notwendig ist also noch eine ergänzende Angabe über die Art des bestrahlten Stoffes.

15.2.2 Ionendosis

Unter der *Ionendosis I* versteht man das Verhältnis der bei der Bestrahlung von trockener Luft vom Zustand bei Normbedingungen erzeugten Ionen eines Vorzeichens zur Masse der bestrahlten Luft. Als Einheit wurde dafür früher das „Röntgen" (R) verwendet. Eine Ionendosis von 1 R besteht, wenn die Strahlung in jedem Ncm^3 eine Ladung von einer elektrostatischen Ladungseinheit jedes der beiden Vorzeichen erzeugt:

$$1 \text{ Röntgen} = 1,61 \cdot 10^{12} \text{ Ionenpaare/g} = 258 \cdot 10^{-6} \text{ C/kg (C = Coulomb)}$$

Heute ist als Einheit für die Ionendosis zugelassen

$$1 \text{ Coulomb / Kilogramm (C/kg)}$$

Die Ionendosis von 1 Röntgen entspricht bei trockener Luft 0,88 Rad, bei Wasser und weichem Gewebe $\approx$ 1 Rad.

15.2.3 Äquivalentdosis

Je nach Art der Strahlen werden Gewebe unterschiedlich angegriffen. Die beiden Einheiten Gray und Röntgen ermöglichen also noch keine eindeutige biologische Bewertung der Strahlung, diese wird erst durch die *Äquivalentdosis H* beschrieben.

Früher wurde zusätzlich noch die Größe „RBW-Dosis" (Relative biologische Wirksamkeit) benützt. Als Einheit dafür diente 1 Rem (1 rem) (Röntgen equivalent men). Es gilt

$$H = D \cdot q, \tag{15.1}$$

wobei der Faktor q die biologische Wirksamkeit enthält. Für Röntgen-, γ- und Elektronenstrahlen aller Energien ist $q = 1$ gesetzt. Für thermische Neutronen ergibt sich dann $q = 3,5$, für Strahlen der schnellen Neutronen und Protonen bis 10 MeV beträgt $q = 10$ und für α-Strahlen gilt $q = 20$. Als Einheit ist jetzt zugelassen

1 Sievert (Sv), wobei 1 Rem = 0,01 Sievert

15.2.4 Aktivität

Die *Aktivität* einer radioaktiven Substanz bezeichnet die Anzahl der Zerfallsakte je Zeiteinheit. Die Einheit der Aktivität war früher 1 Curie (1 Ci).

$$1 \text{ Curie} = 3,7 \cdot 10^{10} \text{ Zerfallsakte/Sekunde}$$

Dies entspricht nahezu der Aktivität von 1 g Radium, dessen Strahlung man ursprünglich als Einheit verwendete. Als Einheit ist jetzt zugelassen

1 Becquerel (Bq) = 1 Zerfallsakt/Sekunde.

15.3 Strahlendosen

Eine Empfehlung der Internationalen Strahlenschutz-Kommission (ICRP, International Commission on Radiological Protection) von 1950 („Londoner Empfehlung“) ließ während einer 40-stündigen Arbeitswoche maximal 0,3 R zu, was einer RBW-Dosisleistung von mindestens 15 Rem/Jahr entspricht. Detaillierte Empfehlungen über höchstzulässige Dosen wurden erstmals 1958 verabschiedet und 1965 noch einmal überarbeitet. Die später festgelegten Strahlenschutzrichtwerte der deutschen Strahlenschutzverordnung ließen die in Tabelle 15.1 ausgewiesenen Maximalwerte zu (1. 4. 1977). Im Vergleich hierzu zeigt Tabelle 15.2 natürliche und künstliche Strahlendosen.

Personenkreis	Betr. Körperteil	Dosis/Bezugszeitraum
beruflich strahlenexponierte Personen im Kontrollbereich	Ganzkörper	0,03 Sv (3 rem)/13 Wochen max. 0,05 Sv (5 rem)/a
	Hände, Füße, Unterarme	0,15-0,2 Sv (15-20 rem)/13 Wochen max. 0,6 Sv (60 rem)/a
	Haut, Knochen, Schilddrüse	0,08 Sv (8 rem)/13 Wochen max. 0,3 Sv (30 rem)/a
	Organe	0,04 Sv (4 rem)/13 Wochen max. 0,15 Sv (15 rem)/a
gelegentlich im Kontrollbereich	Ganzkörper	0,015 Sv (1,5 rem)/a
Überwachungsbereich	Ganzkörper	0,005 Sv (0,5 rem)/a
Gesamtbevölkerung	Ganzkörper	0,05 Sv (5 rem)/30 a kumulierte Dosis, davon 0,3 mSv/a durch KKW

Tabelle 15.1: Höchstzulässige Strahlendosen

15.4 Meßgeräte für ionisierende Strahlung

Bis zum Beginn der Forschungsarbeiten auf dem Gebiet der „Radioaktivität“ durch Marie Curie war der Mensch nur der natürlichen Strahlung ausgesetzt, welche vom Sonnenlicht und den auf der Erde vorkommenden radioaktiven Substanzen in natürlicher Konzentration stammte. Durch die Bemühungen der Forscher, die nunmehr als radioaktiv erkannten Substanzen rein dazustellen, erhöhte sich die Bestrahlung der beteiligten Personen auf hohe Werte, was z.T. schwerste gesundheitliche Schädigungen nach sich zog. Aber erst nach mehreren Jahren erkannte man die Gefahr, der man sich ausgesetzt hatte, legte Strahlenhöchstbelastungen für den Menschen fest und führte entsprechende Schutzkleidung ein. Nach der Entdeckung der künstlichen Kernspaltung 1938 durch Otto Hahn, dem Bau der Atombombe

Kosmische Strahlung am Boden	0,3 mSv (30 mrem)/a
1500 m über NN	1 mSv (100 mrem)/a
10.000 m über NN	10 mSv (1.000 mrem)/a
Bodenstrahlung in der BRD	0,6 mSv (60 mrem)/a
Maximalwert an exponierten Punkten (Schwarzwald, Bayerischer Wald)	18 mSv (1.800 mrem)/a
Wohnen im Betonhaus	max. 5 mSv (500 mrem)/a
Medizinische Bestrahlung Mittelwert (Röntgen usw.)	0,5 mSv (50 mrem)/a
Strahlung der im menschlichen Körper befindl. Isotope	0,2 mSv (20 mrem)/a
Abstrahlung eines Kernkraftwerkes (im Normalbetrieb)	0,01 mSv (1 mrem)/a
Industrie, Fernsehen	0,02 mSv (2 mrem)/a

Tabelle 15.2: Strahlendosen durch Strahlenquellen in der Umwelt

und schließlich der Verwendung der kontrollierten Kettenreaktion in Kernreaktoren werden heute radioaktive Materialien in so großen Mengen eingesetzt, daß ein unkontrolliertes Freiwerden ihrer Strahlung oder eine Verteilung der Materialien selbst über große Flächen eine Katastrophe internationalen Ausmaßes ergibt. Eine strikte Beachtung der Sicherheitsvorschriften im Umgang mit radioaktivem Material und schließlich eine zuverlässige Möglichkeit der Strahlungsmessung sind deshalb heute notwendiger denn je.

Die ersten Anregungen zur Festlegung von Strahlungsmeßverfahren und Strahlungseinheiten gingen wegen der diagnostischen und therapeutischen Anwendung dieser Strahlen von der Medizin aus. Dabei wurde zunächst die einzige schnell feststellbare Auswirkung der Strahlen auf den Menschen, nämlich die auf eine Bestrahlung folgende Hautrötung, als Maß benutzt.

Zwar verwendete schon M. Curie ein piezoelektrisches Elektrometer, welches aber nur für Labormessungen brauchbar war. Durch die Fortschritte auf dem Gebiet der Elektronenröhren konnten Ernest Rutherford und Hans Geiger schon im Jahre 1908 erstmals Ionisationsröhren zur Messung radioaktiver Strahlen einsetzen. Die Effekte der Szintillation (Fluoreszenzleuchten) und der Schwärzung photographischer Emulsionen waren zwar schon bekannt, aber sie taugten noch nicht zu quantitativen Messungen, lediglich zum Nachweis.

Heute arbeiten die meisten Strahlungsmeßgeräte mit Ionisationsröhren. Diese bestehen aus einer gasgefüllten Kammer (Füllung Luft, CO_2, N_2, Argon) mit zwei Elektroden. Die Meßstrahlung tritt durch ein Aluminium- oder Glimmerfenster ein

(Abb. 15.1). Mit solchen Ionisationskammern können α- und β- Teilchen gezählt

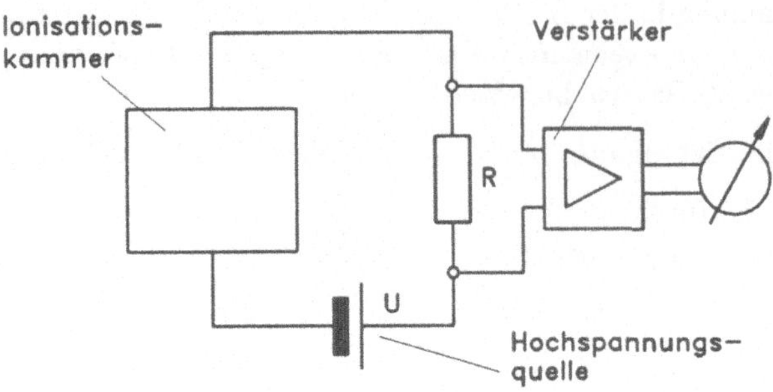

Abbildung 15.1: Ionisationskammer

sowie die Intensität von γ-, Höhen- und Röntgenstrahlen gemessen werden. Durch die Konstruktionsform sowie unterschiedliche Elektrodenmaterialien und Füllgase kann man eine spezifische Empfindlichkeit für die einzelnen Strahlenarten erzielen. Zählrohre in Glockenform eignen sich zum Nachweis von α- und β-Teilchen, zylindrische Rohre werden dagegen zum Nachweis von Neutronen eingesetzt (Abb. 15.2). Für diese Anordnung ist Strombetrieb (Integrationsmessung) oder Impulsbetrieb (Zählung) möglich. Beim Strombetrieb benötigt man empfindliche, sehr hochohmige Gleichspannungsverstärker. Der Arbeitswiderstand hat einen Wert $R > 10^4$ MΩ.

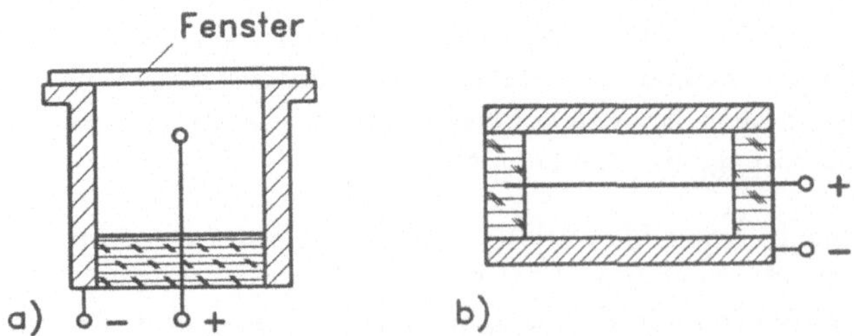

Abbildung 15.2: Bauarten von Zählrohren, a) Glockenzählrohr, b) Rohrform

Nach Aufbau und Wirkungsweise spricht man von

- der Ionisationskammer,
- dem Proportionalzählrohr,

- dem Geiger-Müller-Zählrohr.

Weitere Verfahren benutzen andere Wirkungseffekte der radioaktiven Strahlung:

- Szintillationszähler
- Halbleiterzähler
- Filmemulsionen.

Die ersten drei Ausführungen unterscheiden sich durch den Meßimpuls als Funktion der Versorgungsspannung U (Abb. 15.3). Mit steigender Spannung U steigt die Kraftwirkung auf die ionisierten Teilchen, die zu den Elektroden wandern.

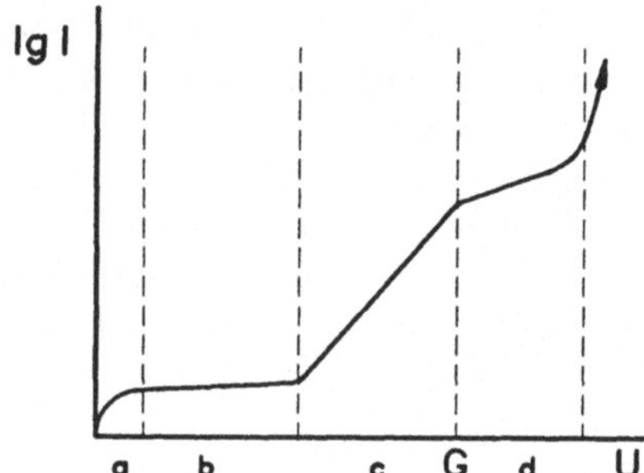

Abbildung 15.3: Arbeitsbereiche von Ionisationsröhren

Im Bereich A ist die Spannung noch zu gering, so daß zwischen den Primärionen Rekombinationsprozesse stattfinden können, ehe sie die Elektroden erreichen und dort einen Meßimpuls auslösen. Im Bereich B ist die Spannung schon so hoch, daß alle entstandenen Ionen von den Elektroden angezogen werden. In diesem Sättigungsbereich arbeitet die *Ionisationskammer*. Nach diesem Prinzip arbeiten auch die Dosimeter zur Kontrolle der Strahlenbelastung in Isotopen- und Röntgenlaboratorien. Der Einfluß der Betriebsspannung U ist gering, da im Sättigungsbereich $I = konst.$ ist (Abb. 15.3). Die Ionisationskammern liefern sehr kleine Ströme, da durch die Strahlung nur eine Primärionisation der Gasmoleküle eintritt.

Das *Proportional-Zählrohr* besitzt eine höhere Empfindlichkeit als die Ionisationskammer. Es arbeitet im Beschleunigungs- oder Proportionalbereich (Bereich C in Abb. 15.3). Die Versorgungsspannung kann bis zu 1.000 V betragen. Bei dieser Spannung besitzen die durch die zu messende Strahlung erzeugten Elektronen eine so hohe Energie, daß sie weitere Gasmoleküle ionisieren. Man spricht von einer Gasverstärkung, die Werte von $V = 10^8$ erreichen kann. Sekundär- und Primärionen sind einander proportional. Die Primärionen sind ihrerseits der Energie der einfallenden Strahlung proportional, so daß eine Messung möglich wird.

Da man innerhalb des Proportionalbereiches die Betriebsspannung variieren kann, ist es möglich, die einfallende Strahlung nach ihrer Energie zu sortieren und ein Energiespektrum aufzunehmen.

Beim *Geiger-Müller-Zählrohr* ist die Betriebsspannung noch höher (bis 2.000 V). Sie liegt oberhalb der Geigerschwelle. Diese Zählrohre arbeiten im Auslösebereich, d.h. die zwischen Kathode und Anode ausgelöste Entladung ist unabhängig von der Energie der auslösenden Strahlung. Nach jedem auslösenden Strahlenimpuls muß die Ionisation der Füllung gelöscht werden. Dies erreicht man durch Zumischung eines Löschgases zur Füllung (z.B. Halogengas) oder durch eine geeignete elektrische Schaltung. Bis zur Löschung ist dieses Zählrohr unempfindlich gegen weitere Strahlung (Totzeit ca. 10^{-6} s).

Den folgenden Meßverfahren liegen andere Prinzipien als der Ionisierungseffekt zugrunde. Der *Szintillationszähler* besteht aus einer bestimmten Kristallsubstanz (z.B. Natriumjodid) und einem Sekundärelektronen-Vervielfacher (Abb. 15.4). Die Szintillationskristalle werden durch die Energie ionisierender Teilchen zur Lichtemission angeregt. Diese Eigenschaft ist als Meßeffekt geeignet, weil Proportionalität zwischen Intensität des Lichtblitzes und der Energie des auftretenden Teilchens besteht. Das Auflösungsvermögen liegt bei 10^{-9} s und ist damit wesentlich höher als bei Zählrohren. Die Geräte eignen sich zur Aufnahme von Energiespektren.

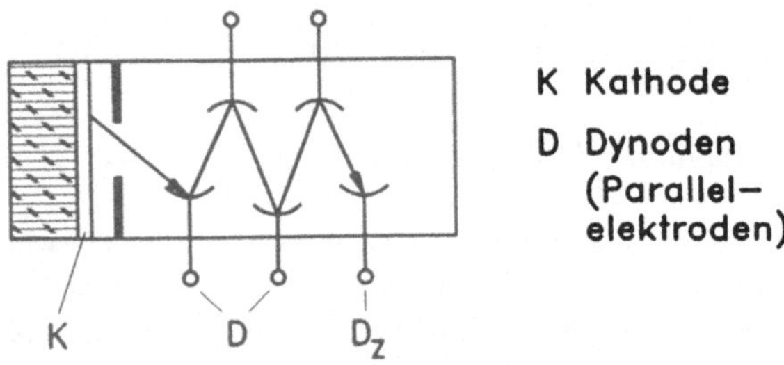

Abbildung 15.4: Prinzip eines Sekundärelektronenvervielfachers

Der vom Kristall erzeugte Lichtblitz trifft im Sekundärelektronenvervielfacher auf die Kathode und löst dort Elektronen aus. Die Elektronen werden zwischen den Parallel-Elektroden D beschleunigt und lösen ein Mehrfaches an Sekundärelektronen aus, so daß bis zur letzten (D_z) eine hohe Verstärkung (10^6 bis 10^8) entsteht. An jeder Dynode ist eine um ca. 100 V höhere Spannung angelegt. Deshalb wird zum Betrieb dieses Zählers eine stabilisierte Hochspannungsquelle benötigt.

Beim *Halbleiterzähler*(Kristallzähler) werden durch die Bestrahlung im Kristall (Silizium- oder Germaniumdioden) Ladungsträger erzeugt. Dadurch sinkt der elektrische Widerstand abhängig von der Intensität der auftreffenden Strahlung. Die Meßschaltung wird wie bei der Ionisationskammer ausgeführt (s.o.).

Filmemulsionen reagieren auf Kernstrahlen im Prinzip wie auf sichtbares Licht. Durch die Zusammensetzung und Dicke der Emulsionsschicht sowie durch Zusätze kann man eine selektive Empfindlichkeit erreichen. Der Nachweis von Elektronen, Protonen, Deuteronen, α-Teilchen und Neutronen ist möglich.

15.5 Anwendung von Strahlungsmessungen

Als primäre Aufgabe ergibt sich die *unmittelbare Strahlungsmessung*. In strahlengefährdeten Räumen muß zum Schutz des Personals die herrschende Strahlungsintensität ständig kontrolliert werden. Insbesonders ist dies der Fall, wenn radioaktives Material in angereicherter Form verwendet wird.

Ihr größtes und wichtigstes Einsatzgebiet bekamen die Strahlungsmessungen deshalb mit dem Bau und der Inbetriebnahme der Kernkraftwerke. Zur unmittelbaren Strahlungsmessung gehören aber auch die Überprüfung kontaminierter Personen und Geräte sowie die Untersuchung radioaktiv verseuchter Lebensmittel (landwirtschaftliche und tierische Produkte) nach einem entsprechenden Störfall in einem Kernkraftwerk oder der kernbrennstoffverarbeitenden Industrie. Schließlich zählt hierzu auch die C-14-Methode zur Altersbestimmung fossiler Materialien organischer Herkunft, zur Anwendung in der kunsthistorischen Forschung und in der Rechtsmedizin.

Viele Meßverfahren benutzen die *mittelbare Strahlungsmessung*, d.h. die Messung der verbliebenen Reststrahlungsintensität nach dem Durchgang durch einen zu untersuchenden Körper. Ein weites Anwendungsgebiet hat sich dafür in der medizinischen Diagnostik ergeben. Radioaktive Isotope besitzen die gleichen chemischen Eigenschaften wie die normalen, passiven Isotope, aber aufgrund ihrer Strahlung unterscheiden sie sich von diesen und können mit nicht übertreffbarer Empfindlichkeit nachgewiesen werden. Dies hat zu ihrem Einsatz bei der *Tracermethode* geführt. Einem Stoff wird dabei ein winziger Anteil radioaktiver Atome beigemischt und deren Weg bei den biochemischen Prozessen im menschlichen Körper verfolgt.

Ein ebensoweites Einsatzgebiet hat die Messung mit radioaktiver Strahlung in der Materialprüfung. Mit der Durchstrahlungsprüfung, der Feinstrukturanalyse und anderen Prüfungen können die Eigenschaften von Materialien oder Werkstücken untersucht werden. Die Qualität von Schweißnähten an hochdruckführenden Behältern oder Rohrleitungen wird überprüft, indem man ein strahlendes Präparat in den Meßquerschnitt einbringt und mit einem um die zu prüfende Naht herumgelegten Film deren Beschaffenheit aufnimmt (Gammadefektoskopie).

Zur Qualitätskontrolle (Gleichmäßigkeit, Dicke, Dichte) von Papier, Kunststoff, aber auch Metallen und Flüssigkeiten dienen β- und γ-Strahler. Die Meßanordnung enthält dann immer Präparat und Strahlungsmeßgerät. Je nach der Meßaufgabe kann man die Durchstrahlungs- oder die Rückstreumethode verwenden. Aus der

Absorptions- oder Rückstrahlmenge kann auf die gesuchten Eigenschaften des Meßobjektes geschlossen werden. Man erhält eine elektrische Ausgangsgröße, die zur Produktsteuerung oder als Eingangsgröße eines Regelkreises dienen kann.

Weitere Anwendungen sind die Füllstandsmessung oder die Feuchtigkeitsmessung in körnigen Feststoffen.

Quellen und weiterführende Literatur

Bartfeldt, J. u.a. (Hrsg.): Forschen - Messen - Prüfen, 100 Jahre PTR/PTB 1887-1987. Physik-Verlag Weinheim, 1987.

Bonfig, K.W.: Sensoren und Sensorsysteme, 5. Auflage. Expert-Verlag Ehningen, 1991.

Baumbach, G.: Luftreinhaltung. Springer-Verlag Berlin, Heidelberg, New York, 1990.

Cremer, L., Hubert, M.: Vorlesungen über technische Akustik, 3. Auflage. Springer-Verlag Berlin, Heidelberg, New York, 1985.

DIN Deutsches Institut für Normung e.V. (Hrsg.): DIN-Taschenbuch 22, Einheiten und Begriffe für physikalische Größen, 7. Auflage. Beuth Verlag Berlin, 1990.

Federn, K.: Auswuchttechnik. Springer-Verlag Berlin, Heidelberg, New York, 1977.

Grupe, H.: Kernenergie in Baden-Württemberg. Ministerium für Wirtschaft, Mittelstand und Verkehr Baden-Württemberg, Stuttgart, 1978.

Haeder, W.: Von der königlichen Elle zum Urmeter. Beuth Verlag Berlin, 1973.

Hütte: Die Grundlagen der Ingenieurwissenschaften, 29. Auflage. Springer-Verlag Berlin, Heidelberg, New York, 1989.

Jüttemann, H.: Einführung in das elektrische Messen nichtelektrischer Größen, 2. Auflage. VDI-Verlag Düsseldorf, 1988.

Kretzschmer, F.: Bilddokumente römischer Technik, 4. Auflage. VDI-Verlag Düsseldorf, 1978.

Magnus, K.: Schwingungen, 4. Auflage. Teubner-Verlag Stuttgart, 1986.

Matthes, M. (Hrsg.): Hermes Handlexikon Geschichte der Technik. Econ Verlag Düsseldorf, 1983.

Matthöfer, H. (Hrsg.): Zur friedlichen Nutzung der Kernenergie - Eine Dokumentation der Bundesregierung. Der Bundesminister für Forschung und Technologie, Bonn, 1977.

Messner, J., Eyb, G.: Entwicklungsstand und Tendenzen der technischen Druckmessung. Sonderteil der Zeitschriften BWK, TÜ, Umwelt. VDI-Verlag Düsseldorf, Okt. 1989.

Minder, W.: Geschichte der Radioaktivität. Springer-Verlag Berlin, Heidelberg, New York, 1981.

Profos, P.: Handbuch der industriellen Meßtechnik, 4. Auflage. Vulkan Verlag Essen, 1988.

Schanz, G. W.: Sensoren - Fühler der Meßtechnik. Dr. Alfred Hüthig Verlag Heidelberg, 1988.

Tränkler, H.R.: Meßtechnik und Meßsignalverarbeitung. In: Technisches Messen tm, 1987/1988.

Varchmin, J., Radkau, J.: Kraft, Energie und Arbeit. Rowohlt Verlag Hamburg, 1981.

Veit, I.: Technische Akustik, 4. Auflage. Vogel-Verlag Würzburg, 1988.

Meßtechnik im Umweltschutz. Sonderpublikation der BWK, Staub, Umwelt. VDI-Verlag Düsseldorf, Febr. 1987.

Firmenschriften und Kataloge der Firmen Bopp & Reuther, Bosch, Brüel & Kjær, Desgranges & Huot, Fischer & Porter, Hartmann & Braun, Hottinger Baldwin Meßtechnik, ICE Eckardt, Philips, Rosemount, Siemens.

Stichwortverzeichnis

Dutschke
Fertigungsmeßtechnik

Von Akad. Dir. Dr.-Ing.
Wolfgang Dutschke
Universität Stuttgart
IFF Institut für Industrielle Fertigung und Fabrikbetrieb

1990. II, 185 Seiten
mit 197 Bildern.
16,2 x 22,9 cm.
Kart. DM 28,–
ISBN 3-519-06322-0

Preisänderungen vorbehalten

Etwa 90% der Merkmale von mechanisch gefertigten Werkstücken sind Längen und Längenverhältnisse. Fertigungsmeßtechnik heißt also im wesentlichen geometrische Meßtechnik.

Dieses Buch gibt einen Überblick über die geometrische Meßtechnik. Es ist anwendungsorientiert – auf Theorie wird weitgehend verzichtet. Statt ausführlicher Beschreibungen dienen fast 200 Bilder der anschaulichen Darbietung des Stoffes.

Der Autor wendet sich sowohl an Studierende als auch an Ingenieure und Techniker in der Praxis, die sich mit dieser kurzgefaßten Darstellung über Grundlagen und Entwicklungen in der Fertigungsmeßtechnik informieren wollen.

Aus dem Inhalt:
Grundlagen der geometrischen Meßtechnik – Maßverkörperungen für geometrische Größen – Meßabweichung und Meßunsicherheit – Prüfmittel – Prüfdatenverarbeitung – Meßvorrichtungen – Längenregelung (Meßsteuerung) – Sichtprüfung – Meßraum – Geräte im Meßraum – Prüfmittelüberwachung – Prüfplanung

B. G. Teubner Stuttgart

Haug

Pneumatische Steuerungstechnik

Von Prof. Dipl.-Ing.
Rudolf Haug
Fachhochschule
Esslingen

2., neubearbeitete und erweiterte Auflage. 1991.
XI, 307 Seiten mit 180 Bildern und 44 Tafeln.
12,7 x 18,8 cm.
Kart. DM 26,80
ISBN 3-519-10081-9

Teubner Studienskripten, Band 81

Preisänderungen vorbehalten

In der 2. Auflage konzentriert sich dieses bewährte Buch über Pneumatik auf die Entwicklung und den Aufbau pneumatischer Steuerungen. Der Schwerpunkt liegt in der Darstellung der unmittelbaren Zusammenhänge des logischen Signalflusses (DIN 40900) und seiner Realisierung mit Hilfe pneumatischer Steuerungen (DIN-ISO 1219). Dabei wird besonders auf den Aufbau von Ablaufsteuerungen (Taktketten) eingegangen.

Zahlreiche Beispiele dienen der Veranschaulichung des Stoffes und stellen den aktuellen Praxisbezug her. Hierzu gehört auch der Entwurf und die Konstruktion der Pneumatik als Peripherietechnik für Elektromechanische und Speicherprogrammierbare Steuerungen. Gerade die Verknüpfung der Pneumatik mit elektrischen und rechnertechnischen Systemen entspricht der Auffassung und Konzeption moderner Steuerungssysteme.

Die eingehende Beschreibung pneumatischer Bauelemente ermöglicht eine funktionsgerechte Anwendung der angebotenen Systeme. Somit ist dieses Buch gleichermaßen eine wertvolle Hilfe für den Unterricht an Technischen Hochschulen und Gewerbeschulen wie auch für den Betriebsmittelkonstrukteur in der Praxis.

Aus dem Inhalt:
Einführung; Grundlagen: Steuerungstechnik, Digitaltechnik, Darstellung von Ablaufsteuerungen; Pneumatische Steuerung: Elektro-pneumatische Steuerung; Gerätetechnischer Aufbau

B. G. Teubner Stuttgart